Springer-Lehrbuch

Springer
Berlin
Heidelberg
New York
Barcelona
Hongkong
London
Mailand
Paris
Singapur
Tokio

Angelika Steger

Diskrete Strukturen 1

Kombinatorik, Graphentheorie, Algebra

 Springer

Prof. Dr. Angelika Steger

TU München
Institut für Informatik
80290 München

1. korrigierter Nachdruck 2002

ISBN 3-540-67597-3 Springer-Verlag Berlin Heidelberg New York

Die Deutsche Bibliothek – CIP-Einheitsaufnahme
Diskrete Strukturen.– Berlin; Heidelberg; New York; Barcelona; Hongkong; London;
Mailand; Paris; Singapur; Tokio: Springer
(Springer-Lehrbuch)
1. Kombinatorik, Graphentheorie, Algebra / Angelika Steger.
1., korrigierter Nachdr. – 2002
ISBN 3-540-67597-3

Springer-Verlag Berlin Heidelberg New York
ein Unternehmen der BertelsmannSpringer Science+Business Media GmbH
© Springer-Verlag Berlin Heidelberg 2001, 2002
Printed in Germany

Umschlaggestaltung: design & production GmbH, Heidelberg
Satz: Belichtungsfertige Daten von der Autorin
Gedruckt auf säurefreiem Papier – SPIN: 10863612   33/3142 GF   5 4 3 2 1 0

Vorwort

Worum es in Büchern und Vorlesungen mit Titeln wie *Analysis*, *Wahrscheinlichkeitstheorie* oder *Informatik* geht, kann man sich leicht vorstellen, sind diese Begriffe doch schon aus dem Gymnasium bekannt. Um was aber geht es in einem Buch über *diskrete Strukturen*? Natürlich nicht etwa um *geheime* Strukturen, das Wort „diskret" steht hier vielmehr für das Gegenteil von „analog". Die Bedeutung der diskreten Strukturen für die Informatik ist vor allem darin begründet, dass die Arbeitsweise moderner Computer auf den binären Zuständen 0 und 1 basiert. Aber nicht nur der logische Aufbau eines Computers ist diskreter Natur, diskrete Strukturen spielen auch bei der Modellierung und Lösung von Problemen aus der Informatik eine wichtige Rolle.

Mit dem enormen Aufschwung der elektronischen Datenverarbeitung ist das Bedürfnis nach einer neuen Art von Mathematik entstanden. Insbesondere der lange vernachlässigte und noch Mitte des 20. Jahrhunderts oftmals nur belächelte algorithmische Aspekt ist inzwischen wieder stark in den Vordergrund getreten. Bei der Entwicklung und der Analyse von effizienten Algorithmen werden vor allem Hilfsmittel aus der diskreten Mathematik, einem noch relativ jungen Teilgebiet der Mathematik, verwendet. Aber auch klassische Teilgebiete der Mathematik tragen wesentlich zur Entwicklung der Informatik bei. In der Kodierungstheorie, der Grundlage einer jeden zuverlässigen Datenübertragung, kommen algebraische Methoden zum Einsatz. Für die im Zeichen von Internet und E-Commerce immer mehr an Bedeutung gewinnende Kryptographie werden Kenntnisse aus der Zahlentheorie benötigt. Probabilistische Methoden werden nicht nur bei der Simulation und Analyse von Rechnernetzen und Systemparametern eingesetzt, sie haben darüber hinaus in den letzten Jahren die Entwicklung effizienter Algorithmen und Verfahren entscheidend mitgeprägt.

Das zweibändige Buch über *diskrete Strukturen* versteht sich als Einführung in für Informatiker besonders wichtige Gebiete der Mathematik. Der vorliegende Band I enthält Kapitel über Kombinatorik, Graphentheorie, Zahlentheorie, Algorithmen und Algebra. Band II ist der Wahrscheinlichkeitstheorie und Statistik gewidmet. Bei der Darstellung des Stoffes wird neben der mathematischen Exaktheit besonderer Wert darauf gelegt, auch das intuitive Verständnis zu fördern. Unterstützt wird dies durch zahlreiche Beispiele und Aufgaben. Algorithmen und Ausblicke auf Anwendungen verdeutlichen die Verankerung der vorgestellten Theorien in der Informatik.

Die einzelnen Kapitel des vorliegenden Band I können im wesentlichen unabhängig voneinander gelesen werden. Die vorgeschlagene Reihenfolge hat jedoch den Vorteil, dass im Verlauf des Textes zur Motivation neuer Begriffe häufig auf Beispiele und Aussagen aus früheren Kapiteln zurückgegriffen werden kann. Dies erleichtert erfahrungsgemäß ein schnelles Verständnis des Stoffes. Im Anschluss an jedes Kapitel finden sich zahlreiche Übungsaufgaben. Für alle Aufgaben befinden sich im Anhang entweder vollständige Lösungen oder zumindest ausführliche Lösungsskizzen. Mit einem Minuszeichen versehene Aufgaben sind unserer Meinung nach etwas leichter, die mit einem Pluszeichen versehene Aufgaben andererseits etwas schwerer als der Durchschnitt. Hinweise auf weiterführende Literatur finden sich im Literaturverzeichnis am Ende des Buches.

Das Buch basiert auf den Vorlesungen „Diskrete Strukturen I/II", die seit mehreren Jahren an der Technischen Universität München für Studenten der Informatik im dritten und vierten Semester gehalten werden. Vorausgesetzt werden nur elementare mathematische Kenntnisse wie sie bereits an der Schule vermittelt werden. Das Buch ist daher auch für Studenten im ersten Studienjahr geeignet. Die Anregung zu diesem Buch verdanke ich meinem Kollegen Manfred Broy, der auch den Kontakt zum Springer-Verlag herstellte. Inhaltlich ist der Einfluss meines akademischen Lehrers Hans Jürgen Prömel unverkennbar: Er hat mich nicht nur in die diskrete Mathematik eingeführt, sondern mich auch gelehrt, wie wichtig eine gute Präsentation ist, um bei Studenten Verständnis und Begeisterung zu wecken.

Profitiert habe ich in vielfältiger Weise von kritischen Bemerkungen, Vorschlägen und Diskussionen mit Kollegen, Mitarbeitern und Studenten. Besonderen Dank schulde ich meinen Kollegen Hans-Joachim Bungartz, Thomas Erlebach, Jörg Flum und Ernst W. Mayr sowie den wissenschaftlichen Mitarbeitern Stefanie Gerke, Volker Heun, Mark Scharbrodt und Thomas Schickinger. Mein besonderer Dank gilt Michal Mnuk, der die Vorlesung „Diskrete Strukturen" in München über mehrere Jahre als Übungsleiter betreut hat, und Martin Raab, der mit großem Engagement das diesem Buch zugrunde liegende Skript erstellt hat. Meinen Studenten Katrin Johnke, Fabian Kainzinger und Stephan Micklitz gebührt mein Dank für das gewissenhafte Durchsehen des Textes und viele konstruktive Verbesserungsvorschläge. Christian Wenz verdanke ich zahlreiche Anregungen zu Übungsaufgaben sowie einen Großteil der Musterlösungen. Dem Springer-Verlag danke ich für die angenehme Zusammenarbeit.

München, im Januar 2001 Angelika Steger

Inhaltsverzeichnis

Mathematische Grundlagen

In diesem Kapitel stellen wir einige der in diesem Buch verwendeten mathematischen Konventionen und Notationen kurz zusammen. Die meisten der hier vorkommenden Begriffe dürften dem Leser schon bekannt sein. Entsprechend ist dieses Kapitel vor allem zum Nachschlagen gedacht. Dem Leser sei daher empfohlen, es beim ersten Lesen nur zu überfliegen und mit dem Studium von Kapitel 1 zu beginnen.

0.1   Mengen

Eine Menge notiert man entweder durch Aufzählung aller in ihr enthaltenen Elemente, z.B. bezeichnet

$$A = \{1, 3, 5, 7, 9\}$$

die Menge aller einstelligen ungeraden Zahlen, oder durch Angabe einer Eigenschaft, die die Objekte erfüllen müssen, um zur Menge zu gehören. So beschreibt

$$A = \{n \in \mathbb{N} \mid n \text{ ungerade}\}$$

beispielsweise die Menge all derjenigen natürlichen Zahlen, die ungerade sind. Zuweilen verwendet man hierfür auch die Methode der unendlichen Aufzählung:

$$A = \{1, 3, 5, 7, \ldots\}$$

Diese Schreibweise sollte man allerdings nur dann verwenden, wenn sicher-gestellt ist, dass das Bildungsgesetz wirklich leicht ablesbar ist.

Mengen werden wir in der Regel mit großen lateinischen Buchstaben be-zeichnen. Elemente einer Menge werden hingegen meist mit kleinen latei-nischen Buchstaben bezeichnet. Die Schreibweise

$$a \in M$$

bedeutet: a ist Element der Menge M. Falls nicht gilt, dass a Element von M ist, schreiben wir

$$a \notin M.$$

Falls für alle Elemente einer Menge N gilt, dass sie auch Elemente von M sind, wird N eine *Teilmenge* von M genannt und als

$$N \subseteq M$$

geschrieben. Wenn gleichzeitig alle Elemente von N in M *und* alle Elemente von M in N enthalten sind, so nennt man die beiden Mengen *gleich* und schreibt

$$M = N.$$

Die Menge, die keine Elemente enthält, nennt man *leere Menge* und bezeich-net sie mit $\emptyset$. Die leere Menge ist eine Teilmenge jeder Menge.

In diesem Buch verwenden wir folgende Bezeichnungen für Mengen:

- $\mathbb{N}$ für die Menge der natürlichen Zahlen *ohne* die 0,

- $\mathbb{N}_0$ für die Menge der natürlichen Zahlen *mit* der 0,

- $\mathbb{Z}$ für die Menge der ganzen Zahlen,

- $\mathbb{Z}_n$ für die Menge $\{0, 1, \ldots, n-1\}$,

- $[n]$ für die Menge $\{1, \ldots, n\}$,

- $\mathbb{Q}$ für die Menge der rationalen Zahlen und

- $\mathbb{R}$ für die Menge der reellen Zahlen.

Die Anzahl der Elemente einer endlichen Menge M wird die *Kardinalität* von M genannt und mit $|M|$ bezeichnet.

Für Mengen A und B sind folgende Operationen definiert:

- Die *Vereinigung* von A und B:

$$A \cup B := \{x \mid x \in A \text{ oder } x \in B\},$$

- die *Schnittmenge* von A und B:

$$A \cap B := \{x \mid x \in A \text{ und } x \in B\},$$

- die *Differenz* von A und B:

$$A \setminus B := \{x \mid x \in A \text{ und } x \notin B\},$$

- die *symmetrische Differenz* von A und B:

$$A \triangle B := (A \setminus B) \cup (B \setminus A),$$

- das *kartesische Produkt* von A und B:

$$A \times B := \{(a, b) \mid a \in A \text{ und } b \in B\}.$$

Man überzeugt sich leicht, dass bis auf das kartesische Produkt und die Differenz alle oben definierten Operationen *kommutativ* sind, es also nicht darauf ankommt, welcher der beiden Operanden „links" und welcher „rechts" steht. So gilt zum Beispiel für die Vereinigung:

$$A \cup B = B \cup A.$$

Neben den gerade eingeführten Zeichen verwenden wir außerdem noch die Schreibweise $A \uplus B$ statt $A \cup B$, wenn wir betonen wollen, dass es sich um eine *disjunkte Vereinigung* der beiden Mengen A und B handelt, also die Schnittmenge $A \cap B$ leer ist. Unter einer *Partition* einer Menge A versteht man eine Zerlegung von A in paarweise disjunkte, nichtleere Teilmengen $A_1, A_2, \ldots, A_n$ von A, so dass gilt:

$$A = A_1 \uplus A_2 \uplus \ldots \uplus A_n.$$

Statt der aufzählenden Schreibweise mit den Punkten „..." verwendet man oft auch die Notation

$$\biguplus_{i=1}^{n} A_i \quad \text{oder} \quad \biguplus_{i \in I} A_i,$$

womit die disjunkte Vereinigung aller Mengen A_1, A_2 bis A_n bzw. aller Mengen A_i mit $i \in I$ gemeint ist. Vereinigung, Schnitt und kartesisches Produkt mehrerer Mengen werden analog mit Hilfe der Symbole $\bigcup, \bigcap$ bzw. $\bigtimes$ ausgedrückt.

Die *Potenzmenge* $\mathcal{P}(M)$ der Menge M ist die Menge aller Teilmengen von M:

$$\mathcal{P}(M) := \{N \mid N \subseteq M\}.$$

BEISPIEL 0.1 Für $M := \{1, 2, 3\}$ gilt $\mathcal{P}(M) = \{\emptyset, \{1\}, \{2\}, \{3\}, \{1, 2\}, \{1, 3\}, \{2, 3\}, \{1, 2, 3\}\}$. Für die leere Menge gilt $\mathcal{P}(\emptyset) = \{\emptyset\}$, während $\mathcal{P}(\{\emptyset\}) = \{\emptyset, \{\emptyset\}\}$ ist.

0.2   Relationen und Abbildungen

Eine (binäre) *Relation* zwischen zwei Mengen A und B ist eine Teilmenge $\mathcal{R} \subseteq A \times B$. Oft werden wir Relationen $\mathcal{R}$ betrachten, bei denen die Mengen A und B gleich sind. Man spricht dann auch von einer Relation auf der Menge A.

Eine Relation $\mathcal{R}$ auf der Menge A heißt

- *reflexiv*, wenn für alle $a \in A$ gilt: $(a, a) \in \mathcal{R}$,

- *symmetrisch*, wenn für alle $a, b \in A$ gilt: $(a, b) \in \mathcal{R} \Rightarrow (b, a) \in \mathcal{R}$,

- *antisymmetrisch*, wenn für alle $a, b \in A$ gilt: $(a, b) \in \mathcal{R} \wedge (b, a) \in \mathcal{R} \Rightarrow a = b$,

- *transitiv*, wenn für alle $a, b, c \in A$ gilt: $(a, b) \in \mathcal{R} \wedge (b, c) \in \mathcal{R} \Rightarrow (a, c) \in \mathcal{R}$.

Für einige spezielle Relationen hat man eigene Bezeichnungen eingeführt.

Bezeichnung	Eigenschaften der Relation
Quasiordnung	transitiv, reflexiv
partielle Ordnung	transitiv, reflexiv, antisymmetrisch
Äquivalenzrelation	transitiv, reflexiv, symmetrisch

BEISPIEL 0.2   Sei $\mathcal{R}$ die Relation, die die Teilbarkeit beschreibt, d.h. für zwei natürliche Zahlen m und n gilt $(m, n) \in \mathcal{R}$ genau dann, wenn m ein Teiler von n ist. Formal kann man die Relation $\mathcal{R}$ folgendermaßen definieren:

$$\mathcal{R} := \{(m, n) \mid m, n \in \mathbb{N} \text{ mit } n = k \cdot m \text{ für ein } k \in \mathbb{N}\}.$$

Man überprüft leicht, dass $\mathcal{R}$ reflexiv, antisymmetrisch und transitiv ist, aber nicht symmetrisch. $\mathcal{R}$ ist also eine partielle Ordnung.

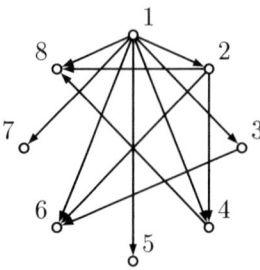

Graphische Darstellung.   Relationen kann man graphisch recht schön darstellen. Zwischen zwei Elementen a und b wird genau dann ein Pfeil gezeichnet, wenn a mit b in Relation steht, wobei die Pfeilspitze auf b zeigt. In der Abbildung links verbindet ein Pfeil zwei Zahlen genau dann, wenn sie unterschiedlich sind und die erste Zahl die zweite teilt. Der Graph stellt somit die Relation $\mathcal{R} := \{(a, b) \in [8] \times [8] \mid a \neq b \text{ und } a \text{ teilt } b\}$ dar.

Abbildungen. Relationen zwischen zwei Mengen A und B, bei denen jedes Element der linken Seite mit genau einem Element auf der rechten Seite in Relation steht, werden *Abbildungen* oder *Funktionen* genannt. Formal kann man eine Abbildung folgendermaßen definieren: Eine Relation $\mathcal{R} \subseteq A \times B$ ist eine Abbildung von der Menge A in die Menge B, wenn gilt:

$$\text{Für alle } a \in A: \quad |\{b \in B \mid (a,b) \in \mathcal{R}\}| = 1.$$

Eine Funktion f wird beschrieben, indem man die Regel angibt, nach der für ein Element $a \in A$ das *Bild* $f(a)$ berechnet wird. Man verwendet hierfür auch die Schreibweise:

$$\begin{aligned} f: A &\rightarrow B \\ a &\mapsto f(a) \end{aligned}$$

Das *Urbild* $f^{-1}(b)$ eines Elements $b \in B$ ist definiert als

$$f^{-1}(b) := \{a \in A \mid f(a) = b\}.$$

Für Teilmengen $A' \subseteq A$ und $B' \subseteq B$ setzen wir

$$f(A') := \bigcup_{a \in A'} \{f(a)\}$$

bzw.

$$f^{-1}(B') := \bigcup_{b \in B'} f^{-1}(b).$$

Man beachte den Unterschied in der Notation: Bei der Definition von $f(A')$ stehen auf der rechten Seite Mengenklammern um den Ausdruck $f(a)$, denn die $f(a)$'s sind *Elemente* und die Vereinigung ist nur für *Mengen* definiert. In der Definition von $f^{-1}(B')$ hingegen dürfen auf der rechten Seite keine Mengenklammern verwendet werden, denn die $f^{-1}(b)$'s sind bereits Mengen.

Eine Abbildung $f : A \rightarrow B$ heißt

- *injektiv*, wenn alle Elemente aus A paarweise verschiedene Bilder haben, wenn also für alle $b \in B$ gilt:

$$|f^{-1}(b)| \leq 1.$$

- *surjektiv*, wenn jedes Element aus B ein Bild von mindestens einem Element aus A ist, wenn also für alle $b \in B$ gilt:

$$|f^{-1}(b)| \geq 1.$$

- *bijektiv*, wenn die Abbildung sowohl injektiv als auch surjektiv ist; f ist also genau dann bijektiv, wenn für alle $b \in B$ gilt:

$$|f^{-1}(b)| = 1.$$

Sind A und B endliche Mengen, so kann die Funktion $f : A \to B$ offenbar nur dann bijektiv sein, wenn $|A| = |B|$ ist. In diesem Fall gilt sogar:

$$f \text{ bijektiv} \quad \Longleftrightarrow \quad f \text{ injektiv} \quad \Longleftrightarrow \quad f \text{ surjektiv}.$$

Zwei Relationen $\mathcal{R}$ und $\mathcal{R}'$ auf Mengen A bzw. A' heißen *isomorph*, falls es eine bijektive Abbildung $f : A \to A'$ gibt, so dass für alle $a, b \in A$ gilt:

$$(a, b) \in \mathcal{R} \quad \Longleftrightarrow \quad (f(a), f(b)) \in \mathcal{R}'.$$

Anschaulich bedeutet dies, dass die Relationen $\mathcal{R}$ und $\mathcal{R}'$ bis auf die Bezeichnungen der Elemente in A bzw. A' identisch sind.

BEISPIEL 0.3 Ist $A = \{1, 2, 3\}$ und $A' = \{x, y, z\}$, so sind die Relationen $\mathcal{R} = \{(1, 2), (2, 3)\}$ und $\mathcal{R}' = \{(x, y), (z, x)\}$ isomorph. Um dies einzusehen, betrachte man die Abbildung $f : A \to A'$ mit $f(1) = z$, $f(2) = x$ und $f(3) = y$.

Wir stellen nun noch einige Schreibweisen für häufig verwendete Funktionen vor.

Mit $\log_a(x)$ bezeichnen wir wie üblich den Logarithmus zur Basis a. Den natürlichen Logarithmus zur Basis $e = 2.71828..$ schreiben wir als $\ln(x)$. Spielt die Basis keine Rolle, so schreiben wir zuweilen auch nur kurz $\log(x)$. Falls aus dem Kontext klar ersichtlich ist, auf welches Argument der Logarithmus angewendet werden soll, lassen wir zur Vereinfachung der Notation die Klammern weg und schreiben statt $\log(x)$ nur kurz $\log x$.

Die (untere) *Gaußklammer* (engl. *floor*) ist definiert durch

$$\lfloor x \rfloor := \max\{n \in \mathbb{Z} \mid n \leq x\}.$$

Die *obere Gaußklammer* (engl. *ceiling*) ist definiert durch

$$\lceil x \rceil := \min\{n \in \mathbb{Z} \mid n \geq x\}.$$

BEISPIEL 0.4 $\lfloor \pi \rfloor = \lceil \pi - 1 \rceil = 3$ und $\lfloor -\pi \rfloor = \lceil -\pi - 1 \rceil = -4$. Für alle $x \in \mathbb{R}$ gilt:

$$\lceil x \rceil - \lfloor x \rfloor = \begin{cases} 0, & \text{wenn } x \in \mathbb{Z}, \\ 1, & \text{sonst.} \end{cases}$$

Für alle $n, m \in \mathbb{N}$ gilt $\frac{n}{m} \leq \lceil \frac{n}{m} \rceil \leq \frac{n+m-1}{m}$.

0.3 Beweise

In der Mathematik versteht man unter einem *Beweis* eine Folge von mathematisch korrekten Schlussfolgerungen, aus denen auf die Gültigkeit der zu beweisenden Aussage geschlossen werden kann. In diesem Buch formulieren wir Beweise im Allgemeinen aus. Zuweilen ist es aber hilfreich, einige Abkürzungen zu verwenden. Für Aussagen A und B und eine Menge S schreibt man:

Schreibweise	Bedeutung
$A \wedge B$	*A und B*
$A \vee B$	*A oder B*
$\neg A$	*nicht A*
$A \Leftrightarrow B$	*A gilt genau dann, wenn B gilt*
$A \Rightarrow B$	*wenn A gilt, dann gilt auch B*
$\exists x \in S$	*es gibt ein $x \in S$*
$\forall x \in S$	*für alle $x \in S$*

Im Folgenden geben wir exemplarisch einige verschiedene Beweistypen an. Wir beginnen mit der einfachsten Form, dem so genannten *direkten Beweis*.

Satz 0.5 *Sei n eine ungerade natürliche Zahl, dann ist auch n^2 ungerade.*

Beweis: Da n ungerade ist, gibt es ein $k \in \mathbb{N}_0$, so dass $n = 2k + 1$. Für den Beweis, dass auch n^2 ungerade ist, müssen wir zeigen, dass sich n^2 ebenfalls als Summe einer geraden Zahl plus Eins darstellen lässt. Dies sieht man leicht ein:

$$
\begin{aligned}
n^2 &= (2k + 1)^2 = (2k)^2 + 4k + 1 \\
&= 2 \cdot \underbrace{(2k^2 + 2k)}_{\text{gerade}} + 1.
\end{aligned}
$$

$\square$

Zuweilen ist es hilfreich, eine Aussage indirekt zu zeigen. Bei *indirekten Beweisen* wird die Tatsache verwendet, dass für zwei Aussagen A und B gilt:

$$A \Rightarrow B \quad \text{genau dann, wenn} \quad \neg B \Rightarrow \neg A.$$

Wem diese Aussage nicht gleich einleuchtet, der verdeutliche sie sich an dem folgenden Beispiel. Sei A die Aussage „es regnet" und B die Aussage „die Straße ist nass". Dann gilt natürlich $A \Rightarrow B$: Wenn es regnet, ist die Straße nass. Und auch $\neg B \Rightarrow \neg A$ gilt: Wenn die Straße nicht nass ist, dann regnet es nicht. — Der Schluss „wenn die Straße nass ist, dann regnet es" (was $B \Rightarrow A$ entsprechen würde), ist aber ganz offenbar falsch!

Als Beispiel für einen indirekten Beweis betrachten wir den folgenden Satz.

Satz 0.6 *Sei n eine natürliche Zahl. Wenn n^2 gerade ist, dann ist auch n gerade.*

Beweis: Um den Satz indirekt zu beweisen müssen wir zeigen: Wenn n ungerade ist, dann ist auch n^2 ungerade. Dies ist aber genau die in Satz 0.5 bereits bewiesene Aussage.   □

Eine weitere Beweisstrategie ist der so genannte *Beweis durch Widerspruch*. Diesem liegt die Idee zu Grunde, dass eine Aussage A auf jeden Fall dann gilt, wenn $\neg A$ zu einem Widerspruch führt. Das klassische Beispiel für einen Beweis durch Widerspruch ist der Beweis, dass $\sqrt{2}$ irrational ist, d.h. nicht als Quotient zweier ganzer Zahlen dargestellt werden kann.

Satz 0.7 $\sqrt{2}$ *ist irrational, d.h.* $\sqrt{2} \notin \mathbb{Q}$.

Beweis: Angenommen $\sqrt{2}$ wäre nicht irrational. Dann wäre $\sqrt{2} \in \mathbb{Q}$ und es gäbe somit teilerfremde Zahlen p und q aus $\mathbb{N}$ für die gilt:

$$\sqrt{2} = \frac{p}{q}.$$

Daraus folgt aber (durch Quadrieren beider Seiten), dass

$$2 = \frac{p^2}{q^2}$$

und somit auch

$$2q^2 = p^2. \tag{1}$$

Die letzte Gleichung hat zur Folge, dass p^2 gerade ist; aus Satz 0.6 folgt daraus, dass auch p gerade sein muss. Es gibt also ein $k \in \mathbb{N}_0$, so dass $p = 2k$. Aus Gleichung (1) folgt, dass $2q^2 = (2k)^2 = 4k^2$ gilt. Teilt man hier beide Seiten durch 2, so erhält man

$$q^2 = 2k^2.$$

Analog zu oben folgt nun, dass q^2 und somit auch q gerade ist. Das heißt aber, dass 2 sowohl q als auch p teilt und die Zahlen p und q somit nicht, wie oben angenommen, teilerfremd sind — ein Widerspruch.   □

Die Beweismethode der *vollständigen Induktion* wird angewandt, wenn man zeigen will, dass alle natürlichen Zahlen n eine Eigenschaft $P(n)$ erfüllen. Dabei geht man wie folgt vor:

- Zuerst wird die so genannte *Induktionsverankerung* bewiesen. Man zeigt, dass $P(1)$ gilt.

- Als zweites wird der *Induktionsschritt* bewiesen. Hier zeigt man, dass für alle natürlichen Zahlen n gilt:

  Wenn $P(n)$ gilt, dann gilt auch $P(n + 1)$.

  Um dies zu zeigen, nimmt man an, dass $P(n)$ wahr ist — dies wird als *Induktionsannahme* bezeichnet — und folgert daraus, dass auch $P(n + 1)$ wahr ist.

Man veranschaulicht sich leicht, dass aus dem Induktionsprinzip wirklich die Gültigkeit der Eigenschaft $P(n)$ für alle $n \in \mathbb{N}$ folgt. Nach der Induktionsverankerung muss $P(1)$ erfüllt sein. Da der Induktionsschritt bewiesen wurde, folgt aus $P(1)$, dass auch $P(1 + 1) = P(2)$ gelten muss. Aber auch auf $P(2)$ kann der Induktionsschritt angewendet werden: aus $P(2)$ folgt, dass auch $P(2 + 1) = P(3)$ gelten muss; daraus folgt aber wiederum, dass $P(4)$ gilt, usw. — Die vollständige Induktion ist genau das mathematische Hilfsmittel, um dieses „usw." formal richtig auszudrücken.

Der folgende Satz ist ein Beispiel für einen Satz, der mit Induktion bewiesen werden kann. Der Satz ist benannt nach CARL FRIEDRICH GAUSS (1777–1855), der ihn bereits während seiner Grundschulzeit bewiesen hat.

Satz 0.8 („kleiner Gauß") *Für alle natürlichen Zahlen n gilt: Die Summe der ersten n natürlichen Zahlen ist gleich $\frac{1}{2}n(n + 1)$.*

Beweis: Wir beweisen zuerst die Induktionsverankerung. Für $n = 1$ ist die Summe der ersten n natürlichen Zahlen gleich 1 und dies entspricht genau dem Wert von $\frac{1}{2}n(n + 1)$ für $n = 1$.

Für den Beweis des Induktionsschritts betrachten wir ein beliebiges $n \in \mathbb{N}$. Zu zeigen ist: Wenn der Satz für n gilt, so ist er auch für $n + 1$ wahr. Dies rechnet man leicht nach:

$$\sum_{i=1}^{n+1} i = n + 1 + \sum_{i=1}^{n} i \overset{(*)}{=} n + 1 + \frac{1}{2}n(n + 1) = \frac{1}{2}(n + 1)(n + 2).$$

Die Induktionsannahme geht hier genau bei der Umformung $(*)$ ein. □

Bei manchen Beweisen gelingt es nicht, aus der Gültigkeit der Eigenschaft $P(n)$ auf die Gültigkeit der Eigenschaft $P(n + 1)$ zu schließen. Hier hilft dann zuweilen das *allgemeine Induktionsprinzip*, bei dem man im Beweis des Induktionsschritts die Gültigkeit von $P(k)$ für alle $k \in \mathbb{N}$ mit $k \leq n$ verwendet. Man zeigt also:

Wenn $P(k)$ für alle $k \in \mathbb{N}$ mit $k \leq n$ gilt, dann gilt auch $P(n + 1)$.

Man überlegt sich leicht, dass auch aus dem allgemeinen Induktionsprinzip die Gültigkeit der Eigenschaft $P(n)$ für alle $n \in \mathbb{N}$ folgt.

BEISPIEL 0.9 Während eines Turniers spielen n Mannschaften $M_1, \ldots, M_n$ nach dem Modus „jeder gegen jeden". Dann gilt: Endet kein Spiel unentschieden, so gibt es immer eine Reihenfolge $M_{i_1}, \ldots, M_{i_n}$ der Mannschaften, so dass für alle $j = 1, \ldots, n - 1$ gilt: Mannschaft M_{i_j} hat gegen Mannschaft $M_{i_{j+1}}$ gewonnen.

Wir beweisen diese Behauptung durch Induktion über die Anzahl n der teilnehmenden Mannschaften. Für $n = 1$ und $n = 2$ ist die Aussage trivialerweise richtig. Für den Induktionsschritt nehmen wir an, dass die Behauptung für alle $n' \leq n$ gilt. Betrachten wir nun Mannschaft M_{n+1}. Die übrigen Mannschaften teilen wir in zwei Mengen auf: die Sieger-Mannschaften, die gegen M_{n+1} gewonnen haben, und die Verlierer-Mannschaften, die gegen M_{n+1} verloren haben. Beide Mengen enthalten sicherlich *höchstens* n Mannschaften (denn M_{n+1} spielt ja nicht gegen sich selbst). Für beide Mengen gibt es daher nach Induktionsannahme eine Reihenfolge, in der jede Mannschaft gegen die nächste gewonnen hat. In der folgenden Graphik ist dies durch einen Pfeil veranschaulicht:

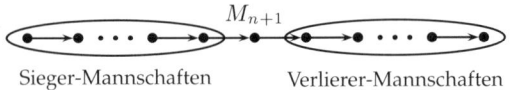

Sieger-Mannschaften   Verlierer-Mannschaften

Wählt man daher zunächst alle Sieger-Mannschaften in der durch die Induktion gegebenen Reihenfolge, dann die Mannschaft M_{n+1} und dann die Verlierer-Mannschaften, ebenfalls in der durch die Induktion gegebenen Reihenfolge, so ergibt dies die gesuchte Reihenfolge, in der jede Mannschaft die auf sie folgende geschlagen hat.

0.4   Landau-Symbole

Für den Umgang mit komplizierten Funktionen, sei es in der Analysis, der Zahlentheorie oder bei der Analyse von Algorithmen, ist es oft wünschenswert, das Wachstumsverhalten von Funktionen möglichst einfach darzustellen. Betrachtet man beispielsweise die Funktion $f(n) = 9n^3 + 2n^2 - 6$, so möchte man zum Ausdruck bringen, dass die Funktion $f(n)$ eine kubische Funktion ist — die Konstante vor dem n^3 und die Terme kleinerer Ordnung würde man andererseits gerne ignorieren. Mit Hilfe der Landau-Symbole

lässt sich dieses kubische Wachstumsverhalten der Funktion $f(n)$ durch die
Schreibweise $f(n) = \Theta(n^3)$ ausdrücken. Eingeführt wurde diese Notation
erstmals von PAUL BACHMANN (1837–1920) in einem Buch über analytische Zahlentheorie. Popularisiert wurde sie vor allem von dem Berliner ED-
MUND LANDAU (1877–1938).

In der Informatik werden die Landau-Symbole vorwiegend bei der Analyse
von Algorithmen verwendet. Wir werden uns im Folgenden daher auf die
Behandlung von Funktionen $f : \mathbb{N} \to \mathbb{R}$ beschränken, die auf den natürlichen Zahlen definiert sind.

Die Groß-Oh-Notation.   Will man zum Ausdruck bringen, dass eine Funktion höchstens so schnell wächst wie eine andere Funktion $g(n)$, so verwendet man die Groß-Oh-Notation.

$$O(g(n)) := \{f(n) \mid \text{es gibt ein } C \geq 0 \text{ und ein } n_0 \in \mathbb{N}, \text{ so dass}$$
$$\text{für alle } n \geq n_0 \text{ gilt: } |f(n)| \leq C \cdot |g(n)|\}.$$

Die Bedeutung der Konstanten C und n_0 kann man sich wie folgt veranschaulichen:

- Ist $g(n) = n^3$, so möchte man, dass jede kubische Funktion zur Klasse
  $O(n^3)$ gehört. Da aber $g(n) = n^3$ keine obere Schranke für $f(n) = 9n^3$
  ist, erlaubt man die Multiplikation mit einer Konstanten C.

- Für $g(n) = \ln n$ ist intuitiv klar, dass die konstante Funktion $f(n) = 1$ viel
  langsamer wächst als die Logarithmusfunktion. Man hätte daher gerne,
  dass $f(n) = 1$ in $O(\ln n)$ enthalten ist. Da aber $\ln 1 = 0$ ist, kann es kein
  $C > 0$ geben mit $f(1) \leq C \cdot \ln 1$. Setzt man andererseits $n_0 = 2$, so gilt
  $f(n) \leq 2 \cdot \ln n$ für alle $n \geq n_0$.

Nach obiger Definition ist $O(g(n))$ eine Menge. Es hat sich aber eingebür-
gert, statt $f(n) \in O(g(n))$ die Notation $f(n) = O(g(n))$ zu verwenden,
da auf diese Weise längere Rechnungen wesentlich übersichtlicher bleiben.
Man darf aber nie vergessen, dass dieses Gleichheitszeichen in Wirklichkeit
ein „$\in$" ist. Insbesondere darf man auf keinen Fall die rechte und die linke
Seite der Gleichung vertauschen, denn sonst könnte man z.B. aus den beiden wahren Aussagen $n = O(n^2)$ und $n^2 = O(n^2)$ die offensichtlich absurde
Gleichung $n = n^2$ folgern.

BEISPIEL 0.10   Für ein Polynom $f(n) = \sum_{\ell=0}^{d} a_\ell n^\ell$ mit $a_d \neq 0$ gilt

$$\begin{aligned}
|f(n)| &= |a_d n^d + a_{d-1} n^{d-1} + a_{d-2} n^{d-2} + \cdots + a_0| \\
&\leq |a_d| \cdot n^d \cdot \left| 1 + \frac{a_{d-1}}{a_d} \frac{1}{n} + \frac{a_{d-2}}{a_d} \frac{1}{n^2} + \cdots + \frac{a_0}{a_d} \frac{1}{n^d} \right| \\
&\leq |a_d| \cdot n^d \cdot \left(1 + \frac{|a_{d-1}|}{|a_d|} \frac{1}{n} + \frac{|a_{d-2}|}{|a_d|} \frac{1}{n^2} + \cdots + \frac{|a_0|}{|a_d|} \frac{1}{n^d} \right) \\
&\leq |a_d| \cdot n^d \cdot \left(1 + \frac{|a_{d-1}|}{|a_d|} + \frac{|a_{d-2}|}{|a_d|} + \cdots + \frac{|a_0|}{|a_d|} \right)
\end{aligned}$$

für alle $n \geq 1$. Setzt man daher

$$C := |a_d| \cdot \left(1 + \frac{|a_{d-1}|}{|a_d|} + \frac{|a_{d-2}|}{|a_d|} + \cdots + \frac{|a_0|}{|a_d|} \right),$$

so gilt $|f(n)| \leq C n^k$ für alle $n \in \mathbb{N}$ und $k \geq d$. Also $f(n) = O(n^k)$ für alle $k \geq d$.

Die Groß-Omega-Notation. Will man zum Ausdruck bringen, dass eine Funktion $f(n)$ mindestens so schnell wächst wie eine Funktion $g(n)$, so verwendet man die Groß-Omega-Notation.

$$\Omega(g(n)) := \{ f(n) \mid \text{es gibt ein } C > 0 \text{ und ein } n_0 \in \mathbb{N}, \text{ so dass} \\ \text{für alle } n \geq n_0 \text{ gilt: } |f(n)| \geq C \cdot |g(n)| \}.$$

Wie schon bei der Groß-Oh-Notation verwendet man auch hier die abkürzende Schreibweise $f(n) = \Omega(g(n))$ statt $f(n) \in \Omega(g(n))$.

BEISPIEL 0.11   Für ein Polynom $f(n) = \sum_{\ell=0}^{d} a_\ell n^\ell$ mit $a_d \neq 0$ gilt

$$\begin{aligned}
f(n) &= a_d n^d + a_{d-1} n^{d-1} + a_{d-2} n^{d-2} + \cdots + a_0 \\
&= a_d n^d \left(1 + \frac{a_{d-1}}{a_d} \frac{1}{n} + \frac{a_{d-2}}{a_d} \frac{1}{n^2} + \cdots + \frac{a_0}{a_d} \frac{1}{n^d} \right).
\end{aligned}$$

Der Ausdruck innerhalb der Klammer konvergiert für $n \to \infty$ gegen 1. Also gibt es ein $n_0 \in \mathbb{N}$, so dass der Wert der Klammer für alle $n \geq n_0$ mindestens $1/2$ ist. Daher gilt für $C := \frac{1}{2}|a_d|$ und $n \geq n_0$:

$$|f(n)| \geq \tfrac{1}{2}|a_d| n^d = C \cdot n^d.$$

Für $k \leq d$ gilt somit $|f(n)| \geq C n^k$ für alle $n \geq n_0$, also $f(n) = \Omega(n^k)$.

Die Groß-Theta-Notation. Wenn eine Funktion $f(n)$ sowohl von oben als auch von unten durch $g(n)$ beschränkt ist, so schreibt man $f(n) = \Theta(g(n))$. Formal ist die Menge $\Theta(g(n))$ definiert durch

$$\Theta(g(n)) := O(g(n)) \cap \Omega(g(n)).$$

Die Klein-Oh- und die Klein-Omega-Notation. Will man zum Ausdruck bringen, dass eine Funktion $f(n)$ nicht nur höchstens so schnell wächst wie eine andere Funktion $g(n)$, sondern echt langsamer als $g(n)$, so verwendet man statt der Groß-Oh-Notation die Klein-Oh-Notation.

$$o(g(n)) := \{f(n) \mid \text{für alle } c > 0 \text{ gibt es ein } n_0 \in \mathbb{N}, \text{so dass}$$
$$\text{für alle } n \geq n_0 \text{ gilt: } |f(n)| < c \cdot |g(n)|\}.$$

BEISPIEL 0.12 Für ein Polynom $f(n) = \sum_{\ell=0}^{d} a_\ell n^\ell$ gilt $f(n) = o(n^k)$ für alle $k > d$.

Die Klein-Omega-Notation wird analog zur Bezeichnung derjenigen Funktionen verwendet, die echt schneller wachsen als eine gegebene Funktion $g(n)$.

$$\omega(g(n)) := \{f(n) \mid \text{für alle } c \geq 0 \text{ gibt es ein } n_0 \in \mathbb{N}, \text{so dass}$$
$$\text{für alle } n \geq n_0 \text{ gilt: } |f(n)| > c \cdot |g(n)|\}.$$

BEISPIEL 0.13 Für ein Polynom $f(n) = \sum_{\ell=0}^{d} a_\ell n^\ell$ mit $a_d \neq 0$ gilt $f(n) = \omega(n^k)$ für alle $k < d$.

In der folgenden Tabelle sind die Landau-Symbole nochmals zusammengestellt. Die in der Spalte Definition angegebenen Formulierungen sind das analytische Gegenstück zu der im obigen Text gewählten Darstellung. Wir überlassen es dem Leser, sich davon zu überzeugen, dass die jeweiligen Definitionen in der Tat für Funktionen $g(n)$ mit höchstens endlichen vielen Nullstellen äquivalent sind.

Schreibweise	Definition	Bedeutung
$f(n) = O(g(n))$	$\limsup\limits_{n \to \infty} \dfrac{|f(n)|}{|g(n)|} < \infty$	$f(n)$ wächst höchstens so schnell wie $g(n)$
$f(n) = \Omega(g(n))$	$\liminf\limits_{n \to \infty} \dfrac{|f(n)|}{|g(n)|} > 0$	$f(n)$ wächst mindestens so schnell wie $g(n)$
$f(n) = \Theta(g(n))$	$f(n) = O(g(n))$ und $f(n) = \Omega(g(n))$	$f(n)$ wächst genauso schnell wie $g(n)$
$f(n) = o(g(n))$	$\lim\limits_{n \to \infty} \dfrac{|f(n)|}{|g(n)|} = 0$	$f(n)$ wächst langsamer als $g(n)$
$f(n) = \omega(g(n))$	$\dfrac{|f(n)|}{|g(n)|} \to \infty$	$f(n)$ wächst schneller als $g(n)$

Übungsaufgaben

0.1 Wo steckt der Fehler in dem folgenden Induktionsbeweis, der zeigt, dass alle Personen einer Menge X mit $|X| = n$ Elementen gleich groß sind? — Die Induktionsvoraussetzung für $n = 1$ ist offensichtlich erfüllt. Beim Induktionsschritt von n auf $n + 1$ wird eine Menge X aus $n + 1$ Personen so in Teilmengen Y und Z zerlegt, dass gilt: $X = Y \cup Z$, $|Y \cap Z| = 1$, $|Y| < |X|$ und $|Z| < |X|$. Da $|Y| < |X|$ folgt nach Induktionsannahme, dass alle Personen in Y gleich groß sind; analog gilt, dass alle Personen in Z gleich groß sind. Da die Schnittmenge aus Y und Z nicht leer ist, folgt, dass alle Personen in X gleich groß sind.

0.2 Die Summe der Kehrwerte der ersten n natürlichen Zahlen bezeichnet man als n-te harmonische Zahl H_n, also $H_n = \sum_{i=1}^{n} \frac{1}{i}$. Beweisen oder widerlegen Sie: a) $\sum_{i=1}^{n} H_i = (n + 1)H_{n+1} - n$ für alle $n \in \mathbb{N}$, b) $H_{2^n} \leq n + 1$ für alle $n \in \mathbb{N}$.

0.3 Beweisen oder widerlegen Sie: Zwei Mengen sind genau dann identisch, wenn ihre Potenzmengen identisch sind.

0.4 Beweisen oder widerlegen Sie: Falls $x + \frac{1}{x} \in \mathbb{Z}$, so gilt auch $x^n + \frac{1}{x^n} \in \mathbb{Z}$ für alle $n \in \mathbb{N}$.

0.5ˉ Beweisen oder widerlegen Sie: Für $a \geq b \geq 0$ gilt $n^a + n^b = \Theta(n^a)$.

0.6ˉ Entscheiden Sie die Gültigkeit der folgenden Aussagen: a) $10^{\log n} = O(2^n)$, b) $10^{\sqrt{n}} = O(2^n)$, c) $10^n = O(2^n)$.

0.7 Ordnen Sie die Funktionen $\sqrt{n}$, 2^n, $\log \log n$, 10^{10}, $e^{\log \log n^2}$, 1.1^{n^2}, $(\log n)^{\log \log n}$, $\sqrt{\log n}$, $(\log n)^{10}$ so, dass für je zwei aufeinanderfolgende Funktionen f und g gilt: $f(n) = o(g(n))$.

0.8 Beweisen oder widerlegen Sie: $f(n) = 2^{\Theta(\log n)} \Leftrightarrow \exists k\colon f(n) = O(n^k)$.

0.9 Beweisen oder widerlegen Sie: Aus $f(n) = O(g(n))$ und $g(n) = O(h(n))$ folgt $f(n) = O(h(n))$.

0.10 Beweisen oder widerlegen Sie: Aus $(f + g)(n) = O(f(n))$ folgt $g(n) = O(f(n))$.

0.11 Geben Sie zwei Funktionen $f, g : \mathbb{N} \mapsto \mathbb{N}$ an, so dass weder $f(n) = O(g(n))$ noch $g(n) = O(f(n))$ gilt.

0.12 Beweisen oder widerlegen Sie: $\sum_{i=1}^{n} 1/(i \cdot (i + 1)) = n/(n + 1)$.

0.13 Beweisen oder widerlegen Sie: $\sum_{i=1}^{n} i^2 = \frac{1}{6}n(n + 1)(2n + 1)$.

0.14 Zeigen Sie, dass sich für jedes $n \in \mathbb{N}$ ein $2^n \times 2^n$-Schachbrett derart durch L-Stücke, die so groß sind wie drei Felder des Schachbretts überdeckungsfrei belegen lassen, dass einzig und allein die rechte obere Ecke frei bleibt.

0.15 Charakterisieren Sie die Menge der Funktionen in $o(g(n)) \cap \omega(g(n))$ für jede Funktion $g : \mathbb{N} \to \mathbb{R}$.

Kombinatorik

Aus dem täglichen Leben ist der Begriff „Kombination" in vielen Varianten geläufig: als überzeugende Schlussfolgerung von Sherlock Holmes und Doctor Watson, als gelungenes Zusammenspiel im Fußball, als gutaussehende und farblich passende Zusammenstellung von Hose und Jackett oder auch als sportlicher Wettkampf der nordischen Kombinierer. In der Mathematik bezeichnet die Kombinatorik das Teilgebiet, bei dem die Anordnungsmöglichkeiten einer im Allgemeinen endlichen Menge vorgegebener Objekte studiert werden. Wir werden uns in diesem Kapitel hauptsächlich mit dem Abzählen von Objekten mit bestimmten Eigenschaften beschäftigen. Dazu untersuchen wir zunächst die Anzahl Möglichkeiten, Elemente aus einer vorgegebenen Menge zu ziehen. Danach lernen wir einige kombinatorische Argumente und Beweisprinzipien kennen und werden diese dann auf wichtige Zählprobleme, wie die Bestimmung der Anzahl von Teilmengen und Partitionen einer endlichen Menge, der Anzahl Permutationen mit vorgegebenen Eigenschaften oder der Anzahl Lösungen einer mathematischen Gleichung, anwenden.

1.1 Ziehen von Elementen aus einer Menge

Wie viele Möglichkeiten gibt es, k Objekte aus einer n-elementigen Menge zu ziehen? — Auf diese Frage gibt es mehrere Antworten, die alle auf die eine oder andere Art richtig sind. Es kommt nämlich ganz darauf an, wie die

Tabelle 1.1: Ziehen von $k = 2$ Elementen aus $n = 3$ Elementen

	geordnet	ungeordnet
mit Zurücklegen	$(1,1),(1,2),(1,3)$ $(2,1),(2,2),(2,3)$ $(3,1),(3,2),(3,3)$	$\{1,1\}, \{1,2\}, \{1,3\}$ $\{2,2\}, \{2,3\}, \{3,3\}$
ohne Zurücklegen	$(1,2), (1,3), (2,1)$ $(2,3), (3,1), (3,2)$	$\{1,2\}, \{1,3\}, \{2,3\}$

Elemente gezogen werden: Legt man die Elemente nach dem Ziehen wieder zurück, damit sie ein zweites Mal gezogen werden können, oder nicht? Ist die Reihenfolge, in der die Elemente gezogen werden, wichtig oder kommt es nur auf die gezogenen Elemente selbst an und nicht auf ihre Reihenfolge? In Tabelle 1.1 sind die unterschiedlichen Möglichkeiten für den Fall dargestellt, dass aus einer dreielementigen Menge zwei Objekte gezogen werden. Ist die Reihenfolge unerheblich, so bilden die gezogenen Elemente eine Menge und entsprechend wird hier die Mengenschreibweise $\{..\}$ verwendet. Ist die Reihenfolge hingegen wichtig, so bilden die gezogenen Elemente ein geordnetes Tupel, angedeutet durch die Schreibweise $(..)$.

Im Rest dieses Abschnitts werden wir die verschiedenen Möglichkeiten, Objekte aus einer Menge zu ziehen, detailliert vorstellen.

Ziehen mit Zurücklegen, geordnet.   Als erstes wollen wir uns überlegen, wie viele Möglichkeiten es gibt, k Elemente aus einer n-elementigen Menge zu ziehen, wobei die gezogenen Elemente jeweils zurückgelegt werden und es auf die Reihenfolge der Elemente ankommt. Jedes Element der Menge kann als erstes gezogen werden — dafür gibt es also n Möglichkeiten. Auch für das zweite Element stehen wiederum n Elemente zur Auswahl, ebenso für das dritte Element, usw. Insgesamt gibt es also

$$\underbrace{n \cdot n \cdot \ldots \cdot n}_{k \text{ mal}} = n^k$$

Möglichkeiten.

BEISPIEL 1.1   In einem Wort kommt es auf die Reihenfolge der Buchstaben an. Das Alphabet $A = \{a, b, \ldots, z\}$ (ohne Umlaute) enthält 26 Buchstaben. Daraus kann man also 26^4 verschiedene Wörter der Länge 4 bilden.

Ziehen ohne Zurücklegen, geordnet.   Als nächstes bestimmen wir die Anzahl Möglichkeiten, k Elemente aus einer n-elementigen Menge zu ziehen, wobei es auf die Reihenfolge ankommen soll, aber diesmal schon einmal gezogene Elemente *nicht* ein zweites Mal gezogen werden dürfen. Für das erste Element gibt es genau n Möglichkeiten, für das zweite Element gibt es nur noch $n - 1$ Möglichkeiten (da das erste Element nicht mehr zur Verfügung steht), für das dritte $n - 2$ Möglichkeiten usw. bis zum k-ten Element, für das es noch $n - k + 1$ Möglichkeiten gibt. Insgesamt haben wir also

$$n \cdot (n - 1) \cdot (n - 2) \cdot \ldots \cdot (n - k + 1) = \prod_{i=0}^{k-1} (n - i) \qquad (1.1)$$

Möglichkeiten. Der Ausdruck aus Gleichung (1.1) wird *fallende Faktorielle* von n der Länge k genannt und mit $n^{\underline{k}}$ bezeichnet:

$$n^{\underline{k}} \quad := \quad n \cdot (n - 1) \cdot (n - 2) \cdot \ldots \cdot (n - k + 1).$$

Der Spezialfall $k = n$ wird uns noch häufig begegnen. In diesem Fall werden alle Elemente der Menge gezogen. Der Ausdruck $n^{\underline{n}}$ zählt also die Anzahl Möglichkeiten, die Elemente einer n-elementigen Menge anzuordnen. Dieser Ausdruck wird auch als *Fakultät von n* bezeichnet, geschrieben als

$$n! \quad := \quad n^{\underline{n}} = n \cdot (n - 1) \cdot \ldots \cdot 1.$$

Der Vollständigkeit halber sei noch erwähnt, dass wir für den Fall $k = 0$ bzw. $n = 0$ definieren:

$$n^{\underline{0}} := 1 \quad \text{und} \quad 0! := 1.$$

BEISPIEL 1.2 Wir betrachten wieder das aus 26 Buchstaben bestehende Alphabet $A = \{a, b, \ldots, z\}$. Die Anzahl der Wörter, in denen jeder Buchstabe nur einmal vorkommt, kann man mit obiger Formel bestimmen. So gibt es zum Beispiel genau $26 \cdot 25 \cdot 24 \cdot 23$ verschiedene Wörter der Länge 4, die keinen Buchstaben mehr als einmal enthalten.

Ziehen ohne Zurücklegen, ungeordnet. Bei Mengen kommt es auf die Reihenfolge der Elemente nicht an; die Menge $\{a, b, c\}$ ist identisch mit der Menge $\{b, a, c\}$. Wenn wir Elemente ohne Zurücklegen ziehen und es auf die Reihenfolge nicht ankommt, wird das Ergebnis der Ziehung daher eindeutig durch Angabe der Teilmenge der gezogenen Elemente festgelegt. Ziehen wir genau k Elemente, so sprechen wir auch von k-Teilmengen, also Teilmengen der Kardinalität k.

Um die Anzahl der k-Teilmengen einer n-elementigen Menge zu bestimmen, können wir das Ergebnis der Anzahl Möglichkeiten des geordneten Ziehens ohne Zurücklegen verwenden. k-Teilmengen unterscheiden sich von geordneten Tupeln der Länge k genau dadurch, dass bei den Mengen die Ordnung der Elemente *keine* Rolle spielt. Da eine k-Teilmenge auf genau

$k!$ viele Arten angeordnet werden kann (geordnetes Ziehen ohne Zurücklegen) und es $n^{\underline{k}}$ viele Möglichkeiten gibt, k Elemente aus einer n-elementigen Menge unter Berücksichtigung der Reihenfolge zu ziehen, gibt es daher genau

$$\binom{n}{k} := \frac{n^{\underline{k}}}{k!} = \frac{n!}{k!(n-k)!}$$

viele k-Teilmengen einer n-elementigen Menge. Der Ausdruck $\binom{n}{k}$ kommt in der Mathematik sehr häufig vor und man hat ihm daher einen eigenen Namen gegeben: Er heißt *Binomialkoeffizient*. Der Grund für diese Namensgebung ist, dass die Terme $\binom{n}{k}$ genau die Koeffizienten der Binome $a^k b^{n-k}$ in der aus der Schule sicherlich bereits bekannten binomischen Formel

$$(a+b)^n = \sum_{k=0}^{n} \binom{n}{k} a^k b^{n-k} \tag{1.2}$$

sind.

BEISPIEL 1.3 Wir bestimmen die Anzahl Wörter der Länge 5 über dem Alphabet $A = \{a, b\}$, die genau zwei a's enthalten. Insgesamt gibt es in einem Wort der Länge 5 genau fünf Positionen, an denen ein a stehen kann. Die Wahl der zwei Positionen, an denen ein a steht, entspricht daher einem ungeordneten Ziehen einer 2-elementigen Menge (aus der Menge der fünf möglichen Positionen) ohne Zurücklegen. Es gibt also $\binom{5}{2} = 10$ Möglichkeiten:

$$\begin{array}{ccccc} aabbb & ababb & abbab & abbba & baabb \\ babab & babba & bbaab & bbaba & bbbaa \end{array}$$

Analog folgt: es gibt genau $\binom{n}{k}$ viele Wörter der Länge n über dem Alphabet $A = \{a, b\}$, die genau k a's enthalten.

Ziehen mit Zurücklegen, ungeordnet. Die Bestimmung der Anzahl der Möglichkeiten, aus einer n-elementigen Menge k Elemente *mit* Zurücklegen ohne Beachtung der Reihenfolge zu ziehen, ist etwas schwieriger. Hier benötigen wir einen Trick, der uns im weiteren Verlauf dieses Kapitels noch öfter begegnen wird: Wir zählen die Anzahl der Elemente einer ganz anders definierten Menge.

Das Ergebnis des Ziehens mit Zurücklegen ohne auf die Reihenfolge zu achten wird durch so genannte *Multimengen* beschrieben. In Multimengen dürfen — im Gegensatz zu Mengen — Elemente mehrmals vorkommen, so ist z.B. $M = \{a, a, a, c, d, d, e\}$ eine Multimenge über der Menge $S = \{a, b, c, d, e\}$. Wir bezeichnen die Häufigkeit des Vorkommens als *Vielfachheit* eines Elements. So ist z.B. die Vielfachheit des Buchstabens d in der Multimenge M gleich 2. Die *Mächtigkeit* oder *Kardinalität* einer Multimenge ist die Anzahl ihrer Elemente gezählt mit ihrer Vielfachheit; für die oben angegebene Menge M gilt also $|M| = 7$.

Wir werden nun die Anzahl der k-elementigen Multimengen über einer n-elementigen Menge S bestimmen. Dazu legen wir zunächst eine beliebige Ordnung der Elemente in S fest. Damit können wir eine k-elementige Multimenge M über der Menge S dann folgendermaßen beschreiben: Wir notieren für jedes Element der Menge S genauso viele Sterne „$\star$", wie die Vielfachheit des Elements in der Multimenge ist, und trennen die Einträge für die verschiedenen Elemente durch Striche „$|$" voneinander. Wenn z.B. die Menge S durch $S := \{a, b, c, d, e\}$ gegeben ist, wird die Multimenge $M = \{a, a, a, c, d, d, e\}$ durch

$$\star \star \star \,\|\, \star \,|\, \star \star \,|\, \star$$

kodiert. Jede dieser Kodierungen beschreibt eindeutig eine Multimenge und jede Multimenge wird durch genau eine Kodierung dieser Form beschrieben. Um die Anzahl Multimengen festzustellen, genügt es also, die Anzahl gültiger Kodierungen zu zählen. Jede solche Kodierung besteht aus genau $n + k - 1$ Zeichen: aus k „$\star$" und aus $n - 1$ „$|$". Die Position der „$\star$" und „$|$" kann beliebig gewählt werden, da jede Reihenfolge genau einer Multimenge mit k Elementen entspricht. Wie bestimmt man nun die Anzahl solcher Zeichenketten mit einer vorgegebenen Anzahl von „$\star$" und „$|$"? — Dies ist ganz einfach: Wir wählen einfach die k Positionen, an denen ein „$\star$" stehen soll, aus den $n + k - 1$ möglichen Positionen aus. Insgesamt gibt es also $\binom{n+k-1}{k}$ Wörter mit k „$\star$" und $n - 1$ „$|$". Und somit also auch genau $\binom{n+k-1}{k}$ viele k-elementige Multimengen über einer n-elementigen Menge.

BEISPIEL 1.4 Die Wahl des Vorsitzenden des örtlichen Sportvereins findet in geheimer Wahl statt. Es stehen drei Kandidaten zur Wahl. Von den stimmberechtigten Mitgliedern geben 100 eine gültige Stimme ab. Wie viele mögliche Wahlausgänge gibt es? — Jede abgegebene Stimme kann auf einen der drei Kandidaten entfallen. Da die Wahl geheim ist, kann nicht unterschieden werden, wer für welchen Kandidaten gestimmt hat. Festgestellt werden kann nur die Anzahl der auf jeden Kandidaten entfallenen Stimmen. Dies entspricht daher einem Ziehen von 100 Elementen (den 100 gültigen Stimmen) aus einer 3-elementigen Menge (den drei Kandidaten). Es gibt daher $\binom{3+100-1}{100} = 5151$ mögliche Wahlausgänge.

In Tabelle 1.2 sind die unterschiedlichen Möglichkeiten, Elemente aus einer Menge zu ziehen, noch einmal zusammengefasst.

1.2 Kombinatorische Beweisprinzipien

In der Schule lernt man die binomische Formel (1.2) in aller Regel als (Rechen-)formel kennen. Beweisen kann man sie unschwer durch vollständige Induktion über n. Mit dem im letzten Abschnitt erworbenen Wissen

Tabelle 1.2: Anzahl Möglichkeiten k Elemente aus einer n-elementigen
Menge zu ziehen

	geordnet	ungeordnet
mit Zurücklegen	n^k	$\binom{n+k-1}{k}$
ohne Zurücklegen	$n^{\underline{k}}$	$\binom{n}{k}$

können wir sie aber auch recht einfach herleiten. Dazu schreiben wir $(a+b)^n$
als Produkt von n Faktoren der Form $(a+b)$:

$$(a+b)^n = (a+b) \cdot (a+b) \cdots (a+b). \tag{1.3}$$

Multipliziert man hier die Terme auf der rechten Seite aus, so erhält man
eine Summe über alle Produkte von a's und b's der Länge n. Da die Reihenfolge der a's und b's innerhalb des Produkts bei reellen oder komplexen
Zahlen keine Rolle spielt (die Multiplikation ist kommutativ), kann man die
a's und die b's gruppieren. Jedes solche Produkt hat dann die Form $a^k b^{n-k}$
für ein $k \in \{0, \dots, n\}$. Überlegen müssen wir uns jetzt noch, wie oft jedes
Produkt in der Summe auftaucht. Da ein Produkt $a^k b^{n-k}$ durch „Ziehen"
der Positionen der k a's entsteht (vgl. Beispiel 1.3), gibt es insgesamt $\binom{n}{k}$
Möglichkeiten dieses Produkt zu bilden. Durch Ausmultiplizieren der rechten Seite von (1.3) und Zusammenfassen der Produkte $a^k b^{n-k}$ erhält man
also die Summe

$$\sum_{k=0}^{n} \binom{n}{k} a^k b^{n-k},$$

womit die binomische Formel bewiesen ist. Bei dieser Argumentation haben wir vor allem kombinatorische Argumente verwendet. Man sagt daher
auch, dies ist ein *kombinatorischer Beweis*. In diesem Abschnitt werden wir
zunächst einige grundlegende kombinatorischen Argumente detailliert vorstellen und dann einige Anwendungsbeispiele betrachten.

Die Summenregel. Die Summenregel besagt, dass die Anzahl der Elemente einer Menge S, die als disjunkte Vereinigung von Mengen S_i geschrieben werden kann, gleich der Summe der Anzahl der Elemente der
Mengen S_i ist. Formal schreibt man:

$$S = \biguplus_{i \in I} S_i \quad \Longrightarrow \quad |S| = \sum_{i \in I} |S_i|.$$

Die Summenregel ist natürlich nur richtig, wenn die Mengen S_i disjunkt
sind: Käme ein Element in mehreren der Mengen S_i vor, so würde es in der
Summe mehrmals gezählt.

BEISPIEL 1.5 Wir bestimmen die Anzahl 5-elementiger Teilmengen von [10], die die 1 oder die 2 enthalten, aber nicht beide. Jede 5-elementige Teilmenge, die die 1 enthält, aber nicht die 2, setzt sich zusammen aus der 1 und einer 4-elementigen Teilmenge von $[10] \setminus \{1, 2\}$. Nach Abschnitt 1.1 gibt es genau $\binom{8}{4}$ solcher Teilmengen. Analog gibt es ebenfalls genau $\binom{8}{4}$ viele 5-elementige Teilmengen von [10], die die 2 enthalten, aber nicht die 1. Die gesuchte Anzahl ist also $2 \cdot \binom{8}{4} = 140$.

Die Produktregel. Neben der Vereinigung gibt es noch eine weitere einfache Operation, mit der man aus Mengen neue Mengen konstruieren kann: das kartesische Produkt. Für dieses Produkt gilt:

$$S = \bigtimes_{i \in I} S_i \quad \Longrightarrow \quad |S| = \prod_{i \in I} |S_i|.$$

Nach Definition sind die Tupel des kartesischen Produktes geordnet. Im Gegensatz zur Summenregel ist es für die Produktregel daher nicht erforderlich, dass die Mengen S_i disjunkt sind.

BEISPIEL 1.6 Wir bestimmen die Anzahl der 4-stelligen Zahlen, deren i-te Ziffer eine durch i teilbare Zahl ist. Für die erste Ziffer stehen also die Zahlen $0, 1, \ldots, 9$ zur Verfügung, für die zweite Ziffer die Zahlen $0, 2, 4, 6, 8$, für die dritte Ziffer die Zahlen $0, 3, 6, 9$ und für die vierte Ziffer die Zahlen $0, 4, 8$. Insgesamt gibt es also $10 \cdot 5 \cdot 4 \cdot 3 = 600$ solcher Zahlen.

Bei der Analyse von Programmen verwendet man die Produktregel, um geschachtelte Schleifen zu analysieren.

BEISPIEL 1.7 Wir bestimmen den Wert der Variablen x am Ende des folgenden Programms:

```
x ← 0;
for i from 1 to 5 do begin
    for j from 1 to 10 do  x ← x + 1;
end
```

Jeder der 5 Werte der Schleifenvariable i wird mit jedem der 10 Werte für die Schleifenvariable j kombiniert. Die Produktregel besagt also, dass die Anweisung $x \leftarrow x + 1$ genau $5 \cdot 10 = 50$ mal ausgeführt wird. Der Wert von x nach Ausführung des Programms ist also 50.

Die Gleichheitsregel. Eine Bijektion $f : S \to T$ ist eine Funktion, die jedem Element der Menge S genau ein Element der Menge T und umgekehrt auch jedem Element von T genau ein Urbild in der Menge S zuordnet. Für endliche Mengen S und T folgt daher:

$$f : S \to T \text{ bijektiv} \quad \Longrightarrow \quad |S| = |T|.$$

BEISPIEL 1.8 In Abschnitt 1.1 haben wir die Gleichheitsregel angewendet, um die Anzahl Möglichkeiten beim ungeordneten Ziehen mit Zurücklegen zu zählen.

Doppeltes Abzählen.   Betrachten wir eine Relation $\mathcal{R} \subseteq S \times T$ zwischen zwei Mengen S und T. Die Kardinalität der Menge $\mathcal{R}$ kann auf zwei Arten bestimmt werden: Man kann entweder für jedes $s \in S$ die Anzahl Elemente $t \in T$ bestimmen, für die $(s, t) \in \mathcal{R}$ gilt, und dann diese Werte aufsummieren. Oder man kann für jedes $t \in T$ die Anzahl Elemente $s \in S$ bestimmen, für die $(s, t) \in \mathcal{R}$ gilt, und summiert dann diese Werte auf. Man bezeichnet die beiden Arten auch als Zeilen- bzw. Spaltensumme. Beide ergeben natürlich denselben Wert:

$$\sum_{s \in S} |\{t \in T \mid (s, t) \in \mathcal{R}\}| \quad = \quad \sum_{t \in T} |\{s \in S \mid (s, t) \in \mathcal{R}\}|.$$

(„Zeilensumme")   („Spaltensumme")

BEISPIEL 1.9   Wir betrachten das Spiel „*Hex*", das in leicht abgeänderter Form dem ein oder anderen Leser auch aus der Quizshow „*Supergrips*" bekannt sein dürfte. Ausgangssituation ist das hexagonale Spielbrett in der folgenden Abbildung links. Die Spieler bemalen abwechselnd je ein noch weißes Feld mit dunkel- bzw. hellgrau. Gewonnen hat, wer als erster einen durchgehenden Weg von seiner Seite zur gegenüberliegenden Seite fertiggestellt hat. Das Spiel endet unentschieden, wenn alle Felder bemalt sind, ohne dass ein Weg entstanden ist.

Ausgangsposition: *Spieler B gewinnt:*

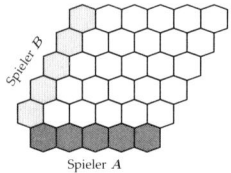   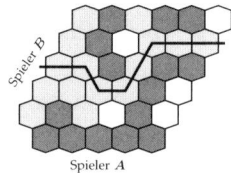

Wer das Spiel kennt, weiß, dass Unentschieden nie vorkommen. Warum ist das so? Im Folgenden werden wir zeigen, dass es für *jede* Färbung des Spielbrettes einen Sieger gibt. Wir beweisen dies durch Widerspruch. Nehmen wir also an, es gäbe eine Färbung, für die das Spiel unentschieden endet. Aus dieser Färbung werden wir eine Relation $\mathcal{R}$ ableiten und dann die Regel des doppelten Abzählens verwenden. Aus der Definition der Relation werden wir unmittelbar folgern können, dass die Spaltensumme gerade ist. Die Annahme, dass das Spiel unentschieden endet, impliziert andererseits, dass die Zeilensumme ungerade sein muss. Dieser Widerspruch zeigt, dass es so eine Färbung für die das Spiel unentschieden endet nicht geben kann.

Für die Definition der Relation $\mathcal{R}$ markieren wir zunächst die Felder des Spielfeldes nach folgendem Prinzip mit den Farben $1, 2$ und 3: Alle Felder, die dunkelgrau markiert sind und die vom unteren Rand aus über dunkelgraue Felder erreichbar sind, werden mit 1 markiert. Analog markiert man alle hellgrauen Felder, die vom linken Rand aus über hellgraue Felder erreichbar sind mit 2. Alle übrigen Felder erhalten die Markierung 3. Da das Spiel nach Annahme unentschieden endet, müssen alle Felder am oberen Rand die Markierung 2 oder 3 erhalten haben. Analog sind alle Felder am rechten Rand mit 1 oder 3 markiert. Insbesondere muss also das Feld rechts oben die Markierung 3 erhalten haben.

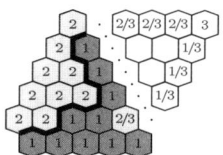

Wir konstruieren nun eine Relation $\mathcal{R} \subseteq E \times K$ zwischen den Ecken E und den Kanten K der Hexagone des Spielbretts wie folgt. Für $e \in E$ und $k \in K$ gilt $(e, k) \in \mathcal{R}$ dann und nur dann, wenn zum einen e ein Endpunkt der Kante k ist und zum anderen die Kante k zwischen zwei Feldern verläuft, von denen eines mit 1 und das andere mit 2 markiert ist (diese Kanten sind in der obigen Abbildung fett gezeichnet). Für jede Kante $k \in K$ gilt dann $|\{e \in E \mid (e, k) \in \mathcal{R}\}| = 0$ oder 2, da jede Kante zwischen zwei Ecken eines Hexagons verläuft. Jede Spaltensumme der Relation ist somit gerade und daher muss auch $|\mathcal{R}|$ gerade sein. Betrachten wir nun die Zeilensummen der Relation. Nach Konstruktion stoßen am Rand des Spielfeldes nur in der linken unteren Ecke zwei mit 1 und 2 markierte Hexagone aufeinander. Von den Ecken am Spielfeldrand ist daher genau eine zu einer fetten Kante verbunden. Für die inneren Ecken skizziert die folgende Zeichnung die unterschiedlichen Fälle:

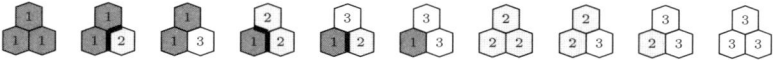

Jede innere Ecke ist also dann und nur dann zu ungerade vielen fetten Kanten verbunden, wenn bei den benachbarten drei Feldern alle drei Markierungen vorkommen. Dieser Fall kann aber nicht eintreten: Ist das Feld mit der Markierung 3 dunkelgrau gefärbt, so ist es (über das benachbarte mit 1 markierte Feld) vom Rand des Spielers A erreichbar und müsste mit 1 markiert sein. Ist es andererseits hellgrau gefärbt, so könnte es der Spieler B (über das benachbarte mit 2 markierte Feld) erreichen. Von den Zeilensummen der Relation ist also nur genau die der Ecke am linken unteren Spielfeldrand ungerade, alle übrigen Summen sind gerade. Also ist $|\mathcal{R}|$ ungerade. Da $|\mathcal{R}|$ nicht gleichzeitig gerade und ungerade sein kann, zeigt dieser Widerspruch, dass unsere Annahme, dass es keinen Sieger gibt, falsch war.

Das Schubfachprinzip. Verteilt man n Elemente auf m Fächer, wobei $n > m$ ist, so gibt es mindestens ein Fach, das zwei Elemente enthält. Diese sofort einleuchtende Tatsache wird als *Schubfachprinzip* (engl. *pigeonhole principle*) bezeichnet. Formal lässt sich das Schubfachprinzip auch so ausdrücken:

Satz 1.10 (Schubfachprinzip) *Ist $f : X \to Y$ eine Abbildung und gilt $|X| > |Y|$, so gibt es ein $y \in Y$ mit $|f^{-1}(y)| \geq 2$.* $\qquad\square$

Beispiel 1.11 In jeder Menge von 13 Personen befinden sich zwei, die im selben Monat Geburtstag haben.

BEISPIEL 1.12 Wir verwenden das Schubfachprinzip, um die folgende Aussage zu beweisen:

In jeder Menge P von Personen gibt es immer mindestens zwei Personen, die die gleiche Anzahl von Personen in P kennen.

Wir nehmen hier an, dass die Relation „kennen" symmetrisch ist.

Für den Beweis setzen wir $P = \{p_1, \ldots, p_n\}$ und betrachten die Abbildung

$$f : P \to \{0, \ldots, n-1\},$$

die jeder Person p_i aus P die Anzahl $f(p_i)$ von Personen zuordnet, die p_i kennt. Wir müssen zeigen, dass es zwei Personen p und q gibt (wobei $p \neq q$) für die $f(p) = f(q)$ gilt. Dies würde sofort aus dem Schubfachprinzip folgen, wenn der Bildbereich der Abbildung f *weniger* Elemente enthalten würde als die Menge P. Dies ist hier aber *nicht* der Fall, denn es gilt $|\{0, \ldots, n-1\}| = n = |P|$. Das Schubfachprinzip ist daher nicht unmittelbar anwendbar. Aber es hilft die folgende Überlegung:

Falls es ein $p \in P$ mit $f(p) = 0$ gibt, dann gilt $f(q) \neq n-1$ für alle $q \in P$.

Denn wenn die Person p niemanden kennt ($f(p) = 0$), dann kann es keine Person geben, die alle Personen kennt. Das heißt aber, dass

$$f(P) \subseteq \{0, \ldots, n-2\} \quad \text{oder} \quad f(P) \subseteq \{1, \ldots, n-1\}.$$

Somit gilt in jedem Fall

$$|f(P)| < |P|,$$

woraus zusammen mit dem Schubfachprinzip die Behauptung folgt.

Das *verallgemeinerte Schubfachprinzip* besagt: Verteilt man n Elemente auf m Fächer, so gibt es mindestens ein Fach, das mindestens $\left\lceil \frac{n}{m} \right\rceil$ viele Elemente enthält.

Satz 1.13 (*Verallgemeinertes Schubfachprinzip*) *Ist $f : X \to Y$ eine Abbildung, so gibt es ein $y \in Y$ mit $|f^{-1}(y)| \geq \left\lceil \frac{|X|}{|Y|} \right\rceil$.*

Beweis: (durch Widerspruch) Nehmen wir an, es gäbe eine Abbildung f mit $|f^{(-1)}(y)| \leq \left\lceil \frac{|X|}{|Y|} \right\rceil - 1$ für alle $y \in Y$. Da $\left\lceil \frac{|X|}{|Y|} \right\rceil - 1 \leq \frac{|X|+|Y|-1}{|Y|} - 1 = \frac{|X|-1}{|Y|}$, folgt daraus

$$\sum_{y \in Y} |f^{-1}(y)| \leq |Y| \cdot \left(\left\lceil \frac{|X|}{|Y|} \right\rceil - 1 \right) \leq |X| - 1.$$

Da f eine Abbildung ist, gilt andererseits aber auch

$$|X| = | \bigcup_{y \in Y} f^{-1}(y)| = \sum_{y \in Y} |f^{-1}(y)|.$$

Insgesamt ergibt sich somit

$$|X| \leq |X| - 1,$$

was offensichtlich ein Widerspruch ist. □

Als Anwendungsbeispiel für das verallgemeinerte Schubfachprinzip betrachten wir eine Variante von Beispiel 1.12.

BEISPIEL 1.14 Wir wollen nun die folgende Aussage zeigen:

> *In jeder Menge von 6 Personen gibt es 3 Personen, die sich alle untereinander kennen oder 3, die sich alle nicht kennen.*

Wir nehmen wiederum an, dass die Relation „kennen" symmetrisch ist. Die Menge der Personen sei $P = \{p_1, \ldots, p_6\}$. Betrachten wir die erste Person p_1. Nach dem verallgemeinerten Schubfachprinzip gibt es entweder mindestens $\lceil \frac{5}{2} \rceil = 3$ Personen, die p_1 kennt oder mindestens 3 Personen, die p_1 nicht kennt. Wir nehmen ohne Einschränkung an, dass p_1 mindestens drei Personen kennt. Der Fall, dass p_1 mindestens drei Personen nicht kennt, ist völlig analog: In den folgenden Überlegungen muss nur jeweils „kennen" durch „nicht kennen" ersetzt werden und umgekehrt. Ohne Einschränkung dürfen wir auch annehmen, dass p_1 die Personen p_2, p_3 und p_4 kennt. Die folgende Abbildung veranschaulicht diese Situation.

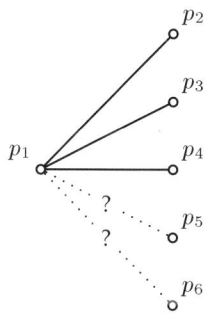

Die Fragezeichen auf den Linien bedeuten, dass wir nicht wissen, ob p_1 die Personen p_5 und p_6 kennt. Wir unterscheiden nun zwei Fälle:

1. Es gibt zwei Personen in $\{p_2, p_3, p_4\}$, die sich kennen, oder

2. p_2, p_3 und p_4 kennen sich alle nicht.

Im ersten Fall haben diese beiden Personen p_1 als gemeinsamen Bekannten, und wir haben somit drei Personen gefunden, die sich alle gegenseitig kennen; und im zweiten Fall haben wir drei Personen gefunden, die sich alle gegenseitig nicht kennen.

Die Aussage aus Beispiel 1.14 ist ein einfacher Spezialfall eines berühmten Satzes der Kombinatorik, des so genannten *Satzes von Ramsey*, vgl. Übungsaufgabe 1.41. FRANK P. RAMSEY (1903-1930) hat diesen Satz im Alter von 25 Jahren bewiesen und damit einen ganzen Zweig der Diskreten Mathematik, die nach ihm benannte Ramsey-Theorie, ins Leben gerufen.

Das Prinzip der Inklusion und Exklusion. Bei der Summenregel haben wir verlangt, dass die Menge S, deren Elemente wir zählen wollten, eine Vereinigung von paarweise disjunkten Mengen war. Das Prinzip der Inklusion und Exklusion erlaubt es uns, die Kardinalität einer Menge zu bestimmen, die eine (endliche) Vereinigung von beliebigen endlichen Mengen ist.

Betrachten wir zunächst zwei Beispiele: Für zwei Mengen A und B gilt für die Kardinalität der Vereinigung

$$|A \cup B| = |A| + |B| - |A \cap B|.$$

Man addiert also zunächst die Kardinalität der beiden Mengen und zieht dann die Anzahl derjenigen Elemente ab, die in beiden Mengen enthalten sind. Für drei Mengen A, B und C gilt analog:

$$|A \cup B \cup C| = |A| + |B| + |C| - |A \cap B| - |A \cap C| - |B \cap C| + |A \cap B \cap C|.$$

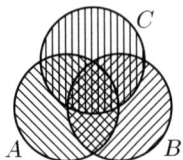

Wieder addiert man also zunächst die Kardinalitäten der drei Mengen auf, zieht dann die Kardinalitäten der Schnitte von je zwei der Mengen ab. Alle Elemente im Schnitt der drei Mengen werden dadurch zunächst dreimal gezählt und dann dreimal abgezogen. Man muss also deren Anzahl nochmals hinzuaddieren.

Dieser Ansatz des abwechselnden Addierens und Subtrahierens lässt sich auch auf mehr als drei Mengen verallgemeinern.

Satz 1.15 (Prinzip der Inklusion und Exklusion, Siebformel) *Für endliche Mengen $A_1, \ldots, A_n$ gilt:*

$$\left| \bigcup_{i=1}^{n} A_i \right| = \sum_{r=1}^{n} (-1)^{r-1} \sum_{1 \leq i_1 < \cdots < i_r \leq n} \left| \bigcap_{j=1}^{r} A_{i_j} \right|.$$

Der Name Inklusion und Exklusion rührt daher, dass man durch Einschränkung der Summe auf $\sum_{r=1}^{k} \ldots$ die Kardinalität der Menge $\left| \bigcup_{i=1}^{n} A_i \right|$ entweder unterschätzt (falls k gerade) oder überschätzt (falls k ungerade), vgl. Übungsaufgabe 1.7.

Für den Beweis von Satz 1.15 gibt es mehrere Möglichkeiten. Eine nahe liegende wäre, es mit Induktion über n zu versuchen. Von der Richtigkeit der Aussage für $n \leq 3$ haben wir uns bereits überzeugt. Auch der Induktionsschritt von $n - 1$ auf n sollte dem Leser höchstens notationelle, aber keine inhaltlichen Probleme bereiten. Hier wollen wir einen Beweis vorstellen, der statt auf „Rechnerei" auf einem kombinatorischen Argument beruht.

Beweis: Wir betrachten ein beliebiges Element $a \in \bigcup_{i=1}^{n} A_i$. Auf der linken Seite wird es genau einmal gezählt. Es genügt daher zu zeigen, dass dies auch auf die rechte Seite zutrifft.

Angenommen a ist in ℓ der n Mengen $A_1, \ldots, A_n$ enthalten. Dann wird a in der Summe

$$\sum_{1 \leq i_1 < \cdots < i_r \leq n} \Big| \bigcap_{j=1}^{r} A_{i_j} \Big|$$

genau $\binom{\ell}{r}$ mal gezählt. (Denn a ist genau dann in $\bigcap_{j=1}^{r} A_{i_j}$ enthalten, wenn die Indizes $i_1, \ldots, i_r$ eine r-Teilmenge von $\{1 \leq j \leq n \mid a \in A_j\}$ bilden.) Daraus folgt also, dass a auf der rechten Seite insgesamt genau

$$\sum_{r=1}^{\ell} (-1)^{r-1} \binom{\ell}{r}$$

mal gezählt wird. Diese Summe lässt sich mit Hilfe der binomischen Formel (1.2) einfach auswerten. Setzen wir dort $a = -1$ und $b = 1$ so folgt:

$$0 = (-1 + 1)^{\ell} = \sum_{k=0}^{\ell} \binom{\ell}{k} (-1)^k 1^{\ell-k} = 1 - \sum_{k=1}^{\ell} \binom{\ell}{k} (-1)^{k-1}.$$

Die Summe ist also gleich eins. □

BEISPIEL 1.16 Wir bestimmen die Anzahl der durch 2, 3 oder 5 teilbaren natürlichen Zahlen kleiner gleich 100. Dazu bezeichnen wir für jede natürliche Zahl k mit A_k die Menge der Zahlen kleiner gleich 100, die durch k teilbar sind:

$$A_k := \{n \in [100] \mid n \text{ teilt } k\}.$$

Gesucht ist $|A_2 \cup A_3 \cup A_5|$. Da genau jede k-te natürliche Zahl durch k teilbar ist gilt $|A_k| = \lfloor 100/k \rfloor$. Weiter ist $A_2 \cap A_3 = A_6$, da eine Zahl genau dann durch 2 *und* 3 teilbar ist, wenn sie durch 6 teilbar ist. Analog folgt $A_2 \cap A_5 = A_{10}$ und $A_3 \cap A_5 = A_{15}$. Durch Anwenden der Siebformel erhalten wir daher

$$|A_2 \cup A_3 \cup A_5| = |A_2| + |A_3| + |A_5| - |A_6| - |A_{10}| - |A_{15}| + |A_{30}| = 74.$$

BEISPIEL 1.17 Nach einem Landgang torkeln n betrunkene Seemänner zurück auf ihr Schiff und jeder wirft sich in die nächstbeste freie Koje. Wie viele Möglichkeiten gibt es, dass kein Seemann in seiner eigenen Koje zu liegen kommt? — Als Antwort ergeben sich die so genannten *Derangement-Zahlen* D_n. Mathematisch ausgedrückt sind dies die Anzahl bijektiver Abbildungen $\pi : [n] \to [n]$ mit $\pi(i) \neq i$ für alle $i \in [n]$. Man nennt solche Abbildungen *fixpunktfrei*. Eine direkte Bestimmung der Anzahl fixpunktfreier Abbildungen erscheint sehr schwierig (der Leser überlege sich warum!). Wir gehen daher zu einem Trick über: Wir bestimmen die Anzahl ξ_n der Bijektionen $\pi : [n] \to [n]$ mit mindestens einem Fixpunkt. Da es insgesamt genau $n!$ Bijektionen von $[n]$ nach $[n]$ gibt, ergeben sich die Derangement-Zahlen daraus dann gemäß $D_n = n! - \xi_n$. Bezeichnen wir mit A_i die Menge der Bijektionen $\pi : [n] \to [n]$ mit $\pi(i) = i$, so ergibt sich für ξ_n mit Hilfe der Siebformel:

$$\xi_n = \Big| \bigcup_{i=1}^{n} A_i \Big| = \sum_{r=1}^{n} (-1)^{r-1} \sum_{1 \leq i_1 < \cdots < i_r \leq n} \Big| \bigcap_{j=1}^{r} A_{i_j} \Big|.$$

Die Kardinalität der Menge $\bigcap_{j=1}^{r} A_{i_j}$ kann man direkt angeben: In der Menge sind genau diejenigen Bijektionen $\pi : [n] \to [n]$ enthalten, für die $\pi(i_j) = i_j$ für alle $j = 1, \ldots, r$ gilt. Für die Werte $i \in [n] \setminus \{i_1, \ldots, i_r\}$ hat man andererseits überhaupt keine Einschränkungen. In der Menge $\bigcap_{j=1}^{r} A_{i_j}$ sind daher genauso viele Permutationen enthalten, wie es Permutationen der Menge $[n] \setminus \{i_1, \ldots, i_r\}$ gibt, also $(n-r)!$ viele. Damit erhält man

$$\xi_n = \sum_{r=1}^{n} (-1)^{r-1} \binom{n}{r} (n-r)! = \sum_{r=1}^{n} (-1)^{r-1} \frac{n!}{r!}$$

und für die Derangement-Zahlen

$$D_n = n! - \xi_n = n! \cdot (1 - 1 + \tfrac{1}{2} - \tfrac{1}{3!} + - \ldots + (-1)^n \tfrac{1}{n!}).$$

1.3   Wichtige Zählprobleme

1.3.1   Teilmengen

Wir wissen bereits, dass die Binomialkoeffizienten $\binom{n}{k}$ die Anzahl k-elementiger Teilmengen einer n-elementigen Menge zählen. Da eine n-elementige Menge insgesamt 2^n Teilmengen besitzt, gilt daher

$$2^n = \sum_{k=0}^{n} \binom{n}{k}.$$

Unmittelbar aus der Definition kann man zudem ablesen, dass die Binomialkoeffizienten symmetrisch sind:

$$\binom{n}{k} = \binom{n}{n-k}$$

für alle $k = 0, \ldots, n$. Weitere Eigenschaften stellen wir im Folgenden vor.

Das Pascal-Dreieck.   Nach dem Franzosen BLAISE PASCAL (1623–1662), der uns als einer der Mitbegründer der Wahrscheinlichkeitstheorie auch in Band II wieder begegnen wird, ist ein Verfahren benannt, das es ermöglicht, den Binomialkoeffizienten $\binom{n}{k}$ als Summe von zwei Binomialkoeffizienten auszudrücken, in denen kleinere Werte an der Stelle von n oder k vorkommen. In der Literatur ist dieses Verfahren unter dem Namen Pascal-Dreieck bekannt. Es ermöglicht eine sehr einfache rekursive Berechnung der Binomialkoeffizienten (Auf die algorithmischen Aspekte werden wir in Abschnitt 4.1.2 näher eingehen.)

Satz 1.18 (Pascal-Dreieck) *Für alle $n, k \in \mathbb{N}$ mit $n > k$ gilt:*

$$\binom{n}{k} = \binom{n-1}{k-1} + \binom{n-1}{k}.$$

Wir werden den Satz über das Pascal-Dreieck auf zwei Arten beweisen: einmal durch Nachrechnen und danach mit einem kombinatorischen Argument.

1. Beweis: *(Beweis durch Nachrechnen)* Wir beginnen mit der rechten Seite, setzen dort die Definition ein und erhalten dann durch einige elementare arithmetische Umformungen die linke Seite:

$$
\begin{aligned}
\binom{n-1}{k-1} + \binom{n-1}{k} &= \frac{(n-1)!}{(k-1)!(n-1-(k-1))!} + \frac{(n-1)!}{k!(n-1-k)!} \\
&= \frac{(n-1)!}{k!(n-k)!}\,(k+(n-k)) \;=\; \frac{n!}{k!(n-k)!} \;=\; \binom{n}{k}.
\end{aligned}
$$

2. Beweis: *(kombinatorischer Beweis)* Die linke Seite entspricht der Anzahl k-elementiger Teilmengen von $[n]$. Es genügt daher zu zeigen, dass dies auch auf die rechte Seite zutrifft. Um dies einzusehen, partitionieren wir die k-elementigen Teilmengen in zwei Klassen. Die erste Klasse enthält die k-elementigen Teilmengen, die die Zahl n enthalten, die zweite Klasse enthält die k-elementigen Teilmengen, die die Zahl n nicht enthalten.

Wie viele Teilmengen sind in der ersten Klasse? Jede dieser Teilmengen lässt sich in der Form $A \cup \{n\}$ schreiben, wobei A eine $(k-1)$-elementige Teilmenge von $[n-1]$ ist. Es gibt also $\binom{n-1}{k-1}$ Teilmengen in der ersten Klasse. In der zweiten Klasse sind alle k-elementigen Teilmengen von $[n-1]$ enthalten. Die zweite Klasse enthält also $\binom{n-1}{k}$ Teilmengen. Aus der Summenregel folgt somit die Gültigkeit des Satzes. $\qquad\square$

Die folgende Abbildung zeigt das Pascal-Dreieck für $n = 0, \ldots, 7$:

```
                  1
               1     1
            1     2     1
         1     3     3     1
      1     4     6     4     1
   1     5    10    10     5     1
1     6    15    20    15     6     1
1  7   21   35   35   21   7   1
```

Der Wert von $\binom{n}{k}$ ist der $(k+1)$-te Wert der $(n+1)$-ten Zeile. Die Rekursionsformel aus Satz 1.18 besagt, dass jeder Wert im Inneren des Dreiecks gleich der Summe der beiden Zahlen ist, die links und rechts über ihm stehen.

Die Vandermonde'sche Identität. In einem Vorlesungssaal befinden sich $n + m$ Studenten, davon sind n weiblich und m männlich. Wie viele Möglichkeiten gibt es, k Studenten auszuwählen? Wir bestimmen die Anzahl auf zwei verschiedene Arten.

1. Wir beachten das Geschlecht nicht und bestimmen die Anzahl durch ungeordnetes Ziehen ohne Zurücklegen. Es gibt also $\binom{n+m}{k}$ Möglichkeiten.

2. Wir partitionieren die k-elementigen Teilmengen entsprechend der Anzahl weiblicher Mitglieder. Seien l der k Studenten weiblich. Für jedes l aus $\{0, \ldots, k\}$ gibt es $\binom{n}{l}$ Möglichkeiten die Studentinnen auszuwählen und $\binom{m}{k-l}$ Möglichkeiten, die männlichen Studenten auszuwählen. Insgesamt gibt es also

$$\sum_{l=0}^{k} \binom{n}{l} \binom{m}{k-l}$$

viele Möglichkeiten.

Da die erste Art zu zählen genau dieselbe Anzahl Möglichkeiten ergeben muss wie die zweite Art, haben wir damit die folgende nach ALEXANDRE VANDERMONDE (1735–1796) benannte Identität bewiesen:

Satz 1.19 *(Vandermonde'sche Identität)* *Für alle* $k, m, n \in \mathbb{N}_0$ *gilt:*

$$\binom{n+m}{k} = \sum_{l=0}^{k} \binom{n}{l} \binom{m}{k-l}.$$

$\square$

Die Binomialkoeffizienten haben eine Bedeutung, die weit über die Kombinatorik hinausgeht. Das folgende Beispiel zeigt eine Anwendung in der Computergraphik.

Bézierkurven. In der Computergraphik spielen Binomialkoeffizienten bei der Darstellung so genannter Freiformkurven eine wichtige Rolle. Freiformkurven werden verwendet, um eine gewünschte Kurve durch möglichst wenige Punkte oder *Stützstellen* möglichst gut zu beschreiben. Neben Splines, die auf Polynomen beruhen, kommen hier vor allem die von dem Franzosen PIERRE BÉZIER (1910–1999), einem der Pioniere des Computer Aided Designs (CAD), eingeführten *Bézierkurven* zum Einsatz. Eine Bézierkurve wird durch Stützstellen $P_1, \ldots, P_n$ beschrieben. Die Kurve beginnt in P_1 und endet in P_n. Die übrigen Punkte P_i dienen der Beschreibung der Kurve, liegen aber im Allgemeinen nicht selbst auf der Kurve. Formal ist die Bézierkurve definiert als

$$P(t) \quad := \quad \sum_{i=1}^{n} B_{n,i}(t) \cdot P_i, \quad \text{wobei } t \in [0,1].$$

Die Koeffizienten $B_{n,i}(t)$ sind die so genannten *Bernsteinpolynome*, benannt nach dem ukrainischen Mathematiker Sergei Bernstein (1889–1968). Sie sind definiert als

$$B_{n,i}(t) \quad := \quad \binom{n}{i} \cdot t^i \cdot (1-t)^{n-i}.$$

Die folgende Abbildung zeigt den Verlauf der Bernsteinpolynome für $n = 4$.

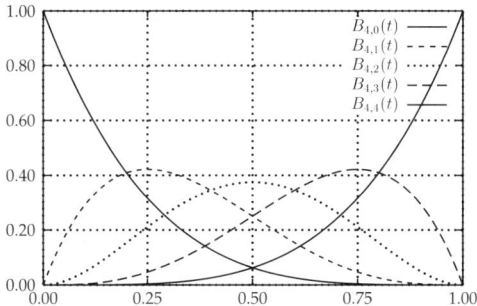

Daraus kann man entnehmen, dass der Einfluss eines Punktes P_i auf den Verlauf der Bézierkurve $P(t)$ für $t = i/n$ am größten ist. Für kleinere bzw. größere t-Werte nimmt der Einfluss ab, er führt aber insgesamt dennoch zu einem „glatten" Verlauf der Kurve. Die folgende Abbildung illustriert den Verlauf der Bézierkurve für vier Stützstellen $P_1, \ldots, P_4$:

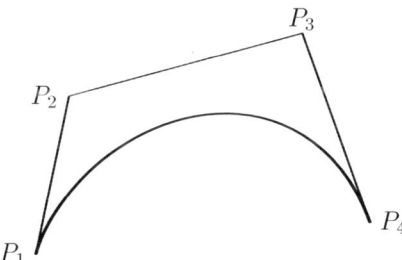

Die Rekursionsgleichung aus Satz 1.18 lässt sich auf die Bernsteinpolynome übertragen:

$$B_{n,i}(t) = t \cdot B_{n-1,i-1}(t) + (1-t) \cdot B_{n-1,i}(t).$$

Damit kann man insbesondere eine effiziente Berechnung der Bézierkurven erreichen.

1.3.2   Mengenpartitionen

Eine k-Partition einer n-elementigen Menge $A = \{a_1, \ldots, a_n\}$ ist eine Zerlegung der Menge A in genau k nichtleere, disjunkte Mengen. Also

$$A = \biguplus_{i=1}^{k} A_i, \quad \text{wobei } A_i \neq \emptyset \text{ und } A_i \neq A_j \text{ für alle } i, j \in \{1, \ldots, k\}, i \neq j.$$

Die Anzahl der k-Partitionen wird durch die so genannten *Stirlingzahlen zweiter Art* angegeben und mit $S_{n,k}$ oder $\left\{ {n \atop k} \right\}$ bezeichnet. Die Zahlen sind benannt nach dem schottischen Mathematiker JAMES STIRLING (1692-1770), nicht zu verwechseln mit der englischen Währung *pound sterling*.

Wie sehen diese Stirlingzahlen nun aus? Schauen wir uns zunächst ein paar Spezialfälle an. Für $k > n$ gilt sicher $S_{n,k} = 0$, denn eine n-elementige Menge kann nicht in mehr als n disjunkte nichtleere Teile zerlegt werden. Für $k = 0$ ist andererseits $S_{n,0} = 0$ für alle $n > 0$ (denn in irgendeiner Klasse müssen die Elemente ja zu liegen kommen). Für $n = 0$ definiert man $S_{0,0} := 1$.

Für Werte $1 \leq k \leq n$ kann man analog zu den Binomialkoeffizienten wieder eine rekursive Formel herleiten.

Satz 1.20 **(*Stirling-Dreieck zweiter Art*)** *Für alle* $k, n \in \mathbb{N}$ *mit* $n \geq k$ *gilt:*

$$S_{n,k} = S_{n-1,k-1} + k S_{n-1,k}.$$

Beweis: Wir geben wieder einen kombinatorischen Beweis mit Hilfe der Summenregel an. Dazu teilen wir die k-Partitionen der Menge $A = \{a_1, \ldots, a_n\}$ in zwei disjunkte Klassen auf. In der ersten Klasse befinden sich alle Partitionen, in denen sich das Element a_n alleine in einer Menge befindet. Wie viele solcher Partitionen gibt es? Wenn sich das Element a_n alleine in einer Menge befindet, müssen die Elemente $a_1, \ldots, a_{n-1}$ auf die übrigen $k - 1$ Mengen verteilt werden. Nach der obigen Definition gibt es aber genau $S_{n-1,k-1}$ solche Partitionen. Die zweite Klasse besteht aus allen Partitionen, die nicht in der ersten Klasse sind, also aus allen Partitionen, in denen sich das Element a_n nicht alleine in einer Menge befindet. Wenn sich a_n aber nicht alleine in einer Menge befindet, muss es sich in einer der k Mengen befinden, auf die die $n - 1$ anderen Elemente verteilt wurden. Es gibt also $k \cdot S_{n-1,k}$ Partitionen in der zweiten Klasse. $\qquad\Box$

BEISPIEL 1.21 Wir illustrieren den Beweis von Satz 1.20 für $n = 5$ und $k = 4$. Für die Menge $[n] = [5]$ gibt es die in der folgenden Abbildung dargestellten 10 Partitionen in 4 disjunkte Teilmengen.

$$\{1\} \cup \{2\} \cup \{3,4\} \cup \{\mathbf{5}\} \qquad \{1,\mathbf{5}\} \cup \{2\} \cup \{3\} \cup \{4\}$$
$$\{1\} \cup \{2,3\} \cup \{4\} \cup \{\mathbf{5}\} \qquad \{1\} \cup \{2,\mathbf{5}\} \cup \{3\} \cup \{4\}$$
$$\{1\} \cup \{2,4\} \cup \{3\} \cup \{\mathbf{5}\} \qquad \{1\} \cup \{2\} \cup \{3,\mathbf{5}\} \cup \{4\}$$
$$\{1,2\} \cup \{3\} \cup \{4\} \cup \{\mathbf{5}\} \qquad \{1\} \cup \{2\} \cup \{3\} \cup \{4,\mathbf{5}\}$$
$$\{1,3\} \cup \{2\} \cup \{4\} \cup \{\mathbf{5}\}$$
$$\{1,4\} \cup \{2\} \cup \{3\} \cup \{\mathbf{5}\}$$

Die linken sechs Partitionen entstehen aus den sechs Partitionen der Menge [4] in jeweils drei Teilmengen durch Hinzufügung der Menge $\{5\}$. Die rechten vier Partitionen entstehen andererseits aus der Partition $\{1\} \cup \{2\} \cup \{3\} \cup \{4\}$ durch Einfügen der 5 in jeweils eine der vier Mengen.

Die Rekursion für die Stirlingzahlen zweiter Art erinnert sehr an das Pascal-Dreieck für die Binomialkoeffizienten. Man überzeugt sich leicht, dass für die Stirlingzahlen ebenfalls ein solches Dreieck aufgebaut werden kann:

$$
\begin{array}{ccccccc}
 & & & 1 & & & \\
 & & 0 & & 1 & & \\
 & 0 & & 1 & & 1 & \\
0 & & 1 & & 3 & & 1 \\
\end{array}
$$

```
                1
              0   1
            0   1   1
          0   1   3   1
        0   1   7   6   1
      0   1  15  25  10   1
    0   1  31  90  65  15   1
```

Bellzahlen. Die Stirlingzahlen $S_{n,k}$ zweiter Art beschreiben die Anzahl Partitionen einer n-elementigen Menge in eine *feste* Anzahl k von Klassen. Erlaubt man stattdessen eine beliebige Anzahl Klassen, erhält man die nach ERIC BELL (1883–1960) benannten *Bellzahlen* B_n. (Das Telefon wurde übrigens von Alexander Graham Bell (1847–1922) erfunden, er ist auch der Namensgeber der bekannten *Bell Labs*. Gordon Bell (*1934) war an der Entwicklung der PDP Minicomputer bei der Firma Digital Equipment Corporation beteiligt.) Für die Bellzahlen gilt also

$$B_n = \sum_{k=0}^{n} S_{n,k}.$$

1.3.3 Permutationen

Eine Permutation einer Menge $A = \{a_1, \ldots, a_n\}$ ist eine bijektive Abbildung $\pi : A \to A$, d.h. jedem Element $a \in A$ entspricht ein Bild $\pi(a)$ und jedes Element von A ist das Bild genau eines a. Eine Permutation π einer endlichen Menge kann einfach beschrieben werden, indem man unter jedes Element sein Bild schreibt:

$$\pi = \begin{pmatrix} a_1 & a_2 & \cdots & a_n \\ \pi(a_1) & \pi(a_2) & \cdots & \pi(a_n) \end{pmatrix}.$$

Vereinbart man zusätzlich, dass die Elemente der Menge A in einer festen Reihenfolge $a_1, a_2, \ldots, a_n$ angeordnet werden (für $A = [n]$ bietet sich beispielsweise die Reihenfolge $1, 2, \ldots, n$ an), so genügt die untere Zeile, um die Permutation zu beschreiben.

Die Menge aller Permutationen der Menge $[n]$ wird als *symmetrische Gruppe* $\mathfrak{S}_n$ bezeichnet. (Den Grund für die Bezeichnung „Gruppe" werden wir in Kapitel 5 kennen lernen.) Wie wir oben gesehen haben, kann jede Permutation der Menge $[n]$ eindeutig durch ein Tupel $(\pi(1), \pi(2), \ldots, \pi(n))$ beschrieben werden. Aus dem letzten Abschnitt wissen wir bereits, dass es genau $n!$ solcher Tupel gibt (geordnetes Ziehen ohne Zurücklegen). Es gilt also $|\mathfrak{S}_n| = n!$.

Schauen wir uns ein Beispiel einer Permutation etwas genauer an. Die Permutation π sehe folgendermaßen aus:

$$\pi = \begin{pmatrix} 1 & 2 & 3 & 4 & 5 & 6 & 7 & 8 & 9 & 10 & 11 \\ 5 & 8 & 3 & 6 & 2 & 7 & 4 & 1 & 9 & 11 & 10 \end{pmatrix}.$$

Wir sehen sofort, dass 3 und 9 *Fixpunkte* von π sind, d.h. es gilt $\pi(3) = 3$ und $\pi(9) = 9$.

Was passiert nun, wenn wir die Permutation π mehrmals hintereinander anwenden? Dann gilt zum Beispiel $\pi(1) = 5$, bei zweimaliger Anwendung von π auf 1 erhalten wir $\pi(\pi(1)) = 2$, nach dreimaliger Anwendung erhalten wir $\pi(\pi(\pi(1))) = 8$, und wenn wir π viermal hintereinander anwenden erhalten wir wieder die 1, denn $\pi(8) = 1$. Wir sagen $1, 5, 2, 8$ bilden einen *Zyklus* und schreiben $(1\ 5\ 2\ 8)$. In dieser Schreibweise folgt einem Element jeweils sein Bild unter π und das Bild des letzten Elementes ist wieder das erste. Da der Zyklus 4 Elemente enthält sprechen wir auch von einem Zyklus der Länge 4. Neben $(1\ 5\ 2\ 8)$ enthält π noch den Zyklus $(4\ 6\ 7)$; die beiden Fixpunkte 3 und 9 bilden Zyklen der Länge 1.

Formal werden Zyklen folgendermaßen definiert: Ein *Zyklus* $(i_1\ i_2\ \ldots\ i_t)$ der Länge t einer Permutation π ist eine Folge $i_1, i_2, \ldots, i_t$, so dass $\pi(i_j) = i_{j+1}$ für alle $1 \leq j < t$ und $\pi(i_t) = i_1$.

Jede Permutation kann als *Produkt von Zyklen* geschrieben werden, zum Beispiel gilt für die Permutation π:

$$\pi = (1\ 5\ 2\ 8)(3)(4\ 6\ 7)(9)(10\ 11).$$

Jeder Zyklus der Länge t kann auf t verschiedene Arten geschrieben werden: nach der Definition kommt es nämlich nicht darauf an, bei welchem Element man anfängt, den Zyklus aufzuschreiben. Auf die *Reihenfolge* der Elemente *innerhalb* des Zyklus kommt es aber sehr wohl an.

BEISPIEL 1.22 Es gilt $(1\ 5\ 2\ 8) = (5\ 2\ 8\ 1) = (2\ 8\ 1\ 5) = (8\ 1\ 5\ 2)$, denn in jedem dieser Zyklen wird die 1 auf die 5 abgebildet, die 5 auf die 2, die 2 auf die 8 und die 8 auf die 1. Die Zyklen $(1\ 5\ 2\ 8)$ und $(1\ 2\ 5\ 8)$ sind andererseits unterschiedlich, denn im ersten wird die 2 auf die 8 abgebildet, im zweiten wird die 2 jedoch auf die 5 abgebildet.

Wir wissen bereits, dass es $n!$ verschiedene Permutationen der Menge $[n]$ gibt. Die Anzahl der Zyklen einer Permutation kann zwischen 1, wie in der Permutation $(1\ 2 \ldots n)$, und n, wie in der Permutation $(1)(2) \ldots (n)$, variieren. Wenn wir mit $s_{n,k}$ die Anzahl Permutationen mit genau k Zyklen bezeichnen, muss also $\sum_{k=1}^{n} s_{n,k} = n!$ gelten.

Die Zahlen $s_{n,k}$ heißen *Stirlingzahlen erster Art*. Statt der Bezeichnung $s_{n,k}$ wird zuweilen auch die Notation $\begin{bmatrix} n \\ k \end{bmatrix}$ verwendet. Manche Autoren definieren die Stirlingzahlen erster Art auch als $(-1)^k \cdot s_{n,k}$.

Wir betrachten wieder zunächst einige Spezialfälle. Für alle $k > n$ gilt $s_{n,k} = 0$, denn eine Permutation einer n-elementige Menge kann höchstens n Zyklen enthalten. Für alle $n > 0$ gilt $s_{n,0} = 0$, denn in irgendeinem Zyklus müssen die Elemente ja liegen. Für $n = 0$ definiert man wieder $s_{0,0} := 1$. Für Werte $n \geq k \geq 1$ kann man wiederum eine Rekursionsgleichung aufstellen.

Satz 1.23 (Stirling-Dreieck erster Art) *Für alle $k, n \in \mathbb{N}$ mit $n \geq k$ gilt:*

$$s_{n,k} = s_{n-1,k-1} + (n-1) \cdot s_{n-1,k}.$$

Beweis: Auch diesen Satz zeigen wir wieder durch ein kombinatorisches Argument. Dazu überlegen wir uns, wie eine Permutation der Menge $[n]$ mit k Zyklen entstehen kann. Entweder die Permutation entsteht aus einer Permutation der Menge $[n-1]$ mit $k-1$ Zyklen, indem man einen neuen Zyklus der Länge 1 hinzufügt, der nur das Element n enthält. Die andere Möglichkeit ist, dass das Element n in einen der k Zyklen einer Permutation der Menge $[n-1]$ mit k Zyklen eingefügt wird. Da bei den Zyklen die Reihenfolge wichtig ist, gibt es hierfür für jede Permutation genau $n-1$ Möglichkeiten. □

BEISPIEL 1.24 Wir illustrieren den Beweis von Satz 1.23 für $n = 4$ und $k = 3$. Für die Menge $[n] = [4]$ gibt es sechs Permutationen mit $k = 3$ Zyklen:

$$(1)(2\ 3)\ \mathbf{(4)} \qquad (1\ 4)(2)(3)$$
$$(1\ 2)(3)\ \mathbf{(4)} \qquad (1)(2\ 4)(3)$$
$$(1\ 3)(2)\ \mathbf{(4)} \qquad (1)(2)(3\ 4)$$

Die linken drei Permutationen entstehen aus den Permutationen $(1)(2\ 3)$, $(1\ 2)(3)$ und $(1\ 3)(2)$ von $[3]$ mit 2 Zyklen durch Anhängen des Zyklus (4). Die rechten drei Permutationen entstehen aus der einzigen Permutation $(1)(2)(3)$ von $[3]$ mit 3 Zyklen durch Einschieben der 4.

Die folgende Abbildung zeigt das Stirling-Dreieck erster Art für $n = 0, \ldots, 6$.

$$
\begin{array}{ccccccc}
 & & & 1 & & & \\
 & & 0 & & 1 & & \\
 & & 0 & 1 & 1 & & \\
 & 0 & 2 & 3 & 1 & & \\
 0 & 6 & 11 & 6 & 1 & & \\
0 & 24 & 50 & 35 & 10 & 1 & \\
0 & 120 & 274 & 225 & 85 & 15 & 1
\end{array}
$$

1.3.4 Zahlpartitionen

Ähnlich wie Mengen als disjunkte Vereinigung von Teilmengen geschrieben werden können, kann auch eine natürliche Zahl $n \in \mathbb{N}$ als Summe von positiven ganzen Zahlen geschrieben werden:

$$ n = n_1 + n_2 + \cdots + n_k. $$

Eine solche Zerlegung der Zahl n in k Summanden wird *Zahlpartition* genannt. Wie schon beim Ziehen von Elementen aus einer Menge, unterscheidet man auch hier zwischen geordneten und ungeordneten Zahlpartitionen.

Ungeordnete Zahlpartitionen. Bei einer *ungeordneten Zahlpartition* kommt es nur auf die Summanden, nicht aber auf deren Reihenfolge an. Beispielsweise stellt $3 + 1$ dieselbe ungeordnete Partition der Zahl 4 dar wie die Summe $1 + 3$. Die Anzahl Möglichkeiten, die Zahl n als eine solche ungeordnete Summe von k ganzen Zahlen zu schreiben, wird mit $P_{n,k}$ bezeichnet. Für $k > n$ gilt $P_{n,k} = 0$, für $n \geq 1$ setzt man $P_{n,0} = 0$ und man definiert $P_{0,0} := 1$.

Satz 1.25 *Für die Anzahl ungeordneter k-Partitionen $P_{n,k}$ einer Zahl n gilt für alle $k, n \in \mathbb{N}$ mit $n \geq k$:*

$$ P_{n+k,k} = \sum_{j=1}^{n} P_{n,j}. $$

Beweis: Wir verwenden wieder die Summenregel. Dazu unterscheiden wir die Menge der ungeordneten Zahlpartitionen der Zahl $n + k$ mit k Summanden nach der Zahl der Summanden, die den Wert 1 haben. Für eine Partition mit genau i Einsen gilt

$$ n + k = \underbrace{1 + 1 + \ldots + 1}_{i \text{ Summanden}} + \underbrace{n_{i+1} + n_{i+2} + \ldots + n_k}_{k - i \text{ Summanden}}, $$

wobei $n_{i+1}, \ldots, n_k$ alle größer gleich 2 sind. Setzen wir daher $n'_j := n_j - 1$ für alle $j = i + 1, \ldots, k$, so folgt

$$n = n'_{i+1} + n'_{i+2} + \ldots + n'_k.$$

D.h. die n'_j bilden eine Zahlpartition von n mit $k - i$ Summanden. Umgekehrt kann man analog aus jeder Zahlpartition von n mit $k - i$ Summanden eine Zahlpartition von $n + k$ mit k Summanden erzeugen, so dass von den k Summanden genau i gleich 1 sind. Aus der Gleichheitsregel folgt daher, dass es genau $P_{n,k-i}$ viele ungeordnete Zahlpartitionen von $n + k$ mit k Summanden gibt, von denen genau i gleich 1 sind. Wegen $n \geq k \geq 1$ kann i nur die Werte $0, 1, 2, \ldots, k - 1$ annehmen. Aus der Summenregel ergibt sich daher wegen $\sum_{i=0}^{k-1} P_{n,k-i} = \sum_{j=1}^{n} P_{n,j}$ die im Satz behauptete Rekursion. □

Geordnete Zahlpartitionen. Bei *geordneten Zahlpartitionen* kommt es auf die Reihenfolge der Summanden an. So kann beispielsweise die Zahl 4 auf drei Arten als Summe von 2 positiven ganzen Zahlen geschrieben werden:

$$4 = 3 + 1 = 1 + 3 = 2 + 2.$$

Um die Anzahl der geordneter Zahlpartitionen zu bestimmen, überlegen wir uns, wie eine geordnete Zahlpartition entsteht. Jede Zahl n kann als Summe von n Einsen geschrieben werden:

$$n = \underbrace{\overbrace{\underbrace{1 + \cdots + 1}_{x_1} + \underbrace{1 + \cdots + 1}_{x_2} + \cdots + \underbrace{1 + \cdots + 1}_{x_k}}^{n}}.$$

In der obigen Formel sieht man leicht, dass jede geordnete Zahlpartition eindeutig durch die Wahl derjenigen „+" Zeichen bestimmt ist, die die x_i trennen. Die Anzahl der geordneten k-Partitionen ist also gleich der Anzahl Möglichkeiten $k - 1$ „+" aus den $n - 1$ „+" auszuwählen. Diese Zahl ist aber, wie wir aus Abschnitt 1.1 wissen, durch $\binom{n-1}{k-1}$ gegeben, und somit gilt der folgende Satz:

Satz 1.26 *Für alle* $k, n \in \mathbb{N}$ *mit* $n \geq k$ *gilt: Die Anzahl der geordneten k-Partitionen von n ist*

$$\binom{n-1}{k-1}.$$

□

Diophantische Gleichungen. Gilt für eine stetige Funktion $f(x)$ für zwei Werte $a < b$, dass $f(a) < 0$ und $f(b) > 0$, so besagt der Zwischenwertsatz, dass die Funktion im Intervall (a, b) eine Nullstelle hat. Auch die numerische Bestimmung solch einer Nullstelle ist im Allgemeinen nicht weiter schwierig. Ähnliches gilt für eine Funktion $f(x_1, \ldots, x_k)$ in mehreren Variablen: Für große Klassen von Funktionen ist die numerische Bestimmung ihrer Nullstellen relativ einfach möglich. Ganz anders sieht es aus, wenn man die zusätzliche Forderung stellt, dass die Lösungen ganzzahlig sein sollen. Unter einer diophantischen Gleichung versteht man ein Polynom $p(x_1, \ldots, x_k)$ mit ganzzahligen Koeffizienten, von dem man eine ganzzahlige Nullstelle bestimmen möchte. Das zehnte der von DAVID HILBERT (1862–1943) auf dem internationalen Mathematiker-Kongress im Jahre 1900 in Paris formulierten grundlegenden mathematischen Probleme für das nächste Jahrtausend, fragte nach einem universellen Algorithmus zur Lösung beliebiger diophantischer Gleichungen. Seit 1970 ist Hilberts Problem gelöst: Der russische Mathematiker YURI MATIYASEVICH (*1947) konnte nachweisen, dass diophantische Gleichungen unentscheidbar sind. Das heißt es gibt keinen universellen Algorithmus, der als Eingabe eine beliebige diophantische Gleichung erhält und dann deren Lösbarkeit korrekt entscheidet.

Hier wollen wir einen ganz einfachen Spezialfall betrachten: die lineare Gleichung

$$x_1 + x_2 + \cdots + x_k = n, \qquad \text{wobei } x_1, \ldots, x_k \in \mathbb{N}. \qquad (1.4)$$

Für $n, k \in \mathbb{N}$ mit $n \geq k$ hat (1.4) natürlich Lösungen. Wir können sogar deren Anzahl sofort angeben. Dazu müssen wir lediglich beobachten, dass die Lösungstupel $(x_1, \ldots, x_k)$ genau den geordneten Zahlpartition von n mit k Summanden entsprechen. Es gibt daher nach Satz 1.26 genau $\binom{n-1}{k-1}$ viele Lösungen von (1.4) in den natürlichen Zahlen. Was ändert sich, wenn wir die Forderung, dass die x_i natürliche Zahlen sind, abschwächen zu $x_1, \ldots, x_k \in \mathbb{N}_0$? Auch hier kann man die Anzahl der Lösungen recht einfach bestimmen. Dazu verwenden wir die folgende Beobachtung. Da

$$x_1 + x_2 + \cdots + x_k = n \iff (x_1 + 1) + (x_2 + 1) + \cdots + (x_k + 1) = n + k,$$

reicht es, die Lösungen der zweiten Gleichung zu zählen. Und da in der zweiten Gleichung zu jeder Variable eine 1 dazugezählt wird, müssen wir die Lösungen der zweiten Gleichung in $\mathbb{N}$ betrachten. Hier wissen wir aber bereits, dass diese Gleichung $\binom{n+k-1}{k-1}$ viele Lösungen hat.

1.3.5 Bälle und Urnen

Viele der bereits behandelten Zählprobleme kann man als Spezialfälle von Abzählproblemen auffassen, bei denen untersucht wird, wie viele Möglichkeiten es gibt, Bälle auf Urnen zu verteilen. Stellt man sich so ein Zuordnungsproblem bildlich vor, sieht man sofort, dass man zu unterschiedlichen Ergebnissen kommt, je nach dem ob Bälle und Urnen gleich oder verschieden gefärbt sind.

Tabelle 1.3: Anzahl Möglichkeiten n Bälle auf m Urnen zu verteilen.

$\lvert B\rvert = n, \lvert U\rvert = m$	beliebig	injektiv	surjektiv	bijektiv
B untersch. U untersch.	m^n	$\begin{cases} m^{\underline{n}}, & m \geq n \\ 0, & \text{sonst} \end{cases}$	$m!\,S_{n,m}$	$\begin{cases} n!, & m = n \\ 0, & \text{sonst} \end{cases}$
B nicht untersch. U untersch.	$\binom{m+n-1}{n}$	$\binom{m}{n}$	$\binom{n-1}{m-1}$	$\begin{cases} 1, & m = n \\ 0, & \text{sonst} \end{cases}$
B untersch. U nicht untersch.	$\sum_{k=1}^{m} S_{n,k}$	$\begin{cases} 1, & m \geq n \\ 0, & \text{sonst} \end{cases}$	$S_{n,m}$	$\begin{cases} 1, & m = n \\ 0, & \text{sonst} \end{cases}$
B nicht untersch. U nicht untersch.	$\sum_{k=1}^{m} P_{n,k}$	$\begin{cases} 1, & m \geq n \\ 0, & \text{sonst} \end{cases}$	$P_{n,m}$	$\begin{cases} 1, & m = n \\ 0, & \text{sonst} \end{cases}$

BEISPIEL 1.27 Wir verteilen zwei Bälle auf zwei Urnen. Sind beide Bälle grau, von den Urnen jedoch eine weiß und die andere schwarz, so gibt es die folgenden drei Möglichkeiten:

und   und

Sind andererseits auch die beiden Urnen gleichfarbig und damit nicht unterscheidbar, so gibt es nur noch zwei Möglichkeiten.

Für Bälle und Urnen muss man also jeweils zwei Fälle betrachten: sie sind verschieden gefärbt (und damit unterscheidbar) oder nicht. Zusätzlich kann man noch fordern, dass die Bälle so auf die Urnen verteilt werden sollen, dass jede Urne mindestens, genau oder höchstens einen Ball enthält. Im Folgenden werden wir diese Fälle genauer betrachten. In der Tabelle 1.3 sind die Ergebnisse zusammengefasst.

Bälle unterscheidbar, Urnen unterscheidbar. In diesem Fall entspricht jede Zuordnung der Bälle B in die Urnen U einer Abbildung $f : B \to U$. Die Anzahl solcher Abbildungen kann man mit ähnlichen Argumenten bestimmen, wie wir sie beim geordneten Ziehen aus einer Menge verwendet haben. Falls man an die Funktion f keine weiteren Bedingungen (wie Injektivität und/oder Surjektivität) stellt, kann jedes der $n := \lvert B\rvert$ Elemente des Definitionsbereichs auf jedes der $m := \lvert U\rvert$ Elemente des Wertebereichs abgebildet werden. Es gibt also insgesamt m^n Abbildungen von B nach U. Wenn wir fordern, dass die Abbildung f injektiv ist (dazu muss $m \geq n$ sein), kann nicht mehr jedes Element aus B auf jedes Element aus U abgebildet werden, sondern die Elemente aus U dürfen höchstens einmal verwendet werden (dies entspricht also dem Ziehen ohne Zurücklegen). Es gibt also $m^{\underline{n}}$ injektive Abbildungen von B nach U. Um die Anzahl der surjektiven Abbildungen $f : B \to U$ (wobei $n \geq m$) zu bestimmen, betrachten wir die

Menge der Urbilder $\{f^{-1}(y) \mid y \in U\}$ von f. Da f surjektiv ist, muss für jedes Element $y \in U$ sein Urbild mindestens ein Element besitzen. Die Menge der Urbilder muss also eine geordnete m-Partition von B sein. Da umgekehrt jede m-Partition genau eine surjektive Abbildung beschreibt, können wir die Gleichheitsregel anwenden und kommen auf $m! S_{n,m}$ surjektive Abbildungen. Wenn $n = m$ gibt es $n! = m!$ bijektive Abbildungen von B nach U, und wenn $n \neq m$ gibt es keine.

Bälle nicht unterscheidbar, Urnen unterscheidbar. In diesem Fall müssen wir n nicht unterscheidbare Bälle auf m unterscheidbare Urnen verteilen. Wenn wir die Bälle irgendwie auf die Urnen verteilen dürfen, können wir die Verteilung der Bälle auf die Urnen wie beim ungeordneten Ziehen mit Zurücklegen in Abschnitt 1.1 kodieren: Die n Bälle werden durch Sterne „$\star$" kodiert und die Grenzen zwischen den verschiedenen m Urnen werden durch $m - 1$ Striche „$|$" kodiert. Es gibt also insgesamt $\binom{m+n-1}{n} = \binom{m+n-1}{m-1}$ Möglichkeiten. Wenn wir verlangen, dass in keiner Urne mehr als ein Ball liegt (das geht natürlich nur, wenn $m \geq n$), gibt es genauso viele Möglichkeiten, wie es Möglichkeiten gibt, aus den m Urnen diejenigen auszuwählen, in denen jeweils ein Ball liegen soll, es gibt also $\binom{m}{n}$ Möglichkeiten. Wenn wir fordern, dass in jeder Urne mindestens ein Ball liegen soll (was nur geht, wenn $n \geq m$), so überlegt man sich leicht, dass die Anzahlen der Bälle, die in den verschiedenen Urnen liegen, eine geordnete Zahlpartition von n sein müssen. Es gibt also $\binom{n-1}{m-1}$ Möglichkeiten. Wenn in jeder Urne genau ein Ball liegen soll, muss die Anzahl Urnen gleich der Anzahl Bälle sein, und da die Bälle nicht unterscheidbar sind, gibt es nur eine Möglichkeit, die Bälle auf diese Weise auf die Urnen zu verteilen. Wenn $n \neq m$ ist, so können die Bälle nicht in dieser Weise auf die Urnen verteilt werden.

Bälle unterscheidbar, Urnen nicht unterscheidbar. In diesem Fall entspricht jede Zuordnung der Bälle in die Urnen einer Partition von B. Falls es k nichtleere Urnen gibt, wird die Belegung der Urnen durch eine Partition der Menge B in k Teile dargestellt. Die Anzahl solcher Partitionen wird durch die Stirlingzahlen zweiter Art beschrieben. Insgesamt gibt es daher $\sum_{k=1}^{m} S_{n,k}$ Möglichkeiten, die Bälle auf die Urnen zu verteilen. Wenn wir fordern, dass in jeder Urne höchstens ein Ball liegen darf (was nur möglich ist, wenn $m \leq n$), so gibt es genau eine Möglichkeit, die Bälle auf die nicht unterscheidbaren Urnen zu verteilen. Wenn wir verlangen, dass jede Urne mindestens einen Ball enthält, müssen die n unterscheidbaren Bälle auf die m Urnen verteilt werden — das ist aber wieder eine Partition von B in m nichtleere Klassen und es gibt somit $S_{n,m}$ Möglichkeiten. Wenn in jeder Urne genau ein Ball liegen soll, gibt es genau eine Möglichkeit, wenn die Anzahl der Bälle gleich der Anzahl der Urnen ist, und sonst keine.

Bälle nicht unterscheidbar, Urnen nicht unterscheidbar. In diesem Fall ist jede Belegung der Urnen eindeutig durch die Anzahl der Bälle in den m Urnen bestimmt. Insgesamt gibt es also $\sum_{k=1}^{m} P_{n,k}$ Möglichkeiten die Bälle auf die Urnen zu verteilen. Wenn wir fordern, dass die Urnen jeweils höchstens einen Ball enthalten, gibt es wie im gerade besprochenen Fall 0 oder 1 Möglichkeit, je nachdem, ob $m < n$ oder $m \geq n$. Soll andererseits jede Urne mindestens einen Ball enthalten, so gibt es $P_{n,m}$ Möglichkeiten die Bälle zu verteilen, denn jede Belegung der m Urnen entspricht genau einer Partition der Zahl n in m Summanden.

1.3.6 Asymptotische Abschätzungen

Einem Informatiker begegnen Zählprobleme vor allem bei der Aufwandsabschätzung von Programmen und Algorithmen. Sei es, dass man für ein vorgegebenes Programm abschätzen will, wie oft eine Schleife durchlaufen bzw. wie oft ein Unterprogramm aufgerufen wird. Sei es, dass man eine kostengünstige Lösung eines Optimierungsproblems sucht und dafür abschätzen will, wie viele Lösungen grundsätzlich in Frage kommen. Für solche Zwecke ist es im Allgemeinen nicht notwendig, die gesuchte Anzahl genau auszurechnen. Ob ein gegebenes Programm eine bestimmte Prozedur 54239043123423546-mal oder 231579843650479823-mal aufruft, ist vollkommen unerheblich: In keinem Fall wird das Programm zu Lebzeiten des Programmierers terminieren. Stattdessen reicht eine Aussage über das asymptotische Wachstum in Abhängigkeit der Eingabeparameter meist aus.

Eine vollständige Herleitung von Aussagen über das asymptotische Wachstum der in diesem Kapitel betrachteten Zählkoeffizienten sprengt den Rahmen dieses Buches. Wir wollen aber zumindest einige Ergebnisse zusammentragen.

Fakultätsfunktion. Eine einfache und zugleich recht präzise Abschätzung der Fakultätsfunktion ist die nach James Stirling benannte *Stirlingformel*:

$$n! = \sqrt{2\pi n}\left(\frac{n}{e}\right)^{n} \cdot \left(1 + \frac{1}{12n} + O(\frac{1}{n^2})\right).$$

Binomialkoeffizienten. Einen ungefähren Eindruck von der Größenordnung der Binomialkoeffizienten vermitteln die folgenden beiden Ungleichungen:

$$\left(\frac{n}{k}\right)^k \le \binom{n}{k} \le \left(\frac{en}{k}\right)^k.$$

Diese lassen sich recht einfach beweisen. Aus der Definition der Binomialkoeffizient folgt

$$\binom{n}{k} = \frac{n \cdot (n-1) \cdot \ldots \cdot (n-k+1)}{k!} = \frac{n}{k} \cdot \frac{n-1}{k-1} \cdot \ldots \cdot \frac{n-(k-1)}{k-(k-1)}.$$

Die linke Ungleichung ergibt sich daher unmittelbar aus der Tatsache, dass $(n-i)/(k-i) \ge n/k$ für alle $i \ge 0$. Um die rechte Ungleichung einzusehen, verwenden wir die Reihenentwicklung der Exponentialfunktion:

$$\binom{n}{k} \cdot \left(\frac{k}{n}\right)^k = \underbrace{\frac{n^{\underline{k}}}{n^k}}_{\le 1} \cdot \frac{k^k}{k!} \le \frac{k^k}{k!} \le \sum_{i=0}^{\infty} \frac{k^i}{i!} = e^k.$$

Eine Asymptotik für die Binomialkoeffizienten erhält man, indem man für die Fakultätsfunktion in $\binom{n}{k} = \frac{n!}{k!(n-k)!}$ die Stirlingformel einsetzt:

$$\binom{n}{k} = 2^{H(k/n)n + O(\log k)},$$

wobei $H(x) = -x \log_2(x) - (1-x) \log_2(1-x)$ die so genannte *Entropiefunktion* ist. Rechnet man für $k = \lfloor n/2 \rfloor$ noch etwas genauer, so ergibt sich:

$$\binom{n}{\lfloor n/2 \rfloor} = \frac{\sqrt{2}}{\sqrt{\pi n}} \cdot 2^n \cdot (1 + o(1)).$$

Bellzahlen. Für die Bellzahlen B_n kann man zeigen, dass gilt

$$\ln(B_n) = n \ln n - n \ln \ln n - n + \frac{n \ln \ln n}{\ln n} + O\left(\frac{n}{\ln n}\right).$$

Stirlingzahlen. Zwischen den Stirlingzahlen zweiter Art und den Bellzahlen gilt die folgende Beziehung:

$$\frac{B_n}{n} \le \max_{1 \le k \le n} S_{n,k} \le B_n.$$

Um ein wenig Gefühl für die Güte dieser Aussage zu bekommen, betrachten wir die Anzahl Möglichkeiten eine n-elementige Menge in $k = n/\ln n$ viele Klassen mit jeweils $\ln n$ vielen Elementen aufzuteilen (wobei wir der Einfachheit halber hier annehmen wollen, dass $\ln n$ und $n/\ln n$ ganze Zahlen sind). Dafür gibt es, vgl. Übungsaufgabe 1.21,

$$\frac{n!}{((\ln n)!)^{n/\ln n} \cdot (n/\ln n)!} = e^{n \ln n - n \ln \ln n - n + o(n)}$$

viele Möglichkeiten. Vergleicht man diesen Ausdruck mit der Asymptotik für die Bellzahlen, so erkennt man, dass die führenden drei Terme identisch sind.

Harmonische Zahlen. Für die aus Übungsaufgabe 0.2 bekannten harmonischen Zahlen gilt

$$H_n := \sum_{i=1}^{n} \frac{1}{i} = \ln n + 0.57721.. + O(\frac{1}{n}),$$

wobei $0.57721..$ die so genannte Euler-Konstante ist.

1.4 Ordnungen und Verbände

Relationen werden in vielen Gebieten der Informatik verwendet. Sie ermöglichen die abstrakte Beschreibung der Beziehungen zwischen verschiedenen Objekten. Für eine genauere Behandlung solcher Relationen, sei es algorithmischer oder semantischer Art, ist es hilfreich, wenn man zusätzliche strukturelle Annahmen über die Relationen treffen kann. Eine zentrale Rolle spielen hier partielle Ordnungen und Verbände.

Partielle Ordnungen sind reflexive, antisymmetrische und transitive Relationen auf einer Menge S. Will man betonen, dass eine Relation $\mathcal{R}$ eine partielle Ordnung ist, so verwendet man üblicherweise die Schreibweise $x \preceq y$ statt $(x, y) \in \mathcal{R}$. Eine *partiell geordnete Menge* (engl. *partially ordered set* oder kurz *poset*), ist ein Tupel $(S, \preceq)$, wobei $\preceq$ eine partielle Ordnung über S ist.

BEISPIEL 1.28 Auf der Potenzmenge $\mathcal{P}(A)$ einer Menge A definiert die Inklusionsrelation $\subseteq$ eine partielle Ordnung. $(\mathcal{P}(A), \subseteq)$ ist somit eine partiell geordnete Menge.

BEISPIEL 1.29 Auf der Menge $\mathbb{N}$ der natürlichen Zahlen definiert die Teilbarkeitsbeziehung $|$ eine partielle Ordnung, wobei $m \mid n$ genau für die natürlichen Zahlen $m, n \in \mathbb{N}$ gilt, für die es ein $k \in \mathbb{N}$ gibt mit $k \cdot m = n$. $(\mathbb{N}, |)$ ist also ebenfalls eine partiell geordnete Menge.

Aus einer antisymmetrischen Relation $\mathcal{R} \subseteq S \times S$ kann man eine partielle Ordnung $\mathcal{R}^*$ erzeugen, indem man sie zum einen reflexiv macht (also alle noch nicht vorhandenen Paare (x, x) zu $\mathcal{R}$ hinzufügt) und zum anderen solange „erzwungene" Paare hinzufügt, bis die Transitivitätsbedingung erfüllt ist. Um dies zu formalisieren führen wir zwei weitere Begriffe ein. Die *transitive Hülle* $\mathcal{R}^+$ (engl. *transitive closure*) einer Relation $\mathcal{R}$ ist folgendermaßen definiert: (x, y) ist genau dann in $\mathcal{R}^+$ enthalten, wenn es ein $n \in \mathbb{N}$ gibt und Elemente $z_0, \ldots, z_n \in S$, so dass $x = z_0$, $y = z_n$ und $(z_{i-1}, z_i) \in \mathcal{R}$ für alle $i = 1, \ldots, n$. Ergänzt man $\mathcal{R}^+$ noch durch alle Paare (x, x), so nennt man dies die *reflexive transitive Hülle* (engl. *reflexive transitive closure*) und bezeichnet sie mit $\mathcal{R}^*$. (Man beachte die Analogie zu der üblichen Bezeichnung der Menge der Wörter über einem Alphabet Σ: Mit Σ^+ wird die Menge der nichtleeren Wörter über Σ bezeichnet, während Σ^* die Menge aller Wörter bezeichnet.)

BEISPIEL 1.30   Sei $\mathcal{R}$ die Relation $\mathcal{R} \subseteq \mathbb{N} \times \mathbb{N}$, wobei genau dann $(a, b) \in \mathcal{R}$ gilt, wenn $b = 2 \cdot a$. Die transitive Hülle $\mathcal{R}^+$ ist dann gegeben durch $(a, b) \in \mathcal{R}^+$ genau dann, wenn $b = 2^k \cdot a$ für ein $k \in \mathbb{N}$. Die reflexive transitive Hülle $\mathcal{R}^*$ erhält man daraus, in dem man noch alle Paare (a, a) hinzufügt. $\mathcal{R}^*$ enthält also alle Paare (a, b) mit $b = 2^k \cdot a$ für ein $k \in \mathbb{N}_0$. Da die Relation $\mathcal{R}$ antisymmetrisch ist, bildet die Relation $\mathcal{R}^*$ eine partielle Ordnung.

Zwei Elemente $x, y \in S$ einer partiellen Ordnung $(S, \preceq)$ heißen *vergleichbar* (engl. *comparable*), falls $a \preceq b$ oder $b \preceq a$ gilt. Sind x und y nicht vergleichbar, so nennt man sie auch *unvergleichbar* (engl. *incomparable*).

BEISPIEL 1.31   In der partiellen Ordnung $(\mathcal{P}(\{1, 2, 3\}), \subseteq)$ sind $\{1\}$ und $\{1, 2\}$ vergleichbar, $\{1, 2\}$ und $\{2, 3\}$ sind unvergleichbar. In $(\mathbb{N}, |)$ sind 2 und 6 vergleichbar, 9 und 12 jedoch nicht.

Eine partielle Ordnung $(S, \preceq)$ heißt *vollständig* oder *total*, falls je zwei Elemente $x, y \in S$ vergleichbar sind. Man nennt die Menge S dann auch *vollständig* oder *total geordnet* oder auch kurz eine *lineare Ordnung* (engl. *linear order*).

BEISPIEL 1.32   Die partielle Ordnung $(\mathbb{N}, \leq)$ mit der üblichen „kleiner oder gleich" Relation ist linear geordnet. Die partielle Ordnung $(\mathbb{N}, |)$ ist es hingegen nicht.

Eine *lineare Erweiterung* einer partiellen Ordnung $(S, \preceq)$ ist eine lineare Ordnung $(S, \preceq_L)$, so dass für alle Paare $x, y \in S$ gilt: falls $x \preceq y$, so gilt auch $x \preceq_L y$.

BEISPIEL 1.33   Die partielle Ordnung $(\mathbb{N}, \leq)$ ist eine lineare Erweiterung der partiellen Ordnung $(\mathbb{N}, |)$.

Das *Hasse-Diagramm* einer partiellen Ordnung $(S, \preceq)$, benannt nach dem deutschen Mathematiker HELMUT HASSE (1898–1979), ist eine anschauliche Art, eine partielle Ordnung graphisch darzustellen. Dazu verbindet man vergleichbare Elemente durch eine Linie. Die Information, welches Element das kleinere und welches Element das größere ist, wird durch die Lage der Elemente zum Ausdruck gebracht: Von je zwei vergleichbaren Elementen muss immer das größere weiter oben notiert werden. Aus Gründen der Übersichtlichkeit lässt man alle Linien weg, die sich aus der Transitivitätsbedingung ergeben.

BEISPIEL 1.34 Die folgende Abbildung zeigt links das Hasse-Diagramm für die partielle Ordnung $(\mathcal{P}(\{1,2,3\}), \subseteq)$ und rechts das Hasse-Diagramm für die Teilbarkeitsrelation „|" eingeschränkt auf die Zahlen $2, 3, 4, 5, 6, 24, 25, 75$.

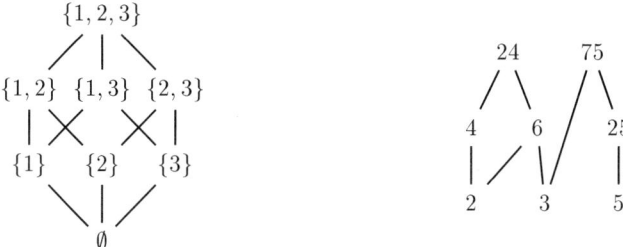

Ein Element $x \in S$ einer partiellen Ordnung $(S, \preceq)$ heißt *maximales Element* (engl. *maximal element*), falls es kein $y \in S$ mit $y \neq x$ und $x \preceq y$ gibt. Ein Element $x \in S$ einer partiellen Ordnung $(S, \preceq)$ heißt *minimales Element* (engl. *minimal element*), falls es kein $y \in S$ mit $y \neq x$ und $y \preceq x$ gibt.

BEISPIEL 1.35 In den partiellen Ordnungen aus Beispiel 1.34 sind $\{1,2,3\}$ bzw. 24 und 75 die maximalen Elemente und $\emptyset$ bzw. 2, 3 und 5 die minimalen Elemente.

Das Beispiel zeigt, dass partielle Ordnungen im Allgemeinen mehr als ein minimales beziehungsweise maximales Element enthalten können. Lineare Ordnungen haben andererseits genau ein maximales und genau ein minimales Element.

Wir wollen nun noch eine Verallgemeinerung der minimalen und maximalen Elemente einführen. Dazu betrachten wir zwei beliebige Elemente x und y aus S. Ein Element a heißt *obere Schranke* für x und y, falls $x \preceq a$ und $y \preceq a$. Ein Element a heißt *kleinste obere Schranke* oder *Supremum* von x und y (engl. *join*), geschrieben $x \vee y$, falls a eine obere Schranke für x und y ist und zusätzlich für jede weitere obere Schranke b von x und y gilt, dass $a \preceq b$.

Sind x und y zwei Elemente einer partiellen Ordnung mit $x \preceq y$, so ist y das Supremum von x und y, also $x \vee y = y$. Sind x und y andererseits unvergleichbar, so können mehrere Fälle eintreten: a) es gibt zwei oder mehr obere Schranken, aber kein Supremum, b) es gibt überhaupt keine obere Schranke und c) es gibt ein Supremum.

BEISPIEL 1.36 Wir betrachten die Teilbarkeitsrelation „|" eingeschränkt auf die Zahlen $2, 3, 5, 7, 12, 30, 35$:

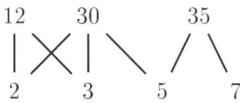

Hier ist sowohl 12 als auch 30 eine obere Schranke von $x = 2$ und $y = 3$. Da 12 und 30 unvergleichbar sind, gibt es zu $x = 2$ und $y = 3$ daher keine kleinste obere Schranke. Für $x = 3$ und $y = 5$ gibt es genau eine obere Schranke, es gilt daher $3 \vee 5 = 30$. Für $x = 3$ und $y = 7$ gibt es andererseits keine einzige obere Schranke.

Analog zum Begriff der kleinsten oberen Schranke, ist auch der Begriff der größten unteren Schranke definiert. Ein Element a heißt *untere Schranke* von x und y, falls $a \preceq x$ und $a \preceq y$. Ein Element a heißt *größte untere Schranke* oder *Infimum* von x und y (engl. *meet*), geschrieben $x \wedge y$, falls a eine untere Schranke für x und y ist und zusätzlich für jede weitere untere Schranke b von x und y gilt, dass $b \preceq a$.

Eine partielle Ordnung $(S, \preceq)$ heißt *Verband* (engl. *lattice*), falls es für alle Paare von $x, y \in S$ sowohl ein Supremum $x \vee y$ als auch ein Infimum $x \wedge y$ gibt. Ein Verband heißt *distributiv*, falls die beiden Distributivgesetze

$$
\begin{aligned}
x \wedge (y \vee z) &= (x \wedge y) \vee (x \wedge z), \\
x \vee (y \wedge z) &= (x \vee y) \wedge (x \vee z)
\end{aligned}
$$

für alle $x, y, z \in S$ gelten. (Genau genommen kann man sogar eine der beiden Bedingungen weglassen, da die Gültigkeit eines Distributivgesetzes die Gültigkeit des anderen nach sich zieht, vgl. Übungsaufgabe 1.17.)

BEISPIEL 1.37   Für jede Menge S, egal ob endlich oder unendlich, ist $(\mathcal{P}(S), \subseteq)$ ein distributiver Verband, der so genannte *Mengenverband* der Menge S. Das Supremum bzw. Infimum zweier Mengen $A, B \in \mathcal{P}(S)$ ist durch $A \cup B$ bzw. $A \cap B$ gegeben. Der (einfache) Nachweis des Distributivgesetzes $A \cap (B \cup C) = (A \cap B) \cup (A \cap C)$ sei dem Leser überlassen.

BEISPIEL 1.38   Wir betrachten die beiden partiellen Ordnungen, deren Hassediagramm in der folgenden Abbildung dargestellt ist.

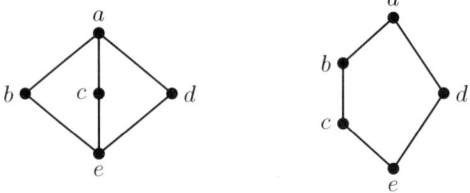

Man verifiziert leicht, dass beide partielle Ordnungen einen Verband bilden. Für den linken Verband gilt

$$
b \wedge (c \vee d) = b \wedge a = b \neq e = e \vee e = (b \wedge c) \vee (b \wedge d),
$$

der Verband ist also nicht distributiv. Für den rechten Verband gilt analog

$$
b \wedge (c \vee d) = b \wedge a = b \neq c = c \vee e = (b \wedge c) \vee (b \wedge d),
$$

der Verband ist also ebenfalls nicht distributiv.

Auf eine gewisse Art, sind die beiden Verbände aus Beispiel 1.38 die einzigen nicht distributiven Verbände: Man kann zeigen, dass jeder nicht distributive Verband einen dieser beiden Verbände als Unterverband enthalten muss.

Klassifikation sicherheitskritischer Informationen. In großen Firmen und Behörden ist die Verwaltung von Informationen komplex und aufwendig. Ein wichtiger Aspekt ist daher die Entwicklung geeigneter Schemata für den Zugang zu geheimen oder sicherheitskritischen Daten. Im Folgenden stellen wir hierfür ein einfaches, aber dennoch bereits recht mächtiges Modell vor. Wir unterscheiden zwischen einer Geheimhaltungsstufe L (z.B. 3 für streng geheim, 2 für geheim, 1 für vertraulich und 0 sonst) und einer inhaltlichen Spezifikation S (z.B. Produktentwicklung, Marketing, Verkauf, etc.). Jeder Information und jeder Person wird eine Klassifikation (ℓ, A) mit $\ell \in L$ und $A \subseteq S$ zugeordnet, wobei eine Person mit Klassifikation (ℓ_p, A_p) eine Information mit Klassifikation (ℓ_i, A_i) genau dann erhalten darf, wenn $\ell_i \leq \ell_p$ und $A_i \subseteq A_p$ gilt. Wir überlassen es dem Leser nachzuprüfen, dass durch $(L \times \mathcal{P}(S), \preceq)$ mit $(\ell_1, A_1) \preceq (\ell_2, A_2)$ genau dann, wenn $\ell_1 \leq \ell_2$ und $A_1 \subseteq A_2$, ein distributiver Verband definiert wird.

Übungsaufgaben

1.1 Bestimmen Sie den Koeffizienten von wx^4y^3z in $(w + x + y + z)^9$.

1.2 Ein Dominostein ist ein Rechteck bestehend aus zwei Quadraten, wobei in jedem Quadrat durch Punkte eine Zahl von 1 bis n dargestellt wird. Wie viele verschiedene Dominosteine gibt es?

1.3 Auf wie viele Arten kann ein König auf einem 8x8-Schachbrett von der linken unteren Ecke in die rechte obere Ecke ziehen, wenn er dabei pro Zug entweder ein Feld nach rechts, ein Feld nach oben oder ein Feld (diagonal) nach rechts oben ziehen darf?

1.4 Wie viele Wörter der Länge 10 und wie viele der Länge 11 kann man aus den Buchstaben des Wortes *ABRAKADABRA* bilden?

1.5 Zeigen Sie durch ein kombinatorisches Argument: $\binom{2n}{2} = 2\binom{n}{2} + n^2$.

1.6 Bestimmen Sie die Anzahl der durch 6, 8 oder 20 teilbaren natürlichen Zahlen kleiner gleich 200.

1.7 Zeigen Sie die folgende Verallgemeinerung von Satz 1.15: Für beliebige endliche Mengen $A_1, \ldots, A_n$ gilt für alle $k = 1, \ldots, \lfloor n/2 \rfloor$:

$$\sum_{r=1}^{2k} (-1)^{r-1} \sum_{1 \leq i_1 < \cdots < i_r \leq n} \left| \bigcap_{j=1}^{r} A_{i_j} \right| \leq \left| \bigcup_{i=1}^{n} A_i \right| \leq \sum_{r=1}^{2k-1} (-1)^{r-1} \sum_{1 \leq i_1 < \cdots < i_r \leq n} \left| \bigcap_{j=1}^{r} A_{i_j} \right|.$$

1.8 Die Felder eines 3x7-Schachbrettes werden beliebig mit den Farben rot und blau gefärbt. Zeigen Sie, dass es immer ein Rechteck der Größe mindestens 2x2 gibt, dessen Eckfelder einheitlich gefärbt sind.

1.9 Bei einem Turnier spielen n Mannschaften „jeder gegen jeden". Für einen Sieg gibt es 3 Punkte, für ein Unentschieden 1 Punkt. Die Platzierungen ergeben sich aus den erzielten Punkten, bei Punktegleichheit wird gelost. Wie viele Punkte hat der Gruppensieger mindestens, wie viele Punkte hat der Gruppenzweite mindestens?

1.10 Wie viele natürliche Zahlen $\leq 10^6$ sind weder von der Form x^2 noch x^3 noch x^5 für ein $x \in \mathbb{N}$?

1.11 Beweisen Sie, dass für alle $n, m \in \mathbb{N}$, $m \leq n$ gilt:
$$\sum_{k=0}^{m} \binom{n}{k} \binom{n-k}{m-k} = 2^m \binom{n}{m}.$$

1.12 Wie viele Wörter der Länge n können über dem Alphabet $\{a, b\}$ gebildet werden, die ungerade viele a's enthalten?

1.13⁻ Zeigen Sie: $S_{n,2} = 2^{n-1} - 1$.

1.14 Zeigen Sie: $S_{n,n-2} = n \cdot (n-1) \cdot (n-2) \cdot (3n-5)/24$.

1.15⁻ Geben Sie einen möglichst einfachen Ausdruck für $s_{n,1}$ an.

1.16⁻ Beweisen oder widerlegen Sie: Zu einer partiellen Ordnung $(S, \preceq)$ gibt es genau eine lineare Erweiterung $(S, \preceq_L)$.

1.17 Es sei $(S, \preceq)$ eine partielle Ordnung, in der je zwei Elemente $x, y \in S$ ein Infimum und ein Supremum besitzen und in der für alle $x, y, z \in S$ gilt: $x \wedge (y \vee z) = (x \wedge y) \vee (x \wedge z)$. Folgern Sie daraus, dass auch $x \vee (y \wedge z) = (x \vee y) \wedge (x \vee z)$ für alle $x, y, z \in S$ gilt.

1.18 Beweisen oder widerlegen Sie: Die partielle Ordnung $(\mathbb{N}, |)$ ist ein distributiver Verband.

1.19 Bestimmen Sie einen einfachen Ausdruck für $A_n = \sum_{k=0}^{n} k \binom{n}{k}^2$.

1.20 Wie viele k-elementige Teilmengen von $[n]$ gibt es, die keine zwei aufeinander folgende Zahlen enthalten?

1.21 Zeigen Sie, dass es eine monoton wachsende Funktion $t : \mathbb{N} \to \mathbb{N}$ gibt, so dass die Stirlingzahlen zweiter Art für jedes $n \in \mathbb{N}$ eine der beiden Bedingungen erfüllen:
$$S_{n,0} < S_{n,1} < \ldots < S_{n,t(n)-1} = S_{n,t(n)} > \ldots > S_{n,n}$$
oder
$$S_{n,0} < S_{n,1} < \ldots < S_{n,t(n)} > \ldots > S_{n,n}.$$

(Eine Folge mit der Eigenschaft $a_1 \leq a_2 \leq \ldots \leq a_k \geq \ldots \geq a_n$ für ein geeignetes $k \in \mathbb{N}$ nennt man *unimodal*.)

1.22 Beweisen Sie:

$$S_{n+1,k+1} = \sum_{i=0}^{n} \binom{n}{i} S_{i,k}.$$

1.23 Zeigen Sie, dass die Bellzahlen für $n \geq 0$ die Rekursionsgleichung

$$B_{n+1} = \sum_{k=0}^{n} \binom{n}{k} B_k$$

erfüllen.

1.24 Wir bezeichnen mit $\hat{S}_{n,k}$ die Anzahl der Partitionen einer n-elementigen Menge in k Klassen, so dass jede Klasse mindestens zwei Elemente enthält. Berechnen Sie $\hat{S}_{2k,k}$.

1.25 Wir definieren $\hat{S}_{n,k}$ wie in Aufgabe 1.24. Geben Sie eine Rekursionsformel für $\hat{S}_{n,k}$ für $n > 2k$ an. (Hinweis: Versuchen Sie den Beweis von Satz 1.20 zu imitieren.)

1.26 Beweisen Sie:

$$\sum_{k=1}^{n} k \binom{n}{k} = n \cdot 2^{n-1}.$$

1.27 Beweisen Sie:

$$\sum_{k=1}^{n} k \cdot \binom{n}{k}^2 = n \binom{2n-1}{n-1}.$$

1.28 Wie viele Möglichkeiten gibt es, $n - k$ schwarze und k weiße Türme ($n \geq k$) so auf ein $n \times n$-Schachbrett zu stellen, dass keine zwei Türme in der gleichen Zeile oder Spalte stehen?

1.29 Eine Reihe in einem Kino umfasst n Plätze. Auf wie viele Arten lassen sich k Personen in dieser Reihe platzieren, so dass keine zwei Personen direkt nebeneinander sitzen?

1.30 Seien A_1 und A_2 Teilmengen aus $[n]$. Wir schreiben $A_1 \preceq A_2$, wenn alle Elemente in A_2 größer oder gleich sind als alle Elemente in A_1. Bestimmen Sie die Anzahl aller Partitionen $A_1, \ldots, A_k$ einer n-elementigen Menge in k Teile, wobei für jedes Paar i, j entweder $A_i \preceq A_j$ oder $A_j \preceq A_i$ gilt.

1.31 Über einem k-elementigen Alphabet werden Wörter der Länge n gebildet ($k \leq n$). Wie viele Möglichkeiten gibt es dafür, wenn jedes Symbol mindestens einmal vorkommen soll?

1.32 Zeigen Sie, dass $\binom{2n}{n} > 4^n/(2n)$ für alle $n \geq 2$.

1.33 n Klausuren sollen für die Korrektur in k Teile aufgeteilt werden. Wie viele Möglichkeiten gibt es, wenn die Teile möglichst gleich groß sein sollen?

1.34 Seien $M_1, M_2 \subseteq [n]$ zwei gegebene Mengen mit $M_1 \cap M_2 = \emptyset$. Wir sagen, eine Menge $M \subseteq [n]$ ist vom Typ (p,q), wenn $|M \cap M_1| = p$ und $|M \cap M_2| = q$. Wie viele Teilmengen von $[n]$ vom Typ (p,q) gibt es?

1.35 Wie viele Wörter der Länge n über dem Alphabet $\{0,1\}$ gibt es, in denen genau zweimal die Zeichenfolge 01 vorkommt?

1.36 Sei $p \geq 2$ eine Primzahl. Bestimmen Sie die höchste Potenz von p, die $(p^k)!$ teilt ($k \geq 1$).

1.37 Sei $a_1, a_2, \ldots, a_{21}$ eine aufsteigend geordnete Folge paarweise verschiedener natürlicher Zahlen ≤ 100. Wir betrachten alle Differenzen $a_i - a_j, 1 \leq j < i \leq 21$. Beweisen Sie, dass hierbei ein Wert mindestens dreimal vorkommt.

1.38 Wie viele Zahlen zwischen 1 und 1000000 gibt es, bei denen die Summe der Ziffern 15 beträgt?

1.39 Beweisen Sie:
$$k! \cdot S_{n,k} = \sum_{j=0}^{k} (-1)^j \binom{k}{j} (k-j)^n.$$

1.40 Beweisen Sie:
$$\sum_{k=0}^{n} S_{r,k} n^{\underline{k}} = n^r.$$

1.41⁺ Beweisen Sie den *Satz von Ramsey*: In jeder Gruppe von $\binom{s+t-2}{s-1}$ Personen gibt es entweder s Personen, die sich alle gegenseitig kennen, oder t Personen, die sich alle gegenseitig nicht kennen. (Hinweis: Induktion über $s+t$, Induktionsschritt ähnlich wie in Beispiel 1.14.)

1.42 Beweisen Sie, dass für jedes $k \in \mathbb{N}$ gilt: Für jede Färbung der zweielementigen Teilmengen von $\{1, 2, \ldots, 4^k\}$ mit den Farben rot und schwarz gibt es eine Teilmenge $X \subseteq \{1, 2, \ldots, 4^k\}$ mit $|X| = k$, so dass alle zweielementigen Teilmengen von X gleichgefärbt sind. (Hinweis: Verwenden Sie Aufgabe 1.41.)

Graphentheorie

Graphen sind eine kombinatorische Struktur, die bei der Modellierung zahlreicher Probleme Verwendung findet. Genau genommen kennen wir Graphen auch schon. Graphen sind nämlich eng verwandt mit Relationen. Sie bestehen aus einer Menge von Objekten (im Folgenden Knoten genannt) und Relationen zwischen diesen Objekten (im Folgenden Kanten genannt). Diese Relationen können symmetrisch sein (dann erhält man ungerichtete Graphen) oder asymmetrisch (dann erhält man gerichtete Graphen).

Betrachten wir einige Beispiele. Ein Straßennetz kann man in nahe liegender Weise durch einen Graphen repräsentieren. Die Knoten entsprechen den Ortschaften. Zwei Orte sind durch eine Kante verbunden, wenn es eine Straße gibt, die diese beiden Orte auf direktem Wege verbindet. Für die Frequenzzuweisung im Mobilfunk betrachtet man Graphen, in denen die Knoten den Sendern entsprechen und zwei Sender durch eine Kante verbunden sind, wenn sie verschiedene Frequenzen benutzen müssen, um Interferenzen zu vermeiden. In der Informatik benutzt man Graphen, um Prozesse zu beschreiben. Die Knoten entsprechen dabei den verschiedenen Zuständen und die Kanten den erlaubten Übergängen zwischen Zuständen, wobei man hier meist sinnvollerweise noch Beschriftungen an den Kanten zulässt, die beschreiben, durch welche Aktion dieser Übergang ausgelöst wird. Auch der aus den Informatik-Einführungsvorlesungen bekannte Begriff eines endlichen Automaten entspricht in natürlicher Weise einem gerichteten und beschrifteten Graphen.

Aufgabe der Graphentheorie ist es, möglichst allgemeine Verfahren zu entwickeln, um Probleme in Graphen zu lösen. Für ein Straßennetz hätte man beispielsweise gerne ein Verfahren, das zwischen zwei gegebenen Orten A und B einen kürzesten Weg bestimmt. Für das Frequenzzuweisungsproblem möchte man die Knoten des Graphen in (möglichst wenige) Klassen aufteilen, so dass Kanten nur zwischen Knoten in verschiedenen Klassen verlaufen. Die Anzahl der Klassen entspricht dann der Anzahl der benötigten Frequenzen, um das Netz interferenzfrei betreiben zu können. Bei Prozessen und Automaten ist man an effizienten Verfahren interessiert, die klären, ob und wie bestimmte Zustände erreicht werden können.

2.1 Grundbegriffe

Im Folgenden betrachten wir ungerichtete Graphen. Die Behandlung gerichteter Graphen verschieben wir auf Abschnitt 2.5.

Definition 2.1 *Ein* Graph *G ist ein Tupel (V, E), wobei V eine (endliche) nicht-leere Menge von* Knoten *(engl.* vertices*) ist. Die Menge E ist eine Teilmenge der zweielementigen Teilmengen von V, also $E \subseteq \binom{V}{2} := \{\{x, y\} \mid x, y \in V, x \neq y\}$. Die Elemente der Menge E bezeichnet man als* Kanten *(engl.* edges*).*

Ein Graph wird dargestellt, indem man jeden Knoten des Graphen durch einen Punkt repräsentiert und die Punkte genau dann durch einen Strich verbunden werden, wenn im Graphen die entsprechenden Knoten durch eine Kante verbunden sind. Dies könnte für $V = \{a, b, c, d\}$ und $E = \{\{a, b\}, \{a, c\}, \{b, c\}, \{c, d\}\}$ beispielsweise so

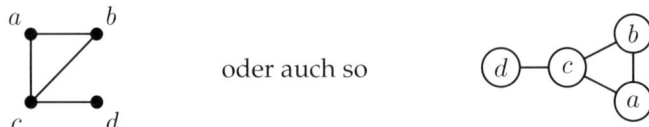

aussehen. Legt man besonderen Wert auf die Struktur des Graphen, aber nicht so sehr auf die Bezeichnung der Knoten, wählt man meist die erste Art und lässt die Bezeichnungen an den Knoten zuweilen auch weg. Bevor wir hierzu wieder einige Beispiele betrachten, führen wir zunächst einige spezielle Graphklassen ein.

Ein *vollständiger Graph* (engl. *complete graph*) K_n besteht aus n Knoten, die alle paarweise miteinander verbunden sind. Einen *Gittergraphen* (engl. *mesh*) $M_{m,n}$ erhält man, indem man $m \cdot n$ viele Knoten wie in einem Gitter mit m Zeilen und n Spalten verbindet. Ein *Kreis* C_n besteht aus n Knoten, die zyklisch miteinander verbunden sind. Ein *Pfad* P_n entsteht aus $n + 1$ Knoten und n Kanten, die aufeinander folgende Knoten miteinander verbinden.

Einen d-dimensionalen *Hyperwürfel* Q_d erhält man, indem man als Knotenmenge die Menge aller 0-1 Folgen der Länge d wählt und zwei solche Knoten genau dann durch eine Kante verbindet, wenn sich ihre Folgen an genau einer Stelle unterscheiden. Die folgende Abbildung illustriert diese Graphenklassen anhand einiger Beispiele.

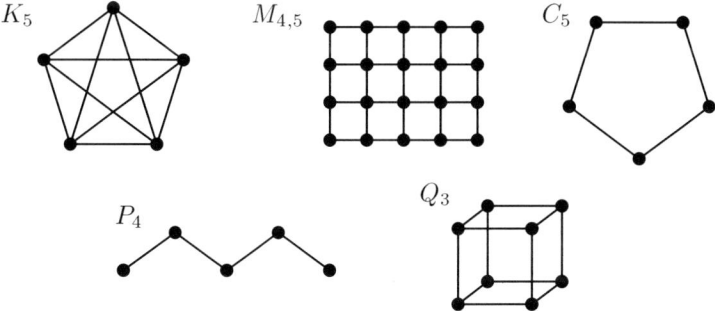

Zuweilen betrachtet man auch eine etwas allgemeinere Form von Graphen und erlaubt so genannte *Schleifen* (engl. *loops*), d.h. Kanten, die einen Knoten mit sich selbst verbinden. Außerdem können Graphen mit *Mehrfachkanten* (engl. *multiple edges*) betrachtet werden, bei denen ein Knotenpaar durch mehr als eine Kante verbunden sein kann.

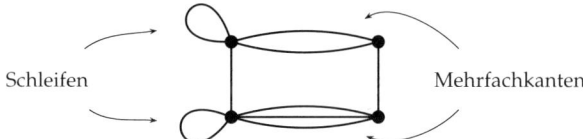

Graphen mit Schleifen und/oder Mehrfachkanten nennt man auch *Multigraphen*. Wir werden solche in diesem Buch jedoch nicht weiter betrachten.

Definition 2.2 *Für einen Knoten $v \in V$ eines Graphen $G = (V, E)$ definieren wir die* Nachbarschaft *(engl.* neighbourhood*) $\Gamma(v)$ eines Knotens $v \in V$ durch*

$$\Gamma(v) := \{u \in V \mid \{v, u\} \in E\}.$$

Der Grad *(engl.* degree*) von v bezeichnet die Größe der Nachbarschaft von v:*

$$\deg(v) := |\Gamma(v)|.$$

Ein Graph G heißt *k-regulär* (engl. *k-regular*), falls für alle Knoten $v \in V$ gilt, dass $\deg(v) = k$.

BEISPIEL 2.3 Der vollständige Graph K_n ist $(n-1)$-regulär, die Kreise C_n sind jeweils 2-regulär.

Zwei Knoten u und v heißen *adjazent* (engl. *adjacent*), wenn sie durch eine Kante verbunden sind. Die Knoten u und v nennt man dann auch *Endknoten* der Kante $\{u, v\}$. Ein Knoten u und eine Kante e heißen *inzident* (engl. *incident*), wenn u einer der Endknoten von e ist.

BEISPIEL 2.4 In dem auf Seite 52 abgebildeten Graphen ist der Knoten a adjazent zu den Knoten b und c und inzident zu den Kanten $\{a, b\}$ und $\{a, c\}$.

Der folgende Satz stellt eine einfache, aber wichtige Beziehung zwischen den Knotengraden und der Gesamtanzahl der Kanten eines Graphen auf.

Satz 2.5 *Für jeden Graphen $G = (V, E)$ gilt*

$$\sum_{v \in V} \deg(v) = 2|E|.$$

Beweis: Wir verwenden die Regel des doppelten Abzählens. Auf der linken Seite wird jede Kante $\{u, v\}$ genau zweimal gezählt, einmal, wenn $\deg(u)$ betrachtet wird und zum zweiten Mal, wenn $\deg(v)$ betrachtet wird. Auf der rechten Seite wird jede Kante ebenfalls zweimal gezählt. □

Mit Hilfe des gerade bewiesenen Satzes lässt sich leicht zeigen, dass in jedem beliebigen Graphen die Anzahl der Knoten mit ungeradem Grad gerade sein muss. Anschaulich kann man sich diese Tatsache auch wie folgt merken: Auf einem Empfang geben immer gerade viele Gäste ungerade vielen die Hand.

Korollar 2.6 *Für jeden Graphen $G = (V, E)$ gilt: Die Anzahl der Knoten mit ungeradem Grad ist gerade.*

Beweis: Wir partitionieren die Knotenmenge V in zwei Teile, die Menge V_g der Knoten mit geradem Grad und die Menge V_u der Knoten mit ungeradem Grad. Die Summe von beliebig vielen geraden Zahlen ist immer gerade. Die Summe von k ungeraden Zahlen ist hingegen genau dann gerade, wenn k gerade ist. Also ist

$$\sum_{v \in V} \deg(v) = \sum_{v \in V_g} \deg(v) + \sum_{v \in V_u} \deg(v)$$

genau dann gerade, wenn $|V_u|$ dies ist. Nach Satz 2.5 muss obige Summe aber gerade sein, denn $2|E|$ ist ja immer gerade. Also ist $|V_u|$ gerade. □

Ein *Weg* (oder auch *Kantenzug*, engl. *walk*) der Länge ℓ in einem Graphen $G = (V, E)$ ist eine Folge $W = (v_0, \ldots, v_\ell)$ von Knoten aus V, so dass zwei aufeinander folgende Knoten jeweils durch eine Kante miteinander verbunden sind, also

$$\{v_i, v_{i+1}\} \in E \quad \text{für alle } i = 0, \ldots, \ell - 1.$$

Ein *Pfad* (engl. *path*) in G ist ein Weg in G, in dem alle Knoten paarweise verschieden sind. Der Knoten v_0 wird *Anfangsknoten* und der Knoten v_ℓ *Endknoten* des Weges (bzw. Pfades) genannt. Wege (bzw. Pfade) mit Anfangsknoten u und Endknoten v werden u-v-*Wege* (bzw. u-v-*Pfade*) genannt. Die von Anfangs- und Endknoten verschiedenen Knoten eines Pfades nennt man die *inneren Knoten* des Pfades.

BEISPIEL 2.7 Betrachten wir den folgenden Graphen:

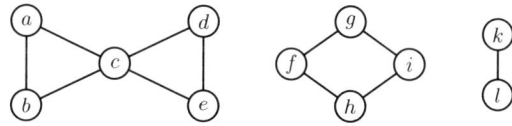

Die Folgen (a, b, c), (a, c, d, e, c, b), (f, g, f, h) sind allesamt Wege, aber nur (a, b, c) ist auch ein Pfad (der Länge 2). (c, d, e, f) ist nicht einmal ein Weg. (a) ist ein Pfad der Länge Null, ein so genannter degenerierter Pfad.

Ein *Kreis* (engl. *cycle*) der Länge $\ell \geq 3$ in $G = (V, E)$ ist eine Folge $C = (v_1, \ldots, v_\ell)$ von ℓ paarweise verschiedenen Knoten, so dass zum einen Anfangs- und Endpunkt und zum anderen alle aufeinander folgenden Knoten jeweils durch eine Kante aus E miteinander verbunden sind, also

$$\{v_1, v_\ell\} \in E \quad \text{und} \quad \{v_i, v_{i+1}\} \in E \quad \text{für alle } i = 1, \ldots, \ell - 1.$$

BEISPIEL 2.8 In dem Graphen aus Beispiel 2.7 sind (a, b, c) und (g, i, h, f) Kreise (der Länge 3 bzw. 4). (a, c, d, e, c, b) ist hingegen kein Kreis, da hier der Knoten c zweimal durchlaufen wird.

Ein Graph $H = (V_H, E_H)$ heißt (schwacher) *Teilgraph* eines Graphen $G = (V_G, E_G)$, falls

$$V_H \subseteq V_G \quad \text{und} \quad E_H \subseteq E_G$$

gilt. Gilt sogar $E_H = E_G \cap \binom{V_H}{2}$, so nennt man H einen *induzierten Teilgraphen* von G und schreibt $H = G[V_H]$.

Teilgraphen eines Graphen erhält man also, indem man aus dem ursprünglichen Graphen beliebig Kanten und/oder Knoten (und alle inzidenten Kanten) entfernt. Um einen induzierten Teilgraphen zu erhalten, muss man etwas mehr aufpassen. Hier wird verlangt, dass je zwei Knoten, die im ursprünglichen Graphen verbunden waren und die beide im Teilgraph vorhanden sind, auch im induzierten Teilgraphen miteinander verbunden sind.

Um einen induzierten Teilgraphen zu erhalten, darf man somit nur Knoten
(und die mit ihnen verbundenen Kanten) aus dem ursprünglichen Graphen
entfernen, man darf jedoch *nicht* eine Kante zwischen Knoten entfernen und
beide Knoten im Graphen belassen.

BEISPIEL 2.9 In dem Graphen aus Beispiel 2.7 sind die beiden Graphen

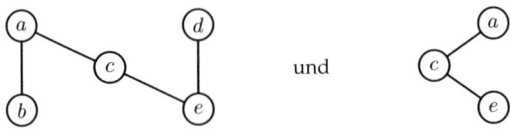

jeweils Teilgraphen, aber nur der zweite ist auch ein induzierter Teilgraph. (Man
beachte, dass die Art und Weise wie wir die Graphen zeichnen unerheblich ist!) Die
durch $\{d, f, g, h\}$ bzw. $\{f, g, h, i\}$ induzierten Teilgraphen sind

Von diesen beiden Graphen würde wohl jeder intuitiv den rechten als „zusammenhängend" bezeichnen, den linken jedoch nicht. In der folgenden
Definition werden wir diese Vorstellung vom Zusammenhang eines Graphen formalisieren.

Definition 2.10 *Ein Graph* $G = (V, E)$ *heißt* zusammenhängend *(engl.* connected*), wenn für jedes Paar von Knoten* u *und* $v \in V$ *ein* u-v-*Pfad in* G *existiert.
Andernfalls heißt der Graph* unzusammenhängend.

Graphen, die selbst nicht zusammenhängend sind, enthalten zumindest zusammenhängende Teile. Beispielsweise ist $G[\{v\}]$ für jeden Knoten v ein zusammenhängender Teilgraph von G. Die in gewissem Sinne größten zusammenhängenden Teilgraphen von G bezeichnet man als Komponenten. For-
mal sind diese wie folgt definiert: Sei $\biguplus_{i=1}^{k} V_i$ eine Partition von V, so dass
zwei Knoten u und v genau dann durch einen Pfad verbunden sind, wenn
sie im selben Teil der Partition liegen. Dann heißen die Teilgraphen $G[V_i]$ die
(Zusammenhangs-)Komponenten von G.

BEISPIEL 2.11 Der Graph in Beispiel 2.7 besteht aus genau drei Komponenten.
Nämlich $G[\{a, b, c, d, e\}]$, $G[\{f, g, h, i\}]$ und $G[\{k, l\}]$.

Intuitiv sollte klar sein, dass ein Graph mit „wenigen" Kanten „viele" Komponenten enthalten muss. Der folgende Satz präzisiert dies.

Satz 2.12 *Jeder Graph $G = (V, E)$ enthält mindestens $|V| - |E|$ viele Komponenten.*

Beweis: Wir beweisen den Satz durch Induktion über $m = |E|$. Als Induktionsverankerung betrachten wir den Fall $m = 0$. Wenn der Graph keine Kante enthält, so bildet jeder Knoten seine eigene Komponente. Der Graph enthält somit genau $|V|$ viele Komponenten. Für den Induktionsschritt sei $G := (V, E)$ ein Graph mit $|E| = m + 1$ vielen Kanten. Wir wählen eine beliebige Kante $e \in E$ und setzen $E' := E \setminus \{e\}$. Dann gilt $|E'| = m$ und der Graph $G' := (V, E')$ enthält nach Induktionsannahme mindestens $|V| - m$ viele Komponenten. Durch die Hinzunahme der Kante e ändert sich entweder die Anzahl der Komponenten überhaupt nicht (wenn die beiden Endknoten der Kante e in G' in der gleichen Komponente liegen) oder sie verringert sich um genau eins (wenn die beiden Endknoten der Kante e in G' in verschiedenen Komponenten liegen). In jedem Falle folgt also, dass der Graph G mindestens $|V| - m - 1$ viele Komponenten enthält. $\qquad\square$

Korollar 2.13 *Für jeden zusammenhängenden Graphen $G = (V, E)$ gilt*

$$|E| \geq |V| - 1.$$

Beweis: Da ein zusammenhängender Graph aus genau einer Komponente besteht, folgt aus Satz 2.12, dass $|V| - |E| \leq 1$ gelten muss. $\qquad\square$

Man beachte, dass die Umkehrung der Aussage des Korollars im Allgemeinen nicht gilt: Es gibt durchaus Graphen $G = (V, E)$ mit $|E| \geq |V| - 1$, die unzusammenhängend sind.

2.2 Bäume und Wälder

Ein wichtiger Spezialfall von Graphen sind kreisfreie Graphen, also Graphen, die keinen Kreis als Teilgraphen enthalten. Einen zusammenhängenden kreisfreien Graphen nennt man auch Baum. Viele Probleme, die für allgemeine Graphen schwer zu lösen sind, werden einfach, wenn man sie nur für Bäume betrachtet. In der Informatik spielen Bäume und über sie definierte Datenstrukturen eine fundamentale Rolle.

Definition 2.14 *Ein* Baum *(engl.* tree*) ist ein zusammenhängender, kreisfreier Graph. Ein* Wald *(engl.* forest*) ist ein Graph, dessen Komponenten Bäume sind.*

Ein Knoten v eines Baumes mit Grad $\deg(v) = 1$ heißt Blatt *(engl.* leaf*).*

BEISPIEL 2.15 Die folgende Abbildung zeigt einen Baum mit vier Blättern:

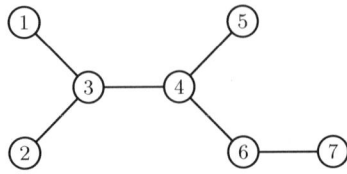

Aus diesem Beispiel wird deutlich, dass der Begriff eines Baumes, so wie wir ihn in Definition 2.14 eingeführt haben, die intuitive Vorstellung, die wir von einem „Baum" haben (dass es zum Beispiel eine Wurzel gibt, von der aus sich der Baum entwickelt) noch nicht erfüllt. Wir werden dies in Abschnitt 2.5.3 beheben, wenn wir gewurzelte Bäume einführen. Im Moment bleiben wir jedoch bei der Definition 2.14 und leiten zunächst einmal einige Eigenschaften von Bäumen her.

Lemma 2.16 *Jeder Baum $T = (V, E)$ mit $|V| \geq 2$ Knoten enthält mindestens zwei Blätter.*

Beweis: Dieses Lemma beweisen wir, indem wir einen Pfad in T konstruieren, dessen Anfangs- und Endknoten beides Blätter sind. Dazu wählen wir eine beliebige Kante $e \in E$ und laufen von den beiden Knoten der Kante aus durch den Graphen, „bis es nicht weiter geht" (d.h., es keine Kante gibt, über die wir den Knoten wieder verlassen können). Die so gefundenen Endknoten des Pfades müssen dann beide Blätter sein. Man beachte, dass aus der Annahme, dass T ein Baum ist, folgt, dass wir beim Weiterlaufen nie auf einen Knoten stoßen können, der schon in dem Pfad enthalten ist (denn sonst hätten wir einen Kreis gefunden). □

BEISPIEL 2.17 Wir verdeutlichen uns den Beweis an dem Baum aus Beispiel 2.15. Als Kante e könnten wir zum Beispiel die Kante $\{4, 6\}$ wählen. Von Knoten 4 aus könnten wir erst zum Knoten 3 und dann zum Knoten 1 laufen. Von Knoten 6 aus haben wir andererseits keine Wahl: wir müssen zum Knoten 7 laufen. Damit erhalten wir als Anfangs- und Endknoten des so konstruierten Pfades die beiden Blätter 1 und 7. Entscheidet man sich bei e für eine andere Kante oder wählt man bei der Konstruktion des Pfades andere „Abzweigungen", erhält man unterschiedliche Pfade. In jedem Falle gilt aber, dass Anfangs- und Endknoten Blätter sind.

Lemma 2.18 *Ist $T = (V, E)$ ein Baum mit $|V| \geq 2$ Knoten und $u \in V$ ein Blatt, so ist der Graph $T' := T[V \setminus \{u\}]$ ebenfalls ein Baum.*

Beweis: T' ist sicherlich kreisfrei, da T kreisfrei war, und durch die Wegnahme von Knoten und Kanten keine Kreise entstehen können. Um einzusehen, dass T' auch zusammenhängend ist, betrachten wir zwei beliebige Knoten $x, y \in V \setminus \{u\}$ und zeigen, dass x und y in T' durch einen Pfad verbunden sind. Da T ein Baum ist, ist T sicherlich zusammenhängend. In T gibt es also einen Pfad P, der x und y verbindet. Da in einem Pfad alle inneren Knoten Grad zwei haben, kann u in diesem Pfad nicht enthalten sein. Der Pfad P ist somit auch im Graphen T' enthalten, was zu zeigen war. $\square$

Satz 2.19 *Ist $T = (V, E)$ ein Baum, dann gilt*

$$|E| = |V| - 1.$$

Beweis: (*durch Widerspruch*) Nehmen wir an, der Satz wäre falsch. Dann gibt es ein kleinstes Gegenbeispiel. Das heißt, es gibt einen Baum $T_0 = (V_0, E_0)$ mit $|E_0| \neq |V_0| - 1$ und der zusätzlichen Eigenschaft, dass für alle Bäume $T = (V, E)$ mit $|V| < |V_0|$ Knoten gilt $|E| = |V| - 1$.

Da die Aussage für Bäume mit einem Knoten offenbar richtig ist, gilt sicherlich $|V_0| \geq 2$. Nach Lemma 2.16 muss T_0 daher mindestens zwei Blätter u und v enthalten. Wir entfernen eines davon, sagen wir u, aus dem Baum T_0. Dann erhalten wir nach Lemma 2.18 wiederum einen Baum T' mit Knotenmenge $V' = V_0 \setminus \{u\}$ und Kantenmenge $E' = E_0 \setminus \{\{u, u'\}\}$, wobei u' den (einzigen) Nachbarn von u in T_0 bezeichne. Da T' *weniger* als $|V_0|$ viele Knoten enthält, gilt für diesen Baum die Aussage $|E'| = |V'| - 1$. Wegen $|E'| = |E_0| - 1$ und $|V'| = |V_0| - 1$ folgt daraus aber sofort, dass auch $|E_0| = |V_0| - 1$ gilt, im Widerspruch zur Annahme. $\square$

Das folgende Lemma sagt uns, was passiert, wenn wir einen Knoten aus einem Baum entfernen: Der Baum „zerfällt" in einen Wald aus k Bäumen, wobei die Anzahl k der Bäume genau dem Grad des gelöschten Knoten entspricht.

Lemma 2.20 *Sei $T = (V, E)$ ein Baum, $v \in V$ ein beliebiger Knoten und $T_1, \ldots, T_k$ die Komponenten von $T[V \setminus \{v\}]$. Dann gilt $k = \deg(v)$ und die Komponenten $T_1, \ldots, T_k$ sind jeweils Bäume.*

Beweis: Die Komponenten von $T[V \setminus \{v\}]$ sind nach der Definition des Begriffs „Komponenten" zusammenhängend. Sie sind auch kreisfrei, da bereits der Graph T kreisfrei war und durch das Entfernen eines Knotens keine neuen Kreise entstehen können. Somit sind die Komponenten $T_1, \ldots, T_k$ also Bäume.

Es bleibt zu zeigen, dass $k = \deg(v)$. Sei $T_i = (V_i, E_i)$. Da jeder Knoten aus $V \setminus \{v\}$ in genau einer Komponente T_i enthalten ist und analog auch jede nicht zu v inzidente Kante in genau einer Komponente T_i enthalten ist, gilt

$$|V| = 1 + \sum_{i=1}^{k} |V_i| \quad \text{und} \quad |E| = \deg(v) + \sum_{i=1}^{k} |E_i|.$$

Nach Theorem 2.19 gilt zum einen $|E| = |V| - 1$ und zum anderen auch $|E_i| = |V_i| - 1$ für alle $1 \leq i \leq k$. Setzt man beides in obige Gleichungen ein, sieht man sofort, dass $k = \deg(v)$ gelten muss. $\square$

Analog zeigt man: Entfernt man statt eines Knotens eine Kante des Baumes, so entstehen dadurch genau zwei Bäume. Das folgende Lemma zeigt, dass der Grund für das Zerfallen des Baumes die Kreisfreiheit ist. Wenn ein Graph einen Kreis enthält, kann man eine Kante aus dem Kreis entfernen, ohne dass der Zusammenhang verloren geht.

Lemma 2.21 *Sei $G = (V, E)$ ein zusammenhängender Graph und C ein Kreis in G. Dann gilt für alle im Kreis C enthaltenen Kanten e:*

$$G_e := (V, E \setminus \{e\}) \text{ ist zusammenhängend.}$$

Beweis: *(durch Widerspruch)* Angenommen, G_e wäre nicht zusammenhängend. Dann gibt es mindestens zwei Komponenten G_1 und G_2. Da G zusammenhängend ist, müssen die Endknoten der Kante $e = \{u, v\}$ in verschiedenen Komponenten liegen. Weil die Kante e aber in einem Kreis C liegt, gibt es noch einen u-v-Pfad in G, der *nicht* die Kante e enthält. Das heißt aber, dass u und v auch in G_e durch einen Pfad miteinander verbunden sind. Dies widerspricht der Annahme, dass u und v in verschiedenen Komponenten liegen. $\square$

Nach Korollar 2.13 gilt für jeden zusammenhängenden Graphen $G = (V, E)$, dass $|E| \geq |V| - 1$. Aus Satz 2.19 wissen wir andererseits, dass Bäume genau $|E| = |V| - 1$ viele Kanten enthalten. Gibt es noch andere, von Bäumen verschiedene, zusammenhängende Graphen mit der Eigenschaft $|E| = |V| - 1$? Der folgende Satz wird zeigen, dass dies nicht der Fall ist. Um ihn zu formulieren, benötigen wir den Begriff eines Spannbaums.

Ein Graph $T = (V_T, E_T)$ heißt *Spannbaum* (engl. *spanning tree*) eines Graphen $G = (V_G, E_G)$, falls T ein Baum mit $V_T = V_G$ und $E_T \subseteq E_G$ ist.

Satz 2.22 *Jeder zusammenhängende Graph $G = (V, E)$ enthält einen Spannbaum.*

Beweis: Für Graphen mit $|V| = 1$ ist die Aussage trivialerweise richtig. Für Graphen mit $|V| \geq 2$ beweisen wir den Satz, indem wir ein Verfahren zur Konstruktion eines Spannbaumes angeben:

Eingabe: zusammenhängender Graph $G = (V, E)$
Ausgabe: Spannbaum $T = (V, E_T)$

$E_T \leftarrow E$;
while $T = (V, E_T)$ ist kein Baum **do begin**
   wähle beliebige Kante e in einem beliebigen Kreis von T;
   $E_T \leftarrow E_T \setminus \{e\}$;
end

Wir müssen zeigen, dass der angegebene Algorithmus korrekt ist und nach endlich vielen Schritten anhält. Die Korrektheit ist gewährleistet, weil der Graph T nach Voraussetzung zu Beginn des Algorithmus zusammenhängend ist und diese Eigenschaft während des Algorithmus nach Lemma 2.21 erhalten bleibt. Der Algorithmus hält nach endlich vielen Schritten an, da die Kantenzahl von T bei jedem Durchlauf der while-Schleife um eins abnimmt und ein Graph ohne Kanten für $|V| \geq 2$ nicht zusammenhängend ist.

$\square$

Der vollständige Graph K_n ist sicherlich zusammenhängend. Nach dem eben bewiesenen Satz enthält er also mindestens einen Spannbaum. Genauer enthält er aber, für $n \geq 3$, mehrere Spannbäume, wie das folgende Beispiel zeigt.

BEISPIEL 2.23 Der vollständige Graph K_3 mit Knotenmenge $V = \{1, 2, 3\}$ enthält drei verschiedene Spannbäume:

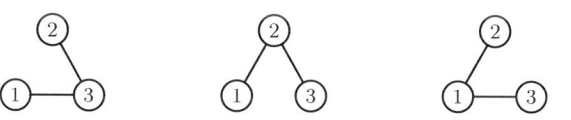

Wie viele Spannbäume enthält nun der K_n? Genauso viele, wie es Bäume auf n Knoten gibt. Hier müssen wir allerdings etwas aufpassen. Alle Spannbäume des K_3 haben dieselbe „Form", unterscheiden kann man sie nur anhand der „Namen" der Knoten. Man sagt auch, die Bäume sind zueinander *isomorph*. Interessiert man sich daher für die Anzahl Bäume auf n Knoten, so muss man sich entscheiden, ob man die Namen der Knoten berücksichtigen will (man spricht dann auch von *markierten* Bäumen) oder ob man nur die verschiedenen Formen zählen will (also die Anzahl nicht-isomorpher Bäume). Die entsprechenden Anzahlen unterscheiden sich bereits für kleine n recht stark:

Anzahl Bäume	$n = 2$	$n = 3$	$n = 4$	$n = 5$	$n = 6$	$n = 7$	$n = 8$
markiert	1	3	16	125	1296	16807	262144
nicht-isomorph	1	1	2	3	6	11	23

Obwohl es wesentlich mehr markierte Bäume gibt, ist es viel einfacher, ihre Anzahl zu bestimmen, als die der nicht-isomorphen Bäume. Der folgende klassischen Satz der Kombinatorik wurde erstmals von ARTHUR CAYLEY (1821–1895) bewiesen. Mittlerweile kennt man mehr als zwanzig verschiedene Beweise; unserer stammt von HEINZ PRÜFER (1896–1934).

Satz 2.24 *(Cayley) Für $n \geq 2$ Knoten gibt es genau n^{n-2} markierte Bäume.*

Beweis: Um den Satz zu beweisen, geben wir eine Bijektion zwischen den Bäumen mit Knotenmenge $[n]$ und den Wörtern der Länge $n - 2$ über dem Alphabet $[n]$ an. Wir bilden den Baum T auf das Wort $t_1 \ldots t_{n-2}$ ab, wobei $t_1 \ldots t_{n-2}$ durch das folgende Verfahren berechnet wird:

> Eingabe: Baum $T = (V, E)$ mit Knotenmenge $V = [n]$
> Ausgabe: Wort $t_1 \ldots t_{n-2}$ über dem Alphabet $[n]$
> $i \leftarrow 1$;
> **while** Anzahl Knoten $|V| > 2$ **do begin**
> > bestimme Blatt v im Baum T mit kleinster Markierung;
> > $t_i \leftarrow$ Nachbar von v im Baum T;
> > entferne v aus V und $\{v, t_i\}$ aus E;
> > $i \leftarrow i + 1$;
> **end**

Aus den beiden Lemmata 2.16 und 2.18 folgt sofort, dass dieses Verfahren tatsächlich ein Wort $t_1 \ldots t_{n-2}$ der Länge $n - 2$ über dem Alphabet $[n]$ erzeugt. In Erinnerung an den Entdecker dieses Beweises nennt man dieses vom Algorithmus erzeugte Wort $t_1 \ldots t_{n-2}$ den *Prüferkode* des Baumes T. Man beachte, dass der Prüferkode nach Konstruktion die Eigenschaft hat, dass jeder Knoten v genau $\deg(v) - 1$ mal in $t_1 \ldots t_{n-2}$ vorkommt.

Wir müssen noch zeigen, dass die so konstruierte Abbildung auch wirklich bijektiv ist. Dies tun wir, indem wir zeigen, dass es zu jedem Wort $t_1 \ldots t_{n-2} \in [n]^{n-2}$ einen eindeutig bestimmten Baum T gibt, der $t_1 \ldots t_{n-2}$ als Prüferkode hat. Den Baum T konstruieren wir wieder algorithmisch:

> Eingabe: Wort $t_1 \ldots t_{n-2}$ über dem Alphabet $[n]$
> Ausgabe: Baum $T = ([n], E)$
> $S \leftarrow \emptyset$;
> **for** i **from** 1 **to** $n - 2$ **do begin**
> > wähle kleinsten Knoten $s_i \in [n] \setminus S$, der nicht in $t_i \ldots t_{n-2}$ vorkommt;
> > füge die Kante $e_i := \{s_i, t_i\}$ in den Graphen ein;
> > $S \leftarrow S \cup \{s_i\}$;
> **end**
> füge die Kante $e_{n-1} := [n] \setminus S$ in den Graphen ein;

Die Korrektheit dieses Verfahrens wollen wir hier nur skizzieren. Die genaue Ausformulierung sei dem Leser als Übungsaufgabe überlassen. Für

$n = 2$ wird die for-Schleife nie durchlaufen. In der letzten Zeile des Algorithmus wird folglich korrekterweise $\{1, 2\}$ als einzige Kante in den Graphen eingefügt. Betrachten wir nun ein $n > 2$. Da im Prüferkode eines Baumes genau die Blätter nicht vorkommen, muss die kleinste im Prüferkode nicht vorkommende Zahl gleichzeitig das kleinste Blatt des Baumes sein. Dies rechtfertigt die Wahl von s_1 und der Kante $\{s_1, t_1\}$. In der Konstruktion des Prüferkodes wurde das kleinste Blatt nach Festlegung von t_1 gestrichen. Im Algorithmus wird dies dadurch realisiert, dass s_1 in die Menge S aufgenommen wird und somit im nächsten Schritt für die Wahl des kleinsten Blattes des Baumes mit Prüferkode $t_2 \ldots t_{n-2}$ nicht mehr in Betracht gezogen wird. $\qquad\square$

BEISPIEL 2.25 Wir betrachten wieder den Baum aus Beispiel 2.15. Das kleinste Blatt ist die 1, das erste Zeichen des Prüferkodes ist daher die 3. Nach Entfernen der 1 ist 2 das kleinste Blatt, das zweite Zeichen des Prüferkodes ist daher ebenfalls eine 3. Nach Entfernen der 2 ist jetzt 3 ein Blatt und das dritte Zeichen des Prüferkodes ist daher die 4. Auf die detaillierte Darstellung der weiteren Schritte wollen wir jetzt verzichten und nur noch das Ergebnis angeben: Der Prüferkode lautet 33446. Als nächstes überzeugen wir uns nun noch davon, dass der zweite Algorithmus für das Wort 33446 tatsächlich den Baum aus Beispiel 2.15 rekonstruiert. Dazu stellen wir den Ablauf des Algorithmus schematisch dar:

$$
\begin{array}{llll}
i = 1: & S = \emptyset, \, t_1 t_2 t_3 t_4 t_5 = 33446 & \Rightarrow & s_1 = 1, e_1 = \{1, 3\} \\
i = 2: & S = \{1\}, \, t_2 t_3 t_4 t_5 = 3446 & \Rightarrow & s_2 = 2, e_2 = \{2, 3\} \\
i = 3: & S = \{1, 2\}, \, t_3 t_4 t_5 = 446 & \Rightarrow & s_3 = 3, e_3 = \{3, 4\} \\
i = 4: & S = \{1, 2, 3\}, \, t_4 t_5 = 46 & \Rightarrow & s_4 = 5, e_4 = \{5, 4\} \\
i = 5: & S = \{1, 2, 3, 5\}, \, t_5 = 6 & \Rightarrow & s_5 = 4, e_5 = \{4, 6\} \\
\text{letzte Zeile:} & S = \{1, 2, 3, 4, 5\} & \Rightarrow & e_6 = \{6, 7\}
\end{array}
$$

Man überzeugt sich leicht davon, dass die Kanten $e_1, \ldots, e_6$ in der Tat genau den Baum aus Beispiel 2.15 bilden.

2.3 Breiten- und Tiefensuche

Aus dem vorigen Kapitel wissen wir, dass jeder zusammenhängende Graph einen Spannbaum enthält. Wir werden uns nun mit der Frage beschäftigen, wie man einen solchen Spannbaum effizient berechnet. Hierfür müssen wir uns zunächst überlegen, mit welchen Datenstrukturen man einen Graphen im Rechner darstellen kann.

2.3.1 Speicherung eines Graphen.

Die Knotenmenge V eines Graphen kann nach Definition eine beliebige endliche Menge sein. Also zum Beispiel auch $V = \{$*rot*, *schwarz*, *Apfel*,

Birne}. Für eine Repräsentation des Graphen im Rechner ist es allerdings sehr hilfreich, wenn die Knotenmenge aus natürlichen Zahlen besteht, also beispielsweise $V = [n]$. Im Folgenden wollen wir immer stillschweigend davon ausgehen. Erfüllt eine Knotenmenge diese Bedingung a priori nicht, so kann man sie durch zusätzliche Tabellierung einer bijektiven Abbildung $F : V \to [n]$ leicht in die gewünschte Form überführen.

Zwei wichtige Datenstrukturen zur Darstellung eines Graphen im Rechner sind Adjazenzmatrizen und Adjazenzlisten.

Die *Adjazenzmatrix* eines Graphen $G = (V, E)$ ist definiert als $A = (a_{uv})$ wobei $u, v \in V$. Ein Eintrag a_{uv} ist genau dann 1, wenn es im Graphen eine Kante zwischen dem Knoten u und dem Knoten v gibt:

$$a_{uv} := \begin{cases} 1, & \text{wenn } \{u, v\} \in E, \\ 0, & \text{sonst.} \end{cases}$$

Die Adjazenzmatrix eines Graphen ist natürlich symmetrisch.

Wenn Graphen in Form von *Adjazenzlisten* gespeichert werden, speichern wir für jeden Knoten eine Liste der zu ihm benachbarten (adjazenten) Knoten.

BEISPIEL 2.26 Die folgende Abbildung illustriert die Speicherung eines kleinen Graphen mit Adjazenzmatrix bzw. Adjazenzlisten:

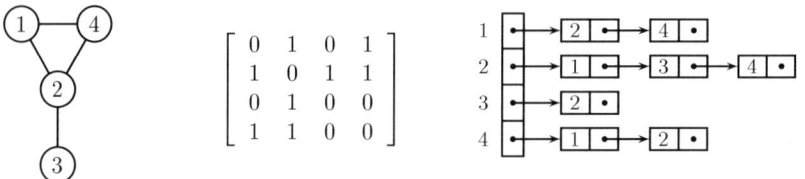

Beide Darstellungen haben Vor- und Nachteile. So ist der Platz, den eine Adjazenzmatrix im Speicher benötigt, proportional zu der Anzahl der Einträge in der Matrix, also proportional zu $|V|^2$. Die Adjazenzmatrix benötigt also einen Speicher der Größe $\Theta(|V|^2)$. Um einen Graphen mit einer Adjazenzliste zu speichern, benötigen wir für jeden Knoten einen Zeiger auf den Beginn seiner Liste. Zusätzlich speichern wir jede Kante genau zweimal: in den beiden Listen der Knoten, die durch die Kante verbunden werden. Insgesamt brauchen wir also für die Darstellung durch eine Adjazenzliste einen Speicherplatz von $\Theta(|V| + |E|)$, was für Graphen mit wenigen Kanten deutlich kleiner sein kann, als der für Adjazenzmatrizen benötigte Platz.

Wie verhalten sich die beiden Darstellungen, wenn wir testen wollen, ob eine Kante $\{u, v\}$ im Graphen enthalten ist oder nicht? Wenn der Graph als Adjazenzmatrix gespeichert ist, genügt es, sich den entsprechenden Eintrag a_{uv} der Matrix anzuschauen. Dies kann in konstanter Zeit durchgeführt werden. Wir brauchen also $O(1)$ Zeit für den Test, ob eine Kante im Graphen enthalten ist. Wenn der Graph in Form einer Adjazenzliste gespeichert ist, müssen wir hingegen im schlimmsten Fall zumindest die Liste eines der beiden Knoten u oder v ganz durchlaufen und testen, ob der andere Knoten darin enthalten ist. Am effizientesten realisiert man dies, indem man beide Listen abwechselnd durchläuft. So kann man sicherstellen, dass man in jedem Fall nur die kürzere der beiden Listen durchlaufen muss. Da die Liste eines Knotens x genau $\deg(x)$ viele Einträge enthält, benötigt dieses Verfahren also Zeit $O(\min\{\deg(u), \deg(v)\})$.

Betrachten wir noch eine weitere Operation: Wie lange dauert es, um alle Nachbarn eines Knotens v zu durchlaufen? Wenn der Graph als Adjazenzliste gespeichert ist, ist dies eine einfache Operation — es genügt, die Adjazenzliste des Knotens zu durchlaufen, und da diese Liste genau $\deg(v)$ Einträge enthält, brauchen wir $\Theta(\deg(v))$ Zeit. Wenn der Graph als Adjazenzmatrix gespeichert ist, bleibt uns nichts anderes übrig, als alle Einträge der dem Knoten entsprechenden Spalte anzuschauen und festzustellen, an welchen Stellen eine 1 bzw. eine 0 steht — wir brauchen also Zeit $\Theta(|V|)$.

Beide Datenstrukturen haben also Vor- und Nachteile. Welche man einsetzt, sollte man daher vom Kontext abhängig machen. Für die Algorithmen, die wir als nächstes vorstellen werden, empfiehlt sich die Verwendung von Adjazenzlisten.

2.3.2 Breitensuche

Die *Breitensuche* (engl. *breadth first search*) ist ein grundlegendes Verfahren, um alle Knoten eines Graphen zu durchlaufen. Bevor wir genauer auf den Algorithmus zur Breitensuche eingehen können, müssen wir jedoch zuerst kurz die Datenstruktur der *Warteschlange* (engl. *queue*) einführen: Eine Warteschlange Q ist eine Struktur, in die „hinten" neue Objekte eingefügt werden können. Das Einfügen von u in die Warteschlange wird als $Q.\text{INSERT}(u)$ geschrieben. Man kann sich unter dieser Operation zum Beispiel vorstellen, dass sich ein neuer Kunde hinten an der Warteschlange anstellt. Die Objekte in der Warteschlange warten darauf, bearbeitet zu werden. Um das „erste" Objekt (d.h. das Objekt, das schon am längsten in der Warteschlange wartet) zu bearbeiten, muss es zuerst aus der Warteschlange entfernt werden; dies geschieht durch $Q.\text{DEQUEUE}()$. Vor dem Entfernen eines Objektes sollte man mit der Operation $Q.\text{ISEMPTY}()$ sicherstellen, dass die Warteschlange mindestens ein Objekt enthält. Da $Q.\text{DEQUEUE}()$ die Objekte in der Reihenfolge ihrer Ankunft aus der Warteschlange entfernt, wird diese Datenstruktur oft als *FIFO*-Warteschlange bezeichnet (engl. *first in first out*).

Algorithmus 2.1 Breitensuche (BFS)

Eingabe: Graph $G = (V, E)$, Startknoten $s \in V$.

Ausgabe: Felder $d[v]$, $pred[v]$ mit $v \in V$.

for all $v \in V$ **do begin**
    if $v = s$ **then** $d[v] \leftarrow 0$ **else** $d[v] \leftarrow \infty$;
    $pred[v] \leftarrow nil$;
end
$Q \leftarrow$ **new** QUEUE;
Q.INSERT(s);
while not Q.ISEMPTY() **do begin**
    $v \leftarrow Q$.DEQUEUE();
    for all $u \in \Gamma(v)$ **do**
        if $d[u] = \infty$ **then begin**
            $d[u] \leftarrow d[v] + 1$;
            $pred[u] \leftarrow v$;
            Q.INSERT(u);
        end
end

Satz 2.27 *Die Breitensuche in einem Graphen $G = (V, E)$ hat eine Laufzeit von $O(|V| + |E|)$, wenn der Graph als Adjazenzliste gespeichert ist. Am Ende des Algorithmus gilt:*

1. *$d[v]$ ist die Länge eines kürzesten s-v-Pfades in G. Falls kein s-v-Pfad existiert, so gilt $d[v] = \infty$.*

2. *Falls G zusammenhängend ist, bilden die Kanten $\{v, pred[v]\}$, $v \in V \setminus \{s\}$, einen Spannbaum T mit der die Eigenschaft, dass für alle Knoten v der (eindeutige) s-v-Pfad in T ein kürzester s-v-Pfad in G ist.*

Beweis: Die behauptete Laufzeit des Algorithmus folgt aus der Tatsache, dass jede Kante höchstens zweimal betrachtet wird. Genauer: die „for all $u \in \Gamma(v)$ do" Schleife wird insgesamt $\sum_{v \in V} \deg(v) = 2|E|$ mal durchlaufen.

Um die beiden anderen Aussagen zu zeigen, überlegen wir uns zunächst, dass für alle Knoten $v \in V \setminus \{s\}$ mit $d[v] \neq \infty$ gilt: $d[v] = d[pred[v]] + 1 \geq 1$. Dies gilt, da es nur eine Stelle gibt, an der $d[v]$ auf einen endlichen Wert gesetzt werden kann, und dort wird auch $pred[v]$ entsprechend definiert. Startet man daher im Knoten v und läuft sukzessive die Kanten $\{v, pred[v]\}$ ab (also von v zu $pred[v]$, von dort zu $pred[pred[v]]$ usw.), so nimmt der d-Wert der besuchten Knoten in jedem Schritt um genau eins ab. Man erhält daher einen Pfad der Länge $d[v]$, der in einem Knoten mit d-Wert 0 enden muss. Da s der einzige Knoten mit d-Wert 0 ist, ist der so konstruierte Pfad also ein v-s-Pfad der Länge $d[v]$.

Um den Beweis der ersten Aussage abzuschließen, müssen wir noch zeigen, dass es für keinen Knoten $v \in V$ einen kürzeren v-s-Pfad gibt als den eben konstruierten. Dazu überlegen wir uns zunächst, dass sich die d-Werte der in der Warteschlange Q enthaltenen Knoten um höchstens eins unterscheiden und dass die Knoten mit den kleineren Werten vorne stehen. Dies gilt, da immer nur Knoten eingefügt werden, deren d-Wert um eins größer ist, als der d-Wert des zuletzt entnommenen Knotens. Insbesondere folgt daraus: Für alle Kanten $\{u, v\} \in E$ gilt $d[v] \leq d[u] + 1$. Denn entweder wurde $d[v]$ beim Durchlaufen der Nachbarn von u gesetzt (dann gilt $d[v] = d[u]+1$) oder $d[v]$ war zu diesem Zeitpunkt schon gesetzt. Dann wurde $d[v]$ aber beim Durchlaufen eines Knotens x mit $d[x] \leq d[u]$ gesetzt und es gilt daher $d[v] = d[x] + 1 \leq d[u] + 1$.

Betrachten wir nun für einen Knoten $v \in V$ einen beliebigen s-v-Pfad ($s = u_0, u_1, \ldots, u_k = v$). Dann folgt $d[v] = d[u_k] \leq d[u_{k-1}] + 1 \leq d[u_{k-2}] + 2 \leq \ldots \leq d[u_0] + k = d[s] + k = k$, womit die erste Aussage nun vollständig bewiesen ist.

Die zweite Aussage folgt daraus recht einfach. Da G zusammenhängend ist, gilt $d[v] < \infty$ für alle $v \in V$. Der sich aus den Kanten $\{v, pred[v]\}$ ergebende Graph T enthält also genau $|V| - 1$ Kanten. Da wir oben bereits gezeigt haben, dass T für jeden Knoten v einen v-s-Pfad enthält (der zudem auch ein kürzester v-s-Pfad in G ist), ist T auch zusammenhängend und nach Satz 2.19 und 2.22 also ein Baum. $\qquad\square$

BEISPIEL 2.28 Die folgende Abbildung zeigt den von einer im Knoten $s = 1$ gestarteten Breitensuche konstruierten Spannbaum T (durch fette Kanten dargestellt).

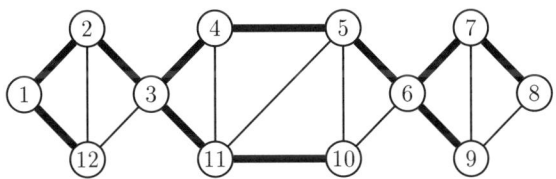

Für den Algorithmus haben wir angenommen, dass die Adjazenzlisten eines jeden Knotens aufsteigend sortiert sind und in der for all Schleife in dieser Reihenfolge durchlaufen werden.

Mit der Breitensuche kann man leicht testen, ob der Graph zusammenhängend ist. Man überprüft einfach am Ende, ob für alle Knoten $v \in V$ gilt, dass $d[v] < \infty$. Falls nicht, bilden zumindest alle Knoten mit $d[v] < \infty$ eine Zusammenhangskomponente. Eine zweite kann man dann bestimmen, indem man eine Breitensuche von einem Knoten s' mit $d[s'] = \infty$ neu startet.

Korollar 2.29 *Ist ein Graph $G = (V, E)$ als Adjazenzliste gespeichert, so können die Zusammenhangskomponenten in Zeit $O(|V| + |E|)$ bestimmt werden.* $\qquad\square$

Abschließend wollen wir noch einmal betonen, dass es für die Laufzeit-
abschätzungen (und die tatsächliche Laufzeit!) ganz wichtig ist, dass der
Graph über Adjazenzlisten gegeben ist und nicht nur über eine Adjazenzmatrix.

BEISPIEL 2.30 Betrachten wir einen Graphen $G = (V, E)$, in dem sich $|V|$ und $|E|$
in der Größenordnung von einigen Millionen bewegen. Eine Breitensuche mit Adjazenzlisten funktioniert hier noch sehr gut. Bei der Verwendung einer Adjazenzmatrix bereitet andererseits bereits das Abspeichern der Matrix Probleme.

2.3.3   Tiefensuche

Neben der Breitensuche ist die *Tiefensuche* (engl. *depth first search*) die am
häufigsten verwendete Methode, einen Graphen zu durchlaufen. Anstatt
wie bei der Breitensuche alle Nachbarn eines Knotens v zu markieren, läuft
man zunächst möglichst „tief" in den Graphen hinein. Die Tiefensuche ist
in Algorithmus 2.2 ausgeführt. Der Algorithmus verwendet einen *Stack* (auf
Deutsch auch *Stapel-* oder *Kellerspeicher*). Ähnlich wie bei einer Warteschlange Q kann ein Element u in einen Stack S eingefügt ($S.\text{PUSH}(u)$) und später
wieder entnommen werden ($S.\text{POP}()$) und mit $S.\text{ISEMPTY}()$ überprüft werden, ob der Stack leer ist. Im Gegensatz zur Warteschlange werden bei einem
Stack die Elemente jedoch nicht in der Reihenfolge entfernt, in der sie in den
Stack eingefügt wurden, sondern das zuletzt eingefügte Element wird als erstes entfernt. Stacks werden daher zuweilen auch als *LIFO*-Warteschlangen
bezeichnet (engl. *last in first out*).

Algorithmus 2.2 Tiefensuche (DFS)

Eingabe: Graph $G = (V, E)$, Startknoten $s \in V$.
Ausgabe: Feld $pred[v]$ mit $v \in V$.
for all $v \in V(G)$ **do** $pred[v] = nil$;
$S \leftarrow$**new** STACK;
$v \leftarrow s$;
repeat
    if $\exists u \in \Gamma(v) \setminus \{s\}$ mit $pred[u] = nil$ **then**
        $S.\text{PUSH}(v)$;
        $pred[u] \leftarrow v$;
        $v \leftarrow u$;
    else if not $S.\text{ISEMPTY}()$ **then**
        $v \leftarrow S.\text{POP}()$;
    else
        $v \leftarrow nil$;
until $v = nil$;

Den Beweis des folgenden Satzes, der wesentlich einfacher ist, als der Beweis des entsprechenden Satzes für die Breitensuche, überlassen wir dem Leser.

Satz 2.31 *Die Tiefensuche in einem Graphen $G = (V, E)$ hat eine Laufzeit von $O(|V| + |E|)$, wenn der Graph als Adjazenzliste gespeichert ist. Am Ende des Algorithmus gilt: Falls G zusammenhängend ist, so bilden die Kanten $\{v, pred[v]\}$ mit $v \in V \setminus \{s\}$ einen Spannbaum.* □

BEISPIEL 2.32 Die folgende Abbildung zeigt den von einer im Knoten $s = 1$ gestarteten Tiefensuche konstruierten Spannbaum T (durch fette Kanten dargestellt).

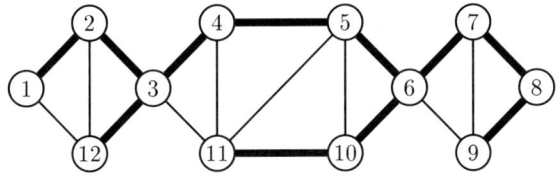

Für den Algorithmus haben wir angenommen, dass die Adjazenzlisten eines jeden Knotens aufsteigend sortiert sind und dass jeweils der erste zulässige Knoten der Liste gewählt wird.

Die Bedeutung der Tiefensuche liegt weniger in dem Verfahren an und für sich als darin, dass man diesen Algorithmus (mit geeigneten Modifikationen) auch zur Lösung verschiedener anderer Probleme benutzen kann. Ein solches Problem werden wir hier noch nennen, zwei weitere Anwendungsbeispiele werden uns in Abschnitt 2.5.1 begegnen.

Ein Knoten $a \in V$ eines zusammenhängenden Graphen $G = (V, E)$ heißt *Artikulationsknoten*, wenn G durch Entfernen von a in zwei oder mehr Zusammenhangskomponenten zerfällt.

BEISPIEL 2.33 In dem Graphen aus Beispiel 2.32 sind genau die Knoten 3 und 6 Artikulationsknoten.

Die Existenz von Artikulationsknoten zeigt an, dass der Graph in gewissem Sinne nur sehr schwach zusammenhängend ist. Stellt der Graph beispielsweise die Verbindungsstruktur eines Rechnernetzes dar, so impliziert die Existenz eines Artikulationsknotens, dass bereits der Ausfall eines einzigen Rechners zu erheblichen Kommunikationsstörungen führen kann. Gibt es andererseits keinen Artikulationsknoten, so sind durch den Ausfall eines Rechners zwar die Verbindungen zu diesem Rechner unterbrochen, alle anderen Rechner können aber nach wie vor miteinander kommunizieren.

Mit einigen Tricks lässt sich die Tiefensuche so modifizieren, dass sie en passant – und insbesondere weiterhin in Zeit $O(|V| + |E|)$ – feststellt, ob der Graph einen Artikulationsknoten enthält.

2.4   Wichtige Grapheigenschaften

In diesem Abschnitt werden wir einige wichtige Eigenschaften, die ein Graph haben kann, vorstellen und auf ihre Anwendungen eingehen.

2.4.1   Hamiltonkreise und Eulertouren

Betrachten wir das folgende Problem. Wir wollen den Graphen möglichst schnell so durchlaufen, dass dabei alle Knoten genau einmal besucht werden und wir uns danach wieder im Ausgangspunkt befinden. Als Anwendungsbeispiel kann man sich hier ein Rechnernetz vorstellen, in dem man im Hintergrund einen Prozess laufen lassen möchte, der zyklisch alle Knoten durchläuft und so für einen Informationsaustausch oder eine Synchronisation der Rechner sorgt. Gesucht ist hierfür ein Kreis, der alle Knoten des Graphen enthält. Erstmals wurde dieses Problem von WILLIAM HAMILTON (1805–1865) betrachtet. Hamilton war ein irisches Universalgenie: In seiner Jugend entwickelte er den Ehrgeiz, genauso viele Sprachen zu sprechen wie er Jahre alt war (dies hat er angeblich bis zu seinem 17ten Lebensjahr durchgehalten), schon vor Beendigung seines Studiums wurde er zum Königlichen Irischen Astronomen ernannt. Die nach ihm benannten Kreise untersuchte er im Zusammenhang mit einem von ihm entwickelten Geschicklichkeitsspiel.

Definition 2.34 *Ein* Hamiltonkreis *in einem Graphen* $G = (V, E)$ *ist ein Kreis, der alle Knoten von* V *genau einmal durchläuft. Enthält ein Graph einen Hamiltonkreis, so nennt man ihn* hamiltonsch.

BEISPIEL 2.35   Nicht jeder Graph enthält einen Hamiltonkreis. Für den Würfel Q_3 ist es nicht schwer einen Hamiltonkreis zu finden (durch fette Kanten symbolisiert).

Der rechts dargestellte, so genannte *Petersen-Graph*, benannt nach dem dänischen Mathematiker JULIUS PETERSEN (1839–1910), enthält andererseits keinen Hamiltonkreis.

Ein anderes, klassisches Anwendungsbeispiel ist das Problem des Handlungsreisenden (engl. Traveling Salesman Problem). Ein Vertreter möchte

zum Besuch seiner Kunden seine Rundreise möglichst effizient organisie-
ren. Stellt man sich hier die zu besuchenden Städte als Knoten eines Graphen vor und verbindet zwei Städte, wenn es eine direkte Flugverbindung
zwischen diesen beiden Städten gibt, so gibt es genau dann eine Rundreise durch alle Städte, bei der keine Stadt mehrfach besucht wird, wenn der
Graph einen Hamiltonkreis enthält. (Für realistischere Varianten dieses Problems versieht man die Kanten des Graphen noch mit Kosten und wird
dann nach einem Hamilitonkreis suchen, der die Gesamtkosten minimiert.)

Wie sieht es mit Algorithmen für das Finden eines Hamiltonkreises aus?
Leider ist dies ein sehr schwieriges Problem. RICHARD KARP hat 1972
bewiesen, dass das zugehörige Entscheidungsproblem „Gegeben ein Graph
$G = (V, E)$, enthält G einen Hamiltonkreis?" $\mathcal{NP}$-vollständig ist. Für die Definition und Bedeutung des Begriffs $\mathcal{NP}$-Vollständigkeit sei aus Platzgründen
auf die Einführungsvorlesungen zur Theoretischen Informatik verwiesen.
Gesagt sei hier nur, dass dies impliziert, dass man wohl keinen Algorithmus wird finden können, der entscheidet, ob ein Graph hamiltonsch ist und
dessen Laufzeit polynomiell in der Größe des Graphen (also in der Anzahl
Knoten und Kanten) ist.

Intuitiv ist es jedoch plausibel, dass die Existenz eines Hamiltonkreises um-
so wahrscheinlicher ist, je mehr Kanten der Graph hat. Erfüllt ein Graph
$G = (V, E)$ die Eigenschaft, dass jeder Knoten Grad mindestens $|V|/2$ hat,
so kann man sogar zeigen, dass der Graph in jedem Falle hamiltonsch sein
muss. Wir zeigen dies in einer allgemeineren Form.

Satz 2.36 *Erfüllt ein Graph $G = (V, E)$ die Bedingung*

$$\deg(x) + \deg(y) \geq |V| \qquad \text{für alle } x, y \in V \text{ mit } x \neq y \text{ und } \{x, y\} \notin E, \quad (2.1)$$

so enthält er einen Hamiltonkreis.

Beweis: (*durch Widerspruch*) Nehmen wir an, der Satz wäre falsch. Dann
gibt es mindestens einen Graphen $G = (V, E)$, der die Bedingung (2.1) erfüllt, aber keinen Hamiltonkreis enthält. Unter allen Gegenbeispielgraphen
mit Knotenmenge V wählen wir einen, für den $|E|$ maximal ist.

Da der K_n einen Hamiltonkreis enthält, ist G kein vollständiger Graph. G
enthält daher mindestens eine „Nichtkante", d.h. Knoten x, y mit $x \neq y$
und $\{x, y\} \notin E$. Wir wählen ein solches Paar beliebig und fügen $\{x, y\}$ als
zusätzliche Kante zum Graphen hinzu. Dadurch erhalten wir einen neuen
Graphen G', der offenbar ebenfalls die Bedingung (2.1) erfüllt. Und da wir G
als maximalen Gegenbeispielsgraphen gewählt haben, wissen wir, dass G'
einen Hamiltonkreis C enthält. Da G keinen Hamiltonkreis enthält, muss C
die Kante $\{x, y\}$ enthalten. Wir nummerieren die Knoten in C jetzt so durch,
dass gilt $C = (x = v_1, v_2, \dots, v_n = y)$

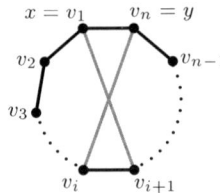

(die Erklärung für die grauen Kanten kommt später) und setzen

$$S := \{v_i \mid 1 \leq i < n, \{x, v_{i+1}\} \in E\} \text{ und}$$
$$T := \{v_i \mid 1 \leq i < n, \{y, v_i\} \in E\}.$$

Dann gilt $y = v_n \notin S \cup T$ und $|S \cup T| < |V| = n$. Da andererseits $|S| = \deg(x)$ und $|T| = \deg(y)$, kann dies wegen (2.1) nur gelten, wenn $|S \cap T| > 0$. Sei daher v_i ein beliebiger Knoten in $S \cap T$. Ersetzt man dann in C die beiden Kanten $\{x, y\}$ und $\{v_i, v_{i+1}\}$ durch $\{x, v_{i+1}\}$ und $\{y, v_i\}$, so erhält man wieder einen Hamiltonkreis und damit den gewünschten Widerspruch. $\square$

In obiger Formulierung garantiert der Satz nur die *Existenz* eines Hamiltonkreises. Aus dem Beweis sollte andererseits ersichtlich sein, dass man diesen auch effizient *konstruieren* kann. Man beginnt einfach mit dem vollständigen Graphen, wählt dort einen beliebigen Hamiltonkreis und entfernt dann sukzessive alle nicht zum Graphen gehörenden Kanten, wobei man den Hamiltonkreis jeweils wie im Beweis von Satz 2.36 so modifiziert, dass er die entfernte Kante nicht mehr enthält.

Eine andere Art „Kreis" in einem Graphen geht auf Euler zurück. LEONHARD EULER (1707–1783) war ein Schweizer Mathematiker, der den Großteil seines Lebens in St. Petersburg verbracht hat. Euler war einer der größten und produktivsten Mathematiker, die je gelebt haben. Er hat zu zahlreichen Gebieten der Mathematik und Physik bedeutende Beiträge geliefert. Im Jahre 1736 veröffentlichte er eine Arbeit, die sich mit dem Problem beschäftigte, ob es möglich sei, einen Rundgang durch Königsberg zu machen, bei dem man alle Brücken über die Pregel genau einmal überquert. Diese Arbeit gilt als Ursprung der Graphentheorie.

Definition 2.37 *Eine* Eulertour *in einem Graphen* $G = (V, E)$ *ist ein Weg, der jede Kante des Graphen genau einmal enthält und dessen Anfangs- und Endknoten identisch sind. Enthält ein Graph eine Eulertour, so nennt man ihn* eulersch.

Enthält G eine Eulertour, so ist der Grad $\deg(v)$ aller Knoten $v \in V$ gerade, denn aus jedem Knoten geht man genauso oft „hinein" wie „heraus". Es gilt sogar die Umkehrung.

Satz 2.38 (Euler) *Ein zusammenhängender Graph $G = (V, E)$ ist genau dann eulersch, wenn der Grad aller Knoten gerade ist.*

Beweis: Die eine Richtung haben wir bereits eingesehen. Für die andere skizzieren wir einen algorithmischen Beweis. Man wählt sich einen Knoten v_1 beliebig. Ausgehend von v_1 durchläuft man Kanten des Graphen in beliebiger Reihenfolge — mit der Einschränkung, dass man keine Kante mehr als einmal benutzt. Die Voraussetzung, dass alle Knotengrade gerade sind, garantiert, dass es zu jedem Knoten $\neq v_1$, den wir auf unserem Weg betreten, noch mindestens eine bislang unbenutzte Kante gibt, über die wir ihn wieder verlassen können. Der so konstruierte Weg W_1 muss daher irgendwann wieder in v_1 enden. Es könnte allerdings sein, dass wir dann noch nicht alle Kanten des Graphen durchlaufen haben. Da der Graph zusammenhängend ist, muss es in diesem Fall aber mindestens einen Knoten v_2 in W_1 geben, der zu einer noch unbenutzten Kante inzident ist. In diesem Knoten starten wir obigen Prozess erneut. Wir finden dann einen Weg W_2, der in v_2 beginnt und endet. Die beiden Wege W_1 und W_2 können wir jetzt zu einem neuen Weg verschmelzen, indem wir erst in W_1 das Teilstück von v_1 zu v_2 durchlaufen, dann nach W_2 überschwenken, diesen Weg komplett durchlaufen, und nach Rückkehr zu v_2 das verbliebene Teilstück von W_1 durchlaufen. Enthält der so gefundene Weg noch immer nicht alle Kanten, wählen wir analog zu v_2 einen Knoten v_3 und wiederholen obiges Verfahren so lange, bis der Weg alle Kanten des Graphen enthält. □

BEISPIEL 2.39 Wir betrachten zur Illustration dieses Verfahrens folgenden Graphen:

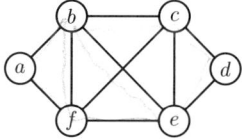

Wählen wir $v_1 = a$, so könnte man als Weg W_1 beispielsweise $W_1 = (a, b, e, f, a)$ finden. Der erste Knoten dieses Weges, der zu einer Kante inzident ist, die nicht zu W_1 gehört, ist $b = v_2$. Als Weg W_2 kann man dann $W_2 = (b, c, f, b)$ wählen. Die Verschmelzung von W_1 und W_2 führt zu dem Weg (a, b, c, f, b, e, f, a). Dieser enthält noch immer nicht alle Kanten. Wählt man $v_3 = c$ und $W_3 = (c, d, e, c)$, so erhält man die Eulertour $(a, b, c, d, e, c, f, b, e, f, a)$.

2.4.2 Planare Graphen

Formal ist ein Graph durch Angabe seiner Knoten- und Kantenmengen vollständig beschrieben. Eine anschaulichere Vorstellung erhält man andererseits meist erst dann, wenn man den Graphen zeichnet. Um die Zeichnung übersichtlich zu halten, wird man dabei versuchen, die Anzahl der

Schnittpunkte von Kanten möglichst gering zu halten. Besonders übersichtlich wird die Zeichnung, wenn man solche Überkreuzungen von Kanten
völlig vermeiden kann.

Definition 2.40 *Ein Graph heißt* planar, *wenn man ihn so zeichnen (man sagt
auch: in die Ebene einbetten) kann, dass sich keine Kanten kreuzen. Ein* ebener
Graph *ist ein planarer Graph zusammen mit seiner Darstellung in der Ebene.*

Streng mathematisch gesehen ist dies noch keine Definition. Dazu müssten
wir zuvor noch präzise definieren, was es heißt, einen Graphen zu „zeichnen" bzw. was „Kreuzungen" sind. Dies kann man tun, allerdings nicht ohne beträchtlichen Aufwand. Wir werden uns in diesem Kapitel daher mit
der Verwendung der aus der Anschauung offensichtlichen Begriffe und Tat-
sachen begnügen.

BEISPIEL 2.41 Betrachten wir zunächst vollständige Graphen. Für den K_4 findet
man leicht eine planare Einbettung. Für den K_5 andererseits werden sämtliche Ver-
suche ihn planar darzustellen spätestens an der letzten Kante fehlschlagen. Er ist
nicht planar. Als zweites Beispiel betrachten wir noch die so genannten *vollständig
bipartiten Graphen* $K_{m,n}$, die aus zwei Mengen mit m bzw. n Knoten bestehen, wobei
jeder Knoten in der ersten Menge zu jedem Knoten in der zweiten Menge benachbart
ist, während alle Knoten innerhalb der gleichen Menge untereinander nicht benachbart sind. Wieder gilt: Für den $K_{2,3}$ (und analog für $K_{2,n}$, n beliebig) findet man
leicht eine planare Einbettung, für den $K_{3,3}$ ist dies andererseits bereits nicht mehr
möglich.

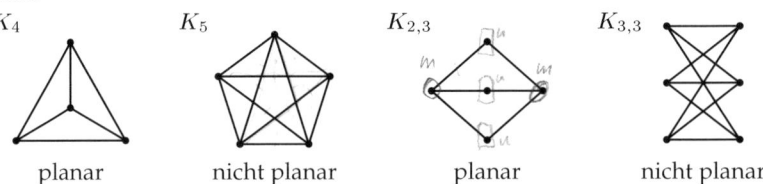

K_4 $\qquad\qquad$ K_5 $\qquad\qquad$ $K_{2,3}$ $\qquad\qquad$ $K_{3,3}$

planar $\qquad$ nicht planar $\qquad$ planar $\qquad$ nicht planar

Ebene Darstellungen planarer Graphen sind im Allgemeinen nicht eindeutig. Allerdings gelten gewisse Invarianten. Beispielsweise wird in jeder Darstellung die Anzahl der Gebiete gleich sein. (Für die Definition eines Gebie-
tes verwenden wir wiederum eine anschauliche Definition: die zusammenhängender Teile, die man erhält, wenn man die Ebene entlang der Kanten
zerschneidet.) Für den K_4 erhält man vier Gebiete (das äußere Gebiet zählt
man mit), unabhängig davon wie man ihn zeichnet. Allgemein gilt:

Satz 2.42 (Eulersche Polyederformel) *Sei* $G = (V, E)$ *ein zusammenhängender
ebener Graph. Dann gilt*

$$\#\text{Gebiete} = |E| - |V| + 2.$$

Beweis: Der Beweis erfolgt durch Induktion über die Anzahl der Kanten. Da G zusammenhängend ist, gilt sicherlich $|E| \geq |V| - 1$. Für die Induktionsverankerung müssen wir daher Graphen $G = (V, E)$ mit $|E| = |V| - 1$ betrachten. Nach Satz 2.19 und 2.22 ist jeder solche Graph G ein Baum. Da ein Baum keine Kreise enthält, beträgt die Anzahl der Gebiete in jeder Einbettung von G genau $1 = |E| - |V| + 2$.

Um auch den Induktionsschritt einzusehen, betrachten wir einen Graphen $G = (V, E)$ mit $|E| > |V| - 1$. Nach Satz 2.19 kann G kein Baum sein. Da G aber nach Voraussetzung zusammenhängend ist, impliziert dies, dass G einen Kreis C enthalten muss. Wir wählen eine beliebige Kante e aus C und entfernen diese aus E. In der Einbettung des Graphen trennt der Kreis C das Gebiet auf der linken Seite von e von dem auf der rechten Seite. Durch die Entfernung von e verschmelzen diese beide Gebiete zu einem. Die Anzahl der Gebiete nimmt also, ebenso wie die Anzahl Kanten, um genau eins ab. Da die eulersche Formel für den so entstandenen Graphen nach Induktionsannahme gilt, ist sie daher auch für den Graphen G richtig. $\square$

Aus der eulerschen Polyederformel kann man leicht eine obere Schranke für die Anzahl Kanten eines planaren Graphen ableiten.

Satz 2.43 *Für jeden planaren Graphen $G = (V, E)$ mit $|V| \geq 3$ Knoten gilt*

$$|E| \leq 3|V| - 6.$$

Beweis: Wir betrachten eine Einbettung von G. R seien die durch die Einbettung entstehenden Gebiete. Jedes Gebiet wird von mindestens 3 Kanten begrenzt und jede Kante begrenzt höchstens zwei Gebiete. Daraus folgt, dass $3|R| \leq 2|E|$. Und zusammen mit der eulerschen Formel erhalten wir

$$\frac{2}{3}|E| \geq |R| = |E| - |V| + 2.$$

Daraus folgt aber, dass

$$\frac{1}{3}|E| \leq |V| - 2.$$

Multiplizieren wir nun beide Seiten mit 3, so erhalten wir das gewünschte Resultat. $\square$

Aus Satz 2.43 folgt, dass der K_5 nicht planar ist. Der K_5 hat nämlich $\binom{5}{2} = 10$ Kanten aber nur 5 Knoten und $10 \not\leq 3 \cdot 5 - 6$. Mit einem ähnlichen Argument kann man zeigen, dass der $K_{3,3}$ nicht planar ist, siehe Übungsaufgabe 2.18.

Die beiden Graphen K_5 und $K_{3,3}$ sind in gewisser Weise die kleinsten nicht-planaren Graphen. Nicht-planare Graphen gibt es natürlich viele. Beispielsweise ist jeder Graph, der einen K_5 oder einen $K_{3,3}$ als Teilgraphen enthält, ebenfalls nicht planar. Auch wenn wir ein oder mehrere Kanten des K_5 oder des $K_{3,3}$ durch Pfade ersetzen, ist der dadurch entstehende Graph, den man auch als *Unterteilung* des K_5 bzw. des $K_{3,3}$ bezeichnet, ebenfalls nicht planar. Der polnischen Mathematiker KAZIMIERZ KURATOWSKI (1896–1980) konnte andererseits zeigen, dass wir damit auch schon alle Arten, einen nicht-planaren Graphen zu erzeugen, beschrieben haben.

Satz 2.44 (Kuratowski) *Ein Graph G ist genau dann planar, wenn er weder eine Unterteilung des K_5 noch des $K_{3,3}$ als Teilgraphen enthält.*   □

Bei den Anwendungen planarer Graphen in der Informatik (z.B. der Visualisierung von Strukturen oder Objekten) steht der algorithmische Aspekt im Vordergrund. In jedem einschlägigen Lehrbuch findet man Verfahren, die in Zeit $O(|V| + |E|)$ testen, ob ein Graph $G = (V, E)$ planar ist, und falls ja, diesen auch in die Ebene einbetten. Will man andererseits zusätzlich ästhetische Aspekte berücksichtigen, stößt man auf ein Forschungsgebiet, in dem noch zahlreiche Probleme ungelöst sind. Ein Grund hierfür ist, dass es schon schwierig ist, überhaupt zu beschreiben, was man gerne hätte. Zum Beispiel sind die folgenden vier Abbildungen alles planare Einbettungen des Würfels Q_3.

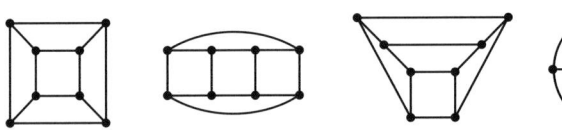

Welches hiervon die richtige, schönste oder anschaulichste ist, hängt vom Kontext und nicht zuletzt auch vom Geschmack des Betrachters ab.

2.4.3 Färben von Graphen

Viele in der Praxis auftauchende Probleme kann man darauf zurückführen, dass man in einem entsprechend definierten Graphen eine Partition der Knotenmenge findet, so dass Kanten nur noch zwischen Knoten in verschiedenen Klassen der Partition verlaufen. Im Mobilfunk erhält man so beispielsweise eine Zuordnung von Frequenzen zu Sendern, bei der benachbarte Sender verschiedene Frequenzen benutzen. Im Compilerbau verwendet man diesen Ansatz, um eine Zuordnung von Variablen auf die Register des Prozessors zu finden, so dass gleichzeitig verwendete Variablen nach Möglichkeit in verschiedenen Registern gespeichert werden.

Definition 2.45 *Eine* Knotenfärbung *(engl.* vertex colouring*) eines Graphen* $G = (V, E)$ *mit k Farben ist eine Abbildung $c : V \to [k]$, so dass gilt*

$$c(u) \neq c(v) \quad \text{für alle Kanten } \{u, v\} \in E.$$

Die chromatische Zahl *(engl.* chromatic number*) $\chi(G)$ ist die minimale Anzahl Farben, die für eine Knotenfärbung von G benötigt werden.*

BEISPIEL 2.46   Ein vollständiger Graph auf n Knoten hat chromatische Zahl n. Kreise gerader Länge haben chromatische Zahl 2, Kreise ungerader Länge haben chromatische Zahl 3.

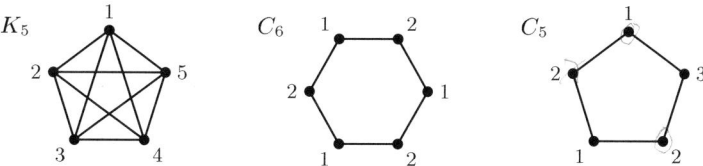

Bäume auf mindestens zwei Knoten haben immer chromatische Zahl 2. (Warum?)

Graphen mit chromatischer Zahl 2 nennt man *bipartit* (engl. *bipartite*). Die Motivation für diese Namensgebung sollte klar sein: Ein Graph $G = (V, E)$ ist genau dann bipartit, wenn man seine Knotenmenge V so in zwei Mengen A und B partitionieren kann, dass alle Kanten einen Knoten aus A mit einem Knoten aus B verbinden. Will man betonen, dass ein Graph bipartit mit Mengen A und B ist, so schreibt man dies auch als $G = (A \uplus B, E)$. Der folgende Satz stellt eine einfache, aber wichtige Charakterisierung bipartiter Graphen dar.

Satz 2.47 *Ein Graph $G = (V, E)$ ist genau dann bipartit, wenn er keinen Kreis ungerader Länge als Teilgraphen enthält.*

Beweis: Die eine Richtung folgt sofort aus Beispiel 2.46: Ungerade Kreise haben chromatische Zahl 3, sie können daher in einem bipartiten Graphen nicht enthalten sein. Die andere Richtung sieht man ebenfalls schnell ein. Man startet einfach in einem beliebigen Knoten s eine Breitensuche und färbt einen Knoten genau dann mit Farbe 1 (bzw. 2), wenn sein Abstand $d[v]$ zu s gerade (ungerade) ist. Da es keinen Kreis ungerader Länge gibt, kann es keine Kante geben, deren Endknoten dadurch die gleiche Farbe erhalten. $\square$

Ein klassisches Graphfärbungsproblem ist das Färben von politischen Landkarten, bei dem benachbarte Länder unterschiedliche Farben bekommen sollen. Historisch geht dieses Problem bis ins 19. Jahrhundert zurück. Lange wurde vermutet, dass für das Färben von Landkarten vier Farben immer ausreichen, aber erst 1977 wurde dieses so genannte Vierfarbenproblem von APPEL und HAKEN gelöst. Hierbei nimmt man an, dass das Gebiet eines jeden Landes zusammenhängend ist und dass Länder, die nur in einem einzigen Punkt aneinanderstoßen, gleich gefärbt werden dürfen. Es ist nicht schwer einzusehen, dass das Färben solcher Landkarten dem Färben von planaren Graphen entspricht: Repräsentiert man jedes Land durch einen Knoten und verbindet zwei Knoten genau dann durch eine Kante, wenn die entsprechenden Länder eine gemeinsame Grenze haben, so erhält man einen planaren Graphen.

Satz 2.48 *(Vierfarbensatz)* *Für jeden planaren Graphen G ist $\chi(G) \leq 4$.*

Der Beweis dieses Satzes ist sehr aufwendig. Er besteht aus einem theoretischen Teil, in dem das allgemeine Problem auf endlich viele Probleme reduziert wird, und einem Computerprogramm, das alle endlichen Fälle überprüft.

Wie kann man eine Färbung eines Graphen mit möglichst wenigen Farben bestimmen? Für bipartite Graphen genügt eine einfache Breitensuche. Für planare Graphen liefert der Beweis des Vierfarbensatzes einen Algorithmus mit Laufzeit $O(|V|^2)$, der planare Graphen mit höchstens vier Farben färbt. Im Allgemeinen ist das Färben von Graphen jedoch ein schwieriges Problem. Schon die scheinbar einfache Frage *„Gegeben ein Graph $G = (V, E)$, gilt $\chi(G) \leq 3$?"* ist $\mathcal{NP}$-vollständig. Das heißt aber, dass es (unter der Annahme $\mathcal{P} \neq \mathcal{NP}$) keinen Algorithmus gibt, der die chromatische Zahl in polynomieller Laufzeit berechnet. In der Praxis wird man sich daher mit Annäherungen an die optimale Lösung zufrieden geben müssen.

Der folgende Algorithmus berechnet eine Färbung, indem er die Knoten des Graphen in einer beliebigen Reihenfolge $v_1, v_2, \ldots, v_n$ besucht und dem aktuellen Knoten jeweils die kleinste Farbe zuordnet, die noch nicht für einen benachbarten Knoten verwendet wird. Da der Algorithmus sich in jedem Schritt lokal bestmöglich verhält, nennt man ihn auch Greedy-Algorithmus. Solche Typen von Algorithmen werden wir in Kapitel 4.1.3 noch eingehender studieren.

Es ist klar, dass der Algorithmus eine zulässige Färbung berechnet, denn die Farbe eines Knotens unterscheidet sich nach Konstruktion immer von den Farben seiner Nachbarn. Wie viele Farben verwendet der Algorithmus im schlimmsten Fall? Da jeweils die kleinste Farbe gewählt wird, die nicht schon für einen Nachbarknoten verwendet wird, tritt der schlimmste Fall ein, wenn die Nachbarknoten von v_i in den Farben $1, \ldots, \deg(v_i)$ gefärbt

---

Algorithmus 2.3 GREEDY-FÄRBUNG

Eingabe: Graph $G = (V, E)$, wobei $V = \{v_1 \ldots, v_n\}$.
Ausgabe: Färbung $c[v]$.

$c[v_1] \leftarrow 1$;
for i **from** 2 **to** n **do**
$\quad c[v_i] \leftarrow \min\{k \in \mathbb{N} \mid k \neq c(u) \text{ für alle } u \in \Gamma(v_i) \cap \{v_1, \ldots, v_{i-1}\}\}$;

---

sind. In diesem Fall bekommt der neue Knoten die Farbe $\deg(v_i) + 1$. Insgesamt werden vom Algorithmus also höchstens $\Delta(G) + 1$ Farben verwendet. Dabei bezeichnet $\Delta(G) := \max_{v \in V} \deg(v)$ den *maximalen Grad* eines Knotens in G. Für die Anzahl Farben $C(G)$, die der Algorithmus GREEDY-FÄRBUNG benötigt, um die Knoten des Graphen G zu färben, gilt somit

$$\chi(G) \leq C(G) \leq \Delta(G) + 1.$$

Die Anzahl Farben, die der Algorithmus tatsächlich verwendet, hängt im Allgemeinen stark von der Reihenfolge ab, in der die Knoten betrachtet werden. Es gibt beispielsweise immer eine Reihenfolge, bei der man mit $\chi(G)$ Farben auskommt (Übungsaufgabe 2.20). Es können jedoch auch deutlich mehr Farben nötig sein.

BEISPIEL 2.49 Betrachten wir den Graphen B_n mit $2n$ Knoten, der aus dem vollständigen bipartiten Graphen $K_{n,n}$ entsteht, indem man die Kanten zwischen gegenüberliegenden Knoten entfernt:

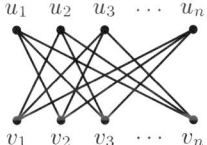

Da der Graph B_n bipartit ist, könnte er eigentlich mit zwei Farben gefärbt werden; der Greedy-Algorithmus benötigt aber bei jeder Anordnung der Knoten, bei der auf u_i stets v_i folgt, $n = \Delta(B_n) + 1$ Farben.

Ist G jedoch weder ein vollständiger Graph noch ein ungerader Kreis (für beide Graphklassen gilt $\chi(G) = \Delta(G) + 1$), so kann man aber zumindest immer eine Reihenfolge der Knoten finden, für die der Greedy-Algorithmus mit $\Delta(G)$ vielen Farben auskommt. Der Beweis dieses erstmals 1941 von R.L. BROOKS bewiesenen Satzes sprengt allerdings den Rahmen dieser Einführung.

Satz 2.50 (Brooks) *Es gibt einen Algorithmus, der Graphen $G = (V, E)$ in Zeit $O(|V| + |E|)$ so färbt, dass für die Anzahl $A(G)$ der verwendeten Farben gilt*

$$\chi(G) \leq A(G) \leq \begin{cases} \Delta(G) + 1 & \text{falls } G = K_n \text{ oder } G = C_{2n+1}, \\ \Delta(G) & \text{sonst.} \end{cases}$$

Zum Abschluss dieses Abschnitts wollen wir noch kurz ein anderes Färbungsproblem in Graphen betrachten.

Definition 2.51 *Eine* Kantenfärbung *(engl.* edge colouring*) mit k Farben ist eine Abbildung $c : E \to [k]$, so dass gilt*

$$c(e) \neq c(f) \quad \text{für alle Kanten } e, f \in E \text{ mit } e \cap f \neq \emptyset.$$

Der chromatischer Index *(engl.* chromatic index*) $\chi'(G)$ ist die minimale Anzahl Farben, die für eine Kantenfärbung von G benötigt werden.*

Da alle zu einem Knoten inzidenten Kanten in einer Kantenfärbung verschieden gefärbt werden müssen, gilt für jeden Graphen $\chi'(G) \geq \Delta(G)$. Das Entscheidungsproblem „*Gegeben ein Graph $G = (V, E)$, gilt $\chi'(G) = \Delta(G)$?"* ist allerdings bereits wieder $\mathcal{NP}$-vollständig. Und dies, obwohl man zeigen kann, dass der chromatische Index nur einen von zwei Werten annehmen kann: $\Delta(G)$ oder $\Delta(G) + 1$. Mehr noch, es gibt sogar einen Algorithmus, der immer mit höchstens einer Farbe mehr als nötig auskommt. Auf den Beweis des folgenden 1964 von VADIM G. VIZING bewiesenen Satzes müssen wir aus Platzgründen allerdings leider wieder verzichten.

Satz 2.52 (Vizing) *Es gibt einen Algorithmus, der die Kanten eines Graphen $G = (V, E)$ in Zeit $O(|V| \cdot |E|)$ so färbt, dass für die Anzahl $A(G)$ der verwendeten Farben gilt*

$$\Delta(G) \leq \chi'(G) \leq A(G) \leq \Delta(G) + 1.$$

2.4.4 Matchings in Graphen

Betrachten wir das folgende Zuordnungsproblem. Gegeben ist eine Menge von Rechnern mit verschiedenen Leistungsmerkmalen (Speicher, Geschwindigkeit, Plattenplatz, etc.) und eine Menge von Jobs mit unterschiedlichen Leistungsanforderungen an die Rechner. Gibt es eine Möglichkeit, die Jobs so auf die Rechner zu verteilen, dass alle Jobs gleichzeitig bearbeitet werden können? Graphentheoretisch können wir das Problem wie folgt formulieren: Wir symbolisieren jeden Job und jeden Rechner durch einen Knoten und verbinden einen Job mit einem Rechner genau dann, wenn der Rechner die Leistungsanforderungen des Jobs erfüllt. Gesucht ist dann eine Auswahl der Kanten, die jedem Job genau einen Rechner zuordnet und umgekehrt jedem Rechner höchstens einen Job. Eine solche Teilmenge der Kanten nennt man ein Matching des Graphen.

Definition 2.53 *Eine Kantenmenge $M \subseteq E$ heißt* **Matching** *in einem Graphen $G = (V, E)$, falls kein Knoten des Graphen zu mehr als einer Kante aus M inzident ist, oder formal ausgedrückt, wenn*

$$e \cap f = \emptyset \quad \text{für alle } e, f \in M \text{ mit } e \neq f.$$

Man sagt ein Knoten v wird von M überdeckt, falls es eine Kante $e \in M$ gibt, die v enthält. Ein Matching M heißt **perfektes Matching**, *wenn jeder Knoten durch genau eine Kante aus M überdeckt wird, oder, anders ausgedrückt, wenn $|M| = |V|/2$.*

BEISPIEL 2.54 Ein Graph enthält im Allgemeinen sehr viele Matchings. Beispielsweise ist $M = \{e\}$ für jede Kante $e \in E$ ein Matching. Die folgende Abbildung zeigt ein Matching (links) und ein perfektes Matching (Mitte).

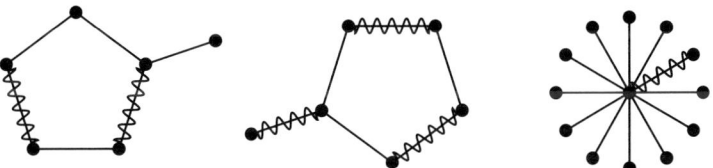

Nicht jeder Graph enthält jedoch ein perfektes Matching. Für Graphen mit einer ungeraden Anzahl an Knoten ist dies klar. Es gibt aber sogar Graphen mit beliebig vielen Knoten, deren größtes Matching aus einer einzigen Kante besteht. Dies sind die so genannten *Sterngraphen* (im Bild rechts), deren Kantenmenge genau aus den zu einem Knoten inzidenten Kanten besteht.

Wir werden uns in diesem Kapitel auf Matchings in bipartiten Graphen beschränken. Der folgende Satz von PHILIP HALL (1904–1982) gibt eine notwendige und hinreichende Bedingung an, unter der ein Matching in einem bipartiten Graphen existiert, das alle Knoten einer Partition überdeckt. Zur Formulierung des Satzes führen wir noch eine abkürzende Schreibweise für die *Nachbarschaft einer Knotenmenge $X \subseteq V$* ein:

$$\Gamma(X) := \bigcup_{v \in X} \Gamma(v).$$

Satz 2.55 (Hall) *Für einen bipartiten Graphen* $G = (A \uplus B, E)$ *gibt es genau dann ein Matching M der Kardinalität* $|M| = |A|$, *wenn gilt*

$$|\Gamma(X)| \geq |X| \quad \text{für alle } X \subseteq A. \tag{2.2}$$

Beweis: Wir beweisen zuerst die notwendige Bedingung (also die „⇒"-Richtung des Satzes). Sei M ein Matching der Kardinalität $|M| = |A|$. In dem durch M gegebenen Teilgraphen $H = (A \uplus B, M)$ hat jede Teilmenge $X \subseteq A$ nach Definition eines Matchings genau $|X|$ Nachbarn. Wegen $M \subseteq E$ gilt daher auch $|\Gamma(X)| \geq |X|$ für alle $X \subseteq A$.

Die hinreichende Bedingung (die „⇐"-Richtung) beweisen wir durch Widerspruch. Wir nehmen also an, es gibt einen Graphen $G = (A \uplus B, E)$, der die Bedingung (2.2) erfüllt, aber der kein Matching der Kardinalität $|A|$ enthält. Wir wählen uns nun ein beliebiges kardinalitätsmaximales Matching M in G. Da nach unserer Annahme $|M| < |A|$ gilt, gibt es mindestens einen Knoten, wir wollen ihn a_0 nennen, der von M nicht überdeckt wird. Wenden wir (2.2) für $X = \{a_0\}$ an, so sehen wir, dass a_0 mindestens einen Nachbarn in B hat. Wir wählen uns einen solchen beliebig und nennen ihn b_0. Ausgehend von a_0, b_0 konstruieren wir jetzt eine Folge von Knoten $a_i \in A$ und $b_i \in B$ wie folgt:

$k \leftarrow 0$;
while b_k wird von M überdeckt **do begin**
$\quad a_{k+1} \leftarrow$ Nachbar von b_k in M;
$\quad$ wähle einen beliebigen Knoten aus $\Gamma(\{a_0, \ldots, a_{k+1}\}) \setminus \{b_0, \ldots, b_k\}$
$\quad$ und nenne ihn b_{k+1};
$\quad k \leftarrow k + 1$;
end

Beachte, dass es wegen der Bedingung (2.2) in jeder Iteration der while-Schleife den Knoten b_{k+1} auch wirklich gibt. Jedem Knoten b_{k+1} ist nach Konstruktion zu mindestens einem Knoten in der Menge $\{a_0, \ldots, a_{k+1}\}$ benachbart. Die folgende Abbildung zeigt einen möglichen Ablauf des Algorithmus, der für $k = 8$ stoppt:

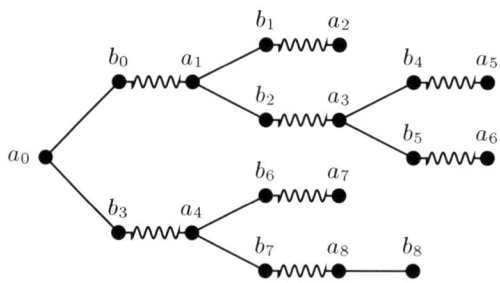

Die Abbildung verdeutlicht, dass es immer von a_0 zu dem letzten gefundenen Knoten, in unserem Beispiel also zu b_8, einen Pfad gibt, der abwechselnd aus Kanten besteht, die nicht zum Matching M gehören, und aus Kanten, die in M enthalten sind. Nach Konstruktion wissen wir zudem, dass sowohl a_0 also auch b_k nicht von M überdeckt werden. Daraus folgt aber, dass wir ein neues Matching M' wie folgt konstruieren können: Wir entfernen aus M alle Kanten des Pfades die zu M gehören und fügen stattdessen zu M alle Kanten des Pfades hinzu, die bislang nicht zu M gehört haben. (In obigem Beispiel würde man also die Kanten $\{b_3, a_4\}$ und $\{b_7, a_8\}$ aus M entfernen und dafür die Kanten $\{a_0, b_3\}$, $\{a_4, b_7\}$ und $\{a_8, b_8\}$ zu M hinzufügen.) Das so entstandene Matching M' enthält dann genau eine Kante mehr als das Matching M. Da wir M als kardinalitätsmaximales Matching gewählt haben, kann dies allerdings nicht sein. Wir haben also die Annahme, dass es in G kein Matching der Kardinalität $|A|$ gibt, zum gewünschten Widerspruch geführt. □

BEISPIEL 2.56 Den Satz von Hall findet man oft auch unter der Bezeichnung „Heiratssatz". Warum dies so ist, verdeutlicht die folgende Geschichte. Wenn die Menge A aus Prinzessinnen und die Menge B aus Rittern besteht und eine Kante jeweils bedeutet, dass die Prinzessin und der Ritter sich gerne sehen, so gibt der Satz von Hall die Bedingung an, die erfüllt sein muss, damit sich alle Prinzessinnen glücklich verheiraten können. Man beachte: Über die Vermählungschancen der Ritter wird dadurch noch nichts ausgesagt!

Korollar 2.57 *Sei G ein k-regulärer bipartiter Graph. Dann enthält G ein perfektes Matching und hat chromatischen Index $\chi'(G) = k$.*

Beweisskizze: Die erste Aussage zeigt man durch einfaches Nachprüfen der Bedingung 2.2. Die zweite Aussage folgt daraus leicht durch Induktion über k. □

Betrachten wir den Beweis von Satz 2.55 noch einmal genauer. Bei der Konstruktion des Matchings M' haben wir die Annahme, dass M ein kardinalitätsmaximales Matching war, nur insofern ausgenutzt, als dass uns dies die Existenz des Knotens a_0 garantiert hat. Mit anderen Worten, den Algorithmus aus dem Beweis von Satz 2.55 kann man auch verwenden, um aus jedem beliebigen Matching M mit $|M| < |A|$ ein neues Matching M' mit $|M'| = |M| + 1$ zu konstruieren. Insbesondere kann man also ausgehend von $M = \emptyset$ das Matching sukzessive solange vergrößern, bis es aus genau $|A|$ vielen Kanten besteht. Die Ausarbeitung der Details dieses Verfahrens sei dem Leser als Übungsaufgabe überlassen. Wir halten hier lediglich das Ergebnis fest.

Korollar 2.58 *Ist $G = (A \uplus B, E)$ ein bipartiter Graph, der die Bedingung (2.2) aus Satz 2.55 erfüllt, so kann man ein Matching M der Kardinalität $|M| = |A|$ in Zeit $O(|V| \cdot |E|)$ bestimmen.*   □

Den im Beweis von Satz 2.55 konstruierten Pfad $(a_0, b_0, \ldots, a_k, b_k)$ nennt man aus nahe liegenden Gründen einen *augmentierenden Pfad*. Die Idee, maximale Matchings mit Hilfe von solchen augmentierenden Pfaden zu konstruieren, lässt sich auch auf bipartite Graphen, die die Bedingung (2.2) nicht erfüllen, und sogar auch auf nicht bipartite Graphen übertragen. Allerdings sind die Algorithmen hierfür (zum Teil erheblich) komplizierter.

2.5 Gerichtete Graphen

Bisher haben wir nur ungerichtete Graphen betrachtet — die Kanten waren durch zweielementige Mengen von Knoten gegeben und es kam nicht darauf an, ob die Kante $\{u, v\}$ vom Knoten u zum Knoten v führte oder umgekehrt. Bei *gerichteten* Graphen sind die Kanten zusätzlich noch orientiert, eine Kante wird also nicht mehr durch eine zweielementige Menge, sondern durch ein geordnetes Paar dargestellt.

Definition 2.59 *Ein* gerichteter Graph *oder* Digraph *(engl.* directed graph *bzw.* digraph*) D ist ein Tupel (V, A), wobei V eine (endliche) Menge von Knoten ist und $A \subseteq V \times V$ eine Menge von gerichteten Kanten (engl.* arcs*).*

Man beachte den Unterschied in der Schreibweise von Kanten in ungerichteten und gerichteten Graphen. In einem ungerichteten Graphen ist eine Kante zwischen zwei Knoten u und v eine zweielementige Teilmenge von V und wir notieren sie daher in der üblichen Mengenschreibweise $\{u, v\}$. In gerichteten Graphen ist eine Kante hingegen ein Element des Kreuzproduktes $V \times V$. Entsprechend verwenden wir hier die Tupelschreibweise (u, v). Graphisch wird eine gerichtete Kante (u, v) als Pfeil von u nach v dargestellt.

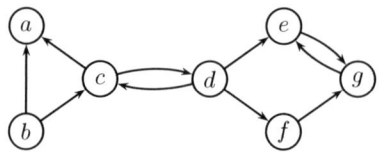

Analog zu ungerichteten Graphen kann man auch bei gerichteten Graphen Schleifen, also Kanten der Form (x, x), und/oder Mehrfachkanten zulassen. Mit der Ausnahme von Abschnitt 2.5.2 (wo wir Schleifen zulassen) werden wir solche Multigraphen in diesem Buch nicht betrachten. Man beachte aber, dass es bei gerichteten Graphen dennoch zwischen zwei Knoten x und y mehr als eine Kante geben kann, nämlich (x, y) und (y, x). Diese gelten nicht als Mehrfachkanten, denn es sind ja verschieden orientierte Kanten.

Die meisten Definitionen für Graphen lassen sich sinngemäß auch auf Digraphen übertragen. Wir werden im Folgenden jedoch nur einige davon näher betrachten.

2.5.1 Pfade, Kreise, Zusammenhang

Ein *gerichteter Weg* der Länge ℓ in einem Digraphen $D = (V, A)$ ist eine Folge $W = (v_0, \ldots, v_\ell)$ von Knoten aus V, so dass $(v_i, v_{i+1}) \in A$ für alle $i = 0, \ldots, \ell - 1$. Ein *gerichteter Pfad* ist ein gerichteter Weg, in dem alle Knoten paarweise verschieden sind. Ein *gerichteter Kreis* der Länge $\ell \geq 2$ in $D = (V, A)$ ist eine Folge $C = (v_1, \ldots, v_\ell)$ von ℓ paarweise verschiedenen Knoten, so dass $(v_i, v_{i+1}) \in A$ für alle $i = 1, \ldots, \ell - 1$ und $(v_\ell, v_1) \in A$.

Wie bestimmt man gerichtete s-v-Pfade? Ruft man sich nochmals die Abschnitte 2.3.2 und 2.3.3 in Erinnerung, so sieht man, dass sich Breiten- und Tiefensuche leicht auf gerichtete Graphen übertragen lassen. Der einzige Unterschied ist, dass man beim Durchlaufen der Nachbarschaft eines Knotens jeweils nur ausgehende Kanten betrachtet. Insbesondere gilt daher: mit der Breitensuche kann man in einem gerichteten Graphen $D = (V, A)$ für einen Knoten $s \in V$ in Zeit $O(|V| + |A|)$ kürzeste gerichtete s-v-Pfade zu allen Knoten $v \in V$ bestimmen.

Wie sieht es mit der Kreisfreiheit aus? Hier müssen wir aufpassen, denn a priori ist überhaupt nicht klar, was kreisfrei bedeuten soll. Betrachten wir hierzu die beiden Digraphen:

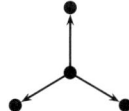 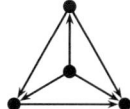

Der linke ist offensichtlich kreisfrei. Wie sieht es aber mit dem rechten aus? Ignorieren wir die Orientierung der Kanten, so enthält er Kreise. Andererseits enthält er aber keinen gerichteten Kreis. Solche Graphen haben einen eigenen Namen.

Ein gerichteter Graph $D = (V, A)$ heißt *azyklisch* (engl. *acyclic*), wenn er keinen gerichteten Kreis enthält. Azyklische gerichtete Graphen werden oft auch kurz als *DAG* bezeichnet, von engl. *Directed Acyclic Graph*.

*DAG*s (und nur diese) haben die schöne Eigenschaft, dass man ihre Knoten so nummerieren kann, dass alle Kanten vom kleineren zum größeren Knoten zeigen. Man nennt so eine Nummerierung auch *topologische Sortierung*. Wie findet man eine solche? Mit einer Tiefensuche, bei der wir die Nummern der topologischen Sortierung absteigend vergeben und jeden Knoten genau zu dem Zeitpunkt nummerieren, an dem er die Bedingung „$\exists u \in \Gamma(v) \setminus \{s\}$ mit $pred[u] = nil$" nicht mehr erfüllt.

BEISPIEL 2.60   Die folgende Abbildung zeigt einen *DAG* und eine Nummerierung seiner Knoten gemäß einer topologischen Sortierung.

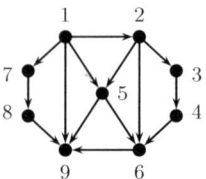

Jedem gerichteten Graphen kann man einen ungerichteten Graphen zuordnen, indem man die Orientierung der Kanten ignoriert (und ggf. entstehende Multikanten durch eine einzige Kante ersetzt). Diesen Graphen nennt man auch den *zugrunde liegenden* Graphen.

Bei der Übertragung einer Definition von Graphen auf Digraphen erhält man oft zwei verschiedene Definitionen, abhängig davon, ob man die Orientierung der Kanten berücksichtigt oder lediglich den zugrunde liegenden Graphen betrachtet.

Betrachten wir dies am Beispiel von u-v-Pfaden. Für zwei Knoten u und v kann man drei Fälle unterscheiden: a) es gibt einen gerichteten u-v-Pfad, b) es gibt keinen gerichteten u-v-Pfad, aber es gibt einen u-v-Pfad im zugrunde liegenden Graphen und c) es gibt überhaupt keinen u-v-Pfad.

Da der Zusammenhangsbegriff über die Existenz von u-v-Pfaden definiert ist, ergeben sich konsequenter Weise auch verschiedene Zusammenhangsbegriffe.

Definition 2.61 *Ein gerichteter Graph $D = (V, A)$ heißt* stark zusammenhängend *(engl.* strongly connected*), wenn für jedes Paar von Knoten $u, v \in V$ ein gerichteter u-v-Pfad existiert. Ein gerichteter Graph $D = (V, A)$ heißt* (schwach) zusammenhängend *(engl.* weakly connected*), wenn der zugrunde liegende Graph zusammenhängend ist.*

BEISPIEL 2.62   Die folgende Abbildung zeigt links einen schwach zusammenhängenden Digraphen, der nicht stark zusammenhängend ist (was daran zu erkennen ist, dass es keine Kante gibt, die vom rechten Dreieck zum linken gerichtet ist) und rechts einen stark zusammenhängenden Digraphen.

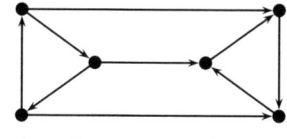
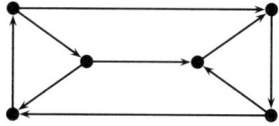

schwach zusammenhängend   stark zusammenhängend

Der Test, ob ein gerichteter Graph zusammenhängend ist, lässt sich natürlich mit einer normalen Breiten- oder Tiefensuche für den zugrunde liegenden Graphen durchführen. Etwas schwieriger wird es, wenn man testen will, ob ein Graph stark zusammenhängend ist. Ein ad hoc Ansatz besteht darin, dass man im Digraphen von *jedem* Knoten aus eine Breitensuche startet. Dies führt allerdings nur zu einem Verfahren mit Aufwand $O(|V| \cdot (|V| + |E|))$, was für sehr große Graphen nicht mehr praktikabel ist. Man kann jedoch zeigen, dass man sogar mit einer einzigen Tiefensuche auskommt. Dazu muss man diese allerdings etwas modifizieren – und zwar ähnlich wie zur Bestimmung eines Artikulationsknotens. Nach einigem Nachdenken sollte auch einleuchten, warum dies so möglich ist.

2.5.2 Relationen

Relationen und gerichtete Graphen sind zwei Seiten einer Medaille: Für jeden gerichteten Graphen $D = (V, A)$ ist A auch eine Relation auf der Menge V. Und umgekehrt definiert jede Relation $\mathcal{R}$ auf einer Menge S gemäß $D = (S, \mathcal{R})$ einen gerichteten Graphen (der allerdings Schleifen enthalten kann). Bei der Herleitung von Resultaten für Relationen ist es oft hilfreich, die Sprache der Graphentheorie zu benutzen.

Betrachten wir zwei Beispiele. Für eine partiell geordnete Menge haben wir in Abschnitt 1.4 den Begriff einer linearen Erweiterung definiert. Um eine solche effizient zu bestimmen, überlegt man sich einfach, dass jede partiell geordnete Menge einem azyklischen Digraphen oder *DAG* entspricht — und man eine lineare Erweiterung sofort aus der entsprechenden topologischen Sortierung des *DAG*s ablesen kann.

Die *transitive Hülle* $\mathcal{R}^+$ einer Relation $\mathcal{R}$ ist definiert als die kleinste transitive Relation, die $\mathcal{R}$ enthält. Wie bestimmt man die transitive Hülle? Ein einfaches Verfahren folgt unmittelbar aus der Definition:

```
R⁺ ← R;
while R⁺ nicht transitiv do begin
        wähle x, y, z mit (x, y), (y, z) ∈ R und (x, z) ∉ R;
        R⁺ ← R⁺ ∪ {(x, z)};
end
```

Wir fügen also so lange durch die Transitivitätsbedingung „erzwungene" Kanten hinzu, bis die so erhaltene Relation transitiv ist. Für Relationen auf einer endlichen Menge (und nur solche wollen wir hier betrachten) folgt die Terminierung dieses Verfahrens sofort aus der Tatsache, dass die while-Schleife höchstens $|V|^2$ oft durchlaufen werden kann (denn es gilt ja $|\mathcal{R}^+| \leq |V|^2$ und in jedem Durchlauf der while-Schleife wird eine Kante zu $\mathcal{R}^+$ hinzugefügt). Auch das Überprüfen der Bedingung „Ist $\mathcal{R}^+$ transitiv?" lässt sich in $O(|V|^2)$ realisieren (wie?). Insgesamt führt dies somit zu einem $O(|V|^4)$ Algorithmus zur Bestimmung der transitiven Hülle.

Es geht jedoch auch schneller. Den entsprechenden Algorithmus, benannt nach seinem Erfinder STEPHEN WARSHALL (*1935), formulieren wir in der Sprache der Graphentheorie. Die *transitive Hülle* $D^+ = (V, A^+)$ eines gerichteten Graphen $D = (V, A)$ ist definiert durch

$$A^+ := \{(x, y) \mid D \text{ enthält einen gerichteten } x\text{-}y\text{-Pfad}\}.$$

(Der Leser überzeuge sich davon, dass diese Definition genau der entsprechenden Definition für Relationen entspricht!)

Um die transitive Hülle eines gerichteten Graphen $D = (V, A)$ zu berechnen, nehmen wir der Einfachheit halber an, dass die Knotenmenge V aus den ersten n natürlichen Zahlen besteht, also $V = [n]$. Weiter definieren wir

$$W_k[i, j] := \begin{cases} 1, & \text{falls es in } D \text{ einen gerichteten } i\text{-}j\text{-Pfad gibt, der als} \\ & \text{innere Knoten nur Knoten aus } \{1, \ldots, k\} \text{ verwendet.} \\ 0, & \text{sonst.} \end{cases}$$

Beachte: Für $k = n$ ist die Menge $\{1, \ldots, k\}$ identisch mit der gesamten Knotenmenge V. Die Bedingung „*als innere Knoten nur Knoten aus* $\{1, \ldots, k\}$" stellt also in diesem Fall keine Einschränkung dar und es gilt somit

$$A^+ = \{(i, j) \in V \times V \mid W_n[i, j] = 1\}.$$

Für $k = 0$ ist die Menge $\{1, \ldots, k\}$ leer. $W_0[i, j]$ ist daher genau dann gleich 1, wenn $(i, j) \in A$. Für $k > 0$ ist nach Definition $W_k[i, j]$ genau dann gleich 1, wenn es einen gerichteten i-j-Pfad gibt, der als innere Knoten nur Knoten aus $\{1, \ldots, k\}$ verwendet. Für solch einen Pfad gibt es zwei Möglichkeiten: Entweder ist er ein gerichteter i-j-Pfad, der den Knoten k nicht enthält (und als innere Knoten somit nur Knoten aus $\{1, \ldots, k-1\}$ enthält), oder er setzt sich aus einem gerichteten i-k-Pfad und einem gerichteten k-j-Pfad zusammen (wobei beide Pfade als innere Knoten nur Knoten aus $\{1, \ldots, k-1\}$ enthalten). Es gilt also

$$W_k[i, j] = \max\{W_{k-1}[i, j], W_{k-1}[i, k] \cdot W_{k-1}[k, j]\}.$$

Überlegt man sich nun noch, dass für alle i, j, k gilt $W_{k-1}[i, k] = W_k[i, k]$ und $W_{k-1}[k, j] = W_k[k, j]$, so sollte die Korrektheit des Algorithmus von Warshall unmittelbar klar sein. Wir halten daher nur noch das Ergebnis fest.

Algorithmus 2.4 Transitive Hülle: Der Algorithmus von Warshall

---

Eingabe: Digraph $D = (V, A)$ wobei $V = [n]$.
Ausgabe: Transitive Hülle $D^+ = (V, A^+)$.

for i **from** 1 **to** n **do**
    for j **from** 1 **to** n **do**
        $W[i, j] \leftarrow$ **if** $(i, j) \in A$ **then** 1 **else** 0
for k **from** 1 **to** n **do**
    for i **from** 1 **to** n **do**
        for j **from** 1 **to** n **do**
            $W[i, j] \leftarrow \max\{W[i, j], W[i, k] \cdot W[k, j]\}$
$A^+ \leftarrow \{(i, j) \in V \times V \mid W[i, j] = 1\}$

Satz 2.63 *Der Algorithmus von Warshall berechnet zu einem gerichteten Graphen* $D = (V, A)$ *in Zeit* $O(|V|^3)$ *dessen transitive Hülle.* □

2.5.3 Wurzelbäume

In der Informatik begegnen einem oft Darstellungen von Bäumen der Form

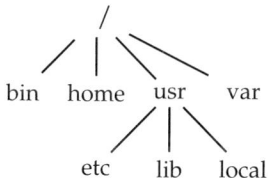

Auf den ersten Blick sieht dies wie ein Baum gemäß Definition 2.14 aus. Bei genauerer Betrachtung fällt aber ein wichtiger Unterschied auf: der Knoten mit der Bezeichnung / ist nicht irgendein beliebiger Knoten des Baumes, sondern ein besonderer. In der Abbildung wird dies dadurch zum Ausdruck gebracht, dass er als oberster Knoten gezeichnet wurde. Solche Bäume bezeichnet man als *Wurzelbäume*. (Traditionell werden Wurzelbäume in der Informatik so gezeichnet, dass ihre Wurzel oben zu liegen kommt und nicht etwa unten wie bei den biologischen Namensgebern. Warum dies so ist, sollte jedem Leser spätestens beim Zeichnen des ersten größeren Baumes klar werden.)

Definition 2.64 *Ein* Wurzelbaum *(engl.* rooted tree*) ist ein Tupel* (T, v)*, wobei* $T = (V, E)$ *ein (ungerichteter) Baum ist und* $v \in V$ *ein Knoten, den man auch als* Wurzel *des Baumes bezeichnet.*

Auch wenn man sie mit Hilfe ungerichteter Graphen definiert, so sind Wurzelbäume doch eigentlich gerichtete Graphen. Die Orientierung der Kanten lässt man der Übersichtlichkeit halber jedoch weg, da sie aus der Lage der Wurzel ohnehin leicht ablesbar ist.

In einem Baum gibt es zwischen je zwei Knoten genau einen Pfad. In einem Wurzelbaum gibt es entsprechend von jedem Knoten x genau einen Pfad zur Wurzel. Alle von x verschiedenen Knoten dieses Pfades nennt man *Vorgänger* von x. Der zu x benachbarte Knoten dieses Pfades heißt *unmittelbarer Vorgänger* (zuweilen auch *Vater* oder *Elter*) von x. Alle Knoten, deren Pfad zur Wurzel den Knoten x enthält, heißen *Nachfolger* von x. Ein zu x benachbarter Nachfolger heißt *unmittelbarer Nachfolger* (zuweilen auch *Sohn* oder *Kind*) von x. Diese und einige weitere Begriffe sind in der folgenden Abbildung graphisch erläutert.

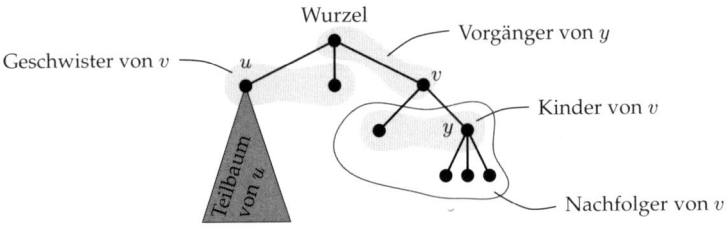

Ein *Binärbaum* ist ein Wurzelbaum, in dem jeder Knoten höchstens zwei unmittelbare Nachfolger hat. Ein *vollständiger Binärbaum* ist ein Binärbaum, in dem jeder innere Knoten genau zwei unmittelbare Nachfolger hat und alle Blätter den gleichen Abstand zur Wurzel haben.

Vollständige Binärbäume lassen sich im Rechner unter Verwendung eines Feldes leicht abspeichern. Um dies einzusehen, nummerieren wir die Knoten des Baumes ebenenweise von links nach rechts:

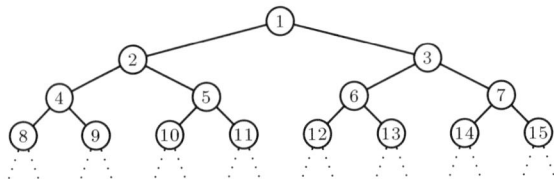

Man stellt leicht fest, dass diese Nummerierung der Knoten des Binärbaumes die folgende Eigenschaft hat:

Für einen Knoten mit Nummer i hat sein linkes Kind die Nummer $2i$, sein rechtes Kind die Nummer $2i + 1$ und sein Vater die Nummer $\lfloor \frac{i}{2} \rfloor$.

Speichern wir daher den i-ten Knoten an der i-ten Position eines Feldes $a[\,]$, so erhalten wir damit eine effiziente und platzsparende Realisierung eines vollständigen binären Baumes. Verwendet wird diese unter anderem bei der Implementierung von HeapSort, einem effizienten Sortierverfahren.

Abschließend wollen wir noch ein anderes Beispiel für die Verwendung von Binärbäumen betrachten. Ein Suchbaum ist ein binärer Baum bei dem die (direkten) Nachfolger eines Knotens geordnet sind, man also zwischen einem linken und einem rechten Nachfolger unterscheiden kann. Zusätzlich fordert man, dass die Knotenmenge V eine linear geordneten Menge ist und die Knoten so in den Baum eingefügt sind, dass für alle inneren Knoten v gilt:

- Alle Knoten im linken Unterbaum von v sind kleiner oder gleich v.
- Alle Knoten im rechten Unterbaum von v sind größer oder gleich v.

BEISPIEL 2.65 Die folgende Abbildung zeigt zwei verschiedene Suchbäume für die Knotenmenge $\{1, 3, 5, 8, 11, 12, 14, 20\}$ bzgl. der üblichen $\leq$ Ordnung:

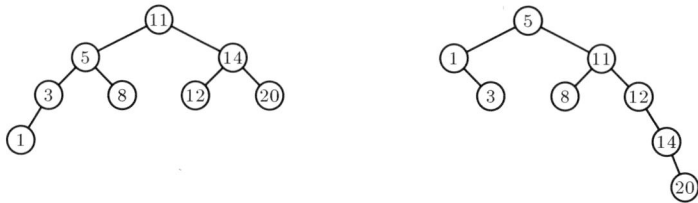

Man beachte, dass Suchbäume eine sehr strikte Bedingung über die relative Anordnung der Knoten zueinander erfüllen. Dennoch gibt es zu einer gegebenen Knotenmenge sehr viele verschiedene Suchbäume, vgl. Übungsaufgabe 4.26. Suchbäume verwendet man, wie der Name bereits andeutet, um Teilmengen S einer linear geordneten Menge U derart zu speichern, dass man Anfragen der Form „Gilt $x \in S$?" möglichst effizient beantworten kann. Man überlegt sich leicht, dass es zur Beantwortung solch einer Frage genügt, den Pfad von der Wurzel bis zum Knoten x (bzw., falls x nicht im Baum enthalten ist, zu der Position, an der x stehen müsste) zu durchlaufen. Die maximale Laufzeit für eine Anfrage ist somit proportional zur Tiefe des Suchbaums. Die „Kunst" beim Anlegen von Suchbäumen besteht daher darin, diese so balanciert wie möglich zu halten. Hierfür gibt es viele verschiedene Realisierungen, für deren Darstellung sei aber auf die entsprechenden Lehrbücher verwiesen.

Übungsaufgaben

2.1˙ Beweisen oder widerlegen Sie: Jeder Graph mit $n \geq 2$ Knoten enthält mindestens zwei Knoten mit gleichem Grad.

2.2   Beweisen oder widerlegen Sie: Ein Graph $G = (V, E)$ ist genau dann ein Baum, wenn jeder Knoten Grad mindestens 1 hat und für die Summe aller Knotengrade gilt $\sum_{v \in V} \deg(v) = 2(|V| - 1)$.

2.3   Zeigen Sie: Ein Baum $T = (V, E)$ hat genau $2 + \sum(\deg(v) - 2)$ viele Blätter, wobei die Summe über alle Knoten $v \in V$ läuft mit $\deg(v) \geq 3$.

2.4⁻   Wie viele verschiedene Graphen auf der Knotenmenge $\{1, \ldots, n\}$ gibt es?

2.5   Zeigen Sie, dass jeder Baum $T = (V, E)$ mit $\deg(v) \neq 2$ für alle $v \in V$ und $|V| \geq 3$ einen Knoten $v_0 \in V$ enthält, der zu mindestens zwei Blättern benachbart ist.

2.6   Sei $d_1, \ldots, d_n \in \mathbb{N}$ eine Folge positiver natürlicher Zahlen. Zeigen Sie, dass es genau dann einen Baum mit Knotenmenge $V = \{v_1, \ldots, v_n\}$ und $\deg(v_i) = d_i$ gibt, wenn $\sum_{i=1}^{n} d_i = 2n - 2$.

2.7   Beschreiben Sie ein Verfahren, mit dem man für jeden Graphen $G = (V, E)$ in Zeit $O(|V|)$ feststellen kann, ob G ein Baum ist.

2.8   Wie viele Spannbäume enthält der Graph, der aus dem K_n entsteht, indem man eine beliebige Kante entfernt?

2.9   Bestimmen Sie die Anzahl der Spannbäume in einem vollständigen Graphen auf 10 Knoten, in denen jeder Knoten einen ungeraden Grad hat.

2.10⁻   Wie viele Kreise der Länge r enthält der vollständige Graph K_n?

2.11   Beweisen oder widerlegen Sie: Enthält ein 3-regulärer Graph ein perfektes Matching, so enthält er auch einen Hamiltonkreis.

2.12   Beweisen oder widerlegen Sie: Enthält ein 3-regulärer Graph einen Hamiltonkreis, so hat er chromatischen Index 3.

2.13   Beweisen oder widerlegen Sie: In jedem eulerschen Graphen gibt es eine Menge von Kreisen $C_1, \ldots, C_k$, so dass jede Kante des Graphen in genau einem Kreis liegt.

2.14   Eine *offene Eulertour* in einem Graphen ist ein Weg, der jede Kante des Graphen genau einmal enthält und dessen Anfangs- und Endknoten verschieden sind. Stellen Sie eine notwendige und hinreichende Bedingung dafür auf, dass ein Graph eine offene Eulertour enthält. Überprüfen Sie Ihr Ergebnis an den beiden folgenden Graphen:

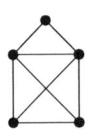 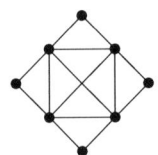

2.15⁻   Drei Versorgungsbetriebe (Strom, Wasser, Gas) sollen drei Häuser bedienen. Alle Leitungen müssen ebenerdig verlaufen und dürfen sich nicht überschneiden. Ist das möglich?

2.16 Ein ebener Graph besteht aus 9 Knoten mit Grad k und teilt die Ebene in 11 Gebiete auf. Bestimmen Sie k.

2.17 Beweisen Sie: In jedem planaren Graphen $G = (V, E)$ mit $|V| \geq 4$ gibt es mindestens 4 Knoten vom Grad höchstens 5.

2.18 Beweisen Sie: Für jeden dreiecksfreien planaren Graphen $G = (V, E)$ mit $|V| \geq 3$ Knoten gilt $|E| \leq 2|V| - 4$. Folgern Sie daraus, dass der $K_{3,3}$ nicht planar ist. (Ein Graph heißt *dreiecksfrei*, wenn er keinen K_3 als Teilgraphen enthält.)

2.19 Beweisen oder widerlegen Sie: Ein planarer, dreiecksfreier Graph besitzt einen Knoten v mit $\deg(v) \leq 3$.

2.20 Zeigen Sie, dass es für jeden Graphen $G = (V, E)$ eine Reihenfolge der Knoten gibt, für die der Greedy-Algorithmus genau $\chi(G)$ Farben verwendet.

2.21⁻ Bestimmen Sie für jedes $n \geq 2$ einen Graphen G mit $\chi(G) \leq 2$ und $\chi'(G) = n$.

2.22 Beweisen oder widerlegen Sie: Für jeden k-regulären Graphen G gilt: $\chi'(G) = k$.

2.23 Beweisen oder widerlegen Sie: Ein Baum enthält höchstens ein perfektes Matching.

2.24 Wie viele verschiedene perfekte Matchings enthält der K_{2n}?

2.25⁺ Beweisen oder widerlegen Sie: Für jeden bipartiten Graph $G = (A \uplus B, E)$ gilt:
$$\max\{|M| \mid M \text{ Matching in } G\} = |A| - \max\{|X| - |\Gamma(X)| \mid X \subseteq A\}.$$

2.26 Sei $n \geq 2$. Bestimmen Sie das kleinste m, so dass gilt: Jeder Graph mit n Knoten und m Kanten ist zusammenhängend.

2.27 Sei T ein Baum auf n Knoten, in dem kein Knoten Grad 2 hat. Zeigen Sie, dass für die Länge d eines längsten Pfades in T gilt: $d \leq \frac{n}{2}$.

2.28 Beweisen Sie, dass ein vergleichsbasierter Algorithmus zur Bestimmung des Maximums von n Elementen mindestens $n - 1$ Vergleiche benötigt.

2.29 Sei $G = (V, E)$ ein zusammenhängender Graph, der kein Baum ist, und $v \in V$ ein Knoten. In v werden DFS und BFS gestartet, die zwei Spannbäume $T_D = (V, E_D)$ und $T_B = (V, E_B)$ von G erzeugen. Beweisen oder widerlegen Sie: Der Graph $(V, E_D \cup E_B)$ enthält einen Kreis.

2.30 Der Knesergraph $KG(n, k)$ mit Parametern n und k ist wie folgt definiert. Die Knotenmenge besteht aus allen k-elementigen Teilmengen der Menge $[n]$ und je zwei solcher Teilmengen sind genau dann durch eine Kante verbunden, wenn sie disjunkt sind. Wie viele Kanten enthält der Knesergraph $KG(n, k)$?

2.31 Es sei $G = (V, E)$ ein dreiecksfreier Graph (vgl. Aufgabe 2.18). Beweisen Sie: a) Ist $|V| = 2n$, so gilt $|E| \leq n^2$. b) Ist $|V| = 2n$ und $|E| = n^2$, so ist G der vollständige bipartite Graph $K_{n,n}$.

2.32⁺ Sei $G = (V, E)$ ein Graph, der keinen C_4 als Teilgraphen enthält. Zeigen Sie: $|E| \leq \frac{1}{2\sqrt{2}}|V|^{3/2} + \frac{1}{2}|V|$.

2.33 Sei $T = (V, E)$ ein Baum mit $|V| = n$. Wie viele verschiedene Färbungen mit λ Farben hat T?

2.34⁻ Zeigen Sie: Ist $G = (V, E)$ ein k-regulärer Graph, dann gilt $\chi(G) \geq \lceil |V|/(|V| - k)\rceil$.

2.35⁺ Entwickeln Sie einen Algorithmus, der für einen planaren Graphen $G = (V, E)$ in Zeit $O(|V|)$ eine Knotenfärbung mit höchstens 6 Farben bestimmt. (Hinweis: Verwenden Sie Aufgabe 2.17.)

2.36 Eine *Brücke* in einem zusammenhängenden Graphen $G = (V, E)$ ist eine Kante $e \in E$, so dass der Graph $(V, E \setminus \{e\})$ nicht mehr zusammenhängend ist. Beweisen oder widerlegen Sie: Ein Graph, in dem alle Knoten geraden Grad haben, enthält keine Brücke.

Zahlentheorie und Arithmetik

Es gibt keine Frage, die nicht schließlich auf Zahlen reduzierbar ist. Diese Aussage des französischen Wissenschaftstheoretikers AUGUSTE COMTE (1798–1857) hat sich mittlerweile weitestgehend bewahrheitet: Alles was mit Computern berechenbar ist, wird letztendlich auf eine binäre Darstellung mit den Zahlen 0 und 1 zurückgeführt. Für die Entwicklung der zugehörigen Programme ist es allerdings schon ein erheblicher Unterschied, ob man numerische Verfahren zur Lösung von Differentialgleichungen für Wettervorhersagen oder Crashsimulationen entwerfen soll, oder ob Protokolle für die Datenübertragung in Rechnernetzen oder den Einkauf in einem elektronischen Warenhaus benötigt werden. Während im ersten Fall der Umgang mit reellen Zahlen unumgänglich ist, stehen im zweiten Fall Algorithmen für ganze Zahlen im Mittelpunkt: Kodiert man ein „A" wie im ASCII-Kode durch 01000001, so kann man es auch mit der Dezimalzahl 65 identifizieren. Der Wert 65,5 entspricht andererseits natürlich keinem Buchstaben.

Die Zahlentheorie beschäftigt sich mit Aussagen über ganze Zahlen. In diesem Kapitel werden wir zunächst einige wichtige Begriffe aus der elementaren Zahlentheorie zusammenstellen. Etliche davon dürften dem Leser bereits aus der Schule bekannt sein. Im zweiten Teil des Kapitels beschäftigen wir uns dann mit Polynomen. Hier werden wir insbesondere sehen, dass sich viele Eigenschaften und Algorithmen leicht von ganzen Zahlen auf Polynome übertragen lassen. Zwei Ausblicke über Datenübertragungsprotokolle und kryptographische Verfahren illustrieren abschließend die Bedeutung der vorgestellten Theorien für die Informatik.

3.1 Primzahlen

Seien $a, b \in \mathbb{Z}$. Man sagt a *teilt* b bzw. b ist durch a *teilbar*, geschrieben $a \mid b$, falls es eine ganze Zahl $k \in \mathbb{Z}$ gibt, so dass $b = ka$. Man nennt a dann auch einen *Teiler* von b und b ein *Vielfaches* von a. Ist a kein Teiler von b, so schreibt man dies auch als $a \nmid b$. Der *größte gemeinsame Teiler* (engl. *greatest common divisor*) von a und b ist definiert als die größte natürliche Zahl, die sowohl a als auch b teilt:

$$\mathrm{ggT}(a, b) := \max\{k \in \mathbb{N} \mid k \text{ teilt } a \text{ und } k \text{ teilt } b\}.$$

Analog definiert man das *kleinste gemeinsame Vielfache* (engl. *least common multiple*) von a und b als die kleinste natürliche Zahl, die sowohl von a als auch von b geteilt wird:

$$\mathrm{kgV}(a, b) := \min\{k \in \mathbb{N} \mid a \text{ teilt } k \text{ und } b \text{ teilt } k\}.$$

Jede Zahl $a \in \mathbb{Z}$ besitzt mindestens zwei positive Teiler: die 1 und a selbst. Natürliche Zahlen $p \in \mathbb{N}$, $p \geq 2$, für die 1 und p die einzigen positiven Teiler sind, nennt man *Primzahlen*. Man beachte: die 1 ist nach Definition keine Primzahl. Die ersten 30 Primzahlen lauten daher:

2	3	5	7	11	13	17	19	23	29	31	37	41	43	47
53	59	61	67	71	73	79	83	89	97	101	103	107	109	113

Der nächste Satz drückt trotz seines hochtrabenden Namens lediglich eine Tatsache aus, die den meisten Lesern schon aus der Schule bekannt sein dürfte.

Satz 3.1 (Fundamentalsatz der Arithmetik) *Jede Zahl $n \in \mathbb{N}$, $n \geq 2$, lässt sich eindeutig als Produkt von Primzahlen darstellen:*

$$n = p_1^{e_1} \cdot p_2^{e_2} \cdot \ldots \cdot p_k^{e_k},$$

wobei $p_1 < p_2 < \ldots < p_k$ Primzahlen sind und $e_1, e_2, \ldots, e_k \in \mathbb{N}$.

Beweis: Die *Existenz* folgt einfach durch Induktion über n. Für $n = 2$ ist die Behauptung offenbar richtig. Für den Induktionsschritt betrachten wir eine beliebige Zahl $n > 2$ und zeigen, dass sich n in der gewünschten Form als Produkt von Primzahlpotenzen schreiben lässt. Falls n eine Primzahl ist, so ist dies klar. Ansonsten gibt es eine natürliche Zahl m mit $1 < m < n$, die n teilt. Also $n = km$ für ein geeignetes $k \in \mathbb{N}$. Da m größer als 1 ist, muss k kleiner als n sein. Die Induktionsannahme lässt sich also auf k und m anwenden, d.h. sowohl k als auch m und damit auch $n = km$ lassen sich als Produkt von Primzahlpotenzen schreiben.

Für den Beweis der *Eindeutigkeit* nehmen wir an, dass es für ein $n \in \mathbb{N}$ zwei verschiedene Darstellungen gibt, und führen diese Annahme zum Widerspruch. Sei also

$$p_1^{e_1} \cdot p_2^{e_2} \cdot \ldots \cdot p_k^{e_k} = n = q_1^{f_1} \cdot q_2^{f_2} \cdot \ldots \cdot p_\ell^{f_\ell}, \tag{3.1}$$

wobei die p_i und q_i Primzahlen sind mit $p_1 < p_2 < \ldots < p_k$ und $q_1 < q_2 < \ldots < q_\ell$ und $e_i, f_i \in \mathbb{N}$. Wenn die beiden Darstellungen verschieden sind, so gibt es mindestens eine Primzahl p, die auf der linken und rechten Seite von (3.1) verschieden oft (d.h. mit verschiedenen Exponenten) auftritt. Kürzen wir die gemeinsamen Potenzen von p auf beiden Seiten, so bleibt auf einer der beiden Seiten mindestens ein Faktor p übrig, auf der anderen aber nicht. Dies bedeutet aber, dass p ein Produkt von von p verschiedenen Primzahlen teilen muss, was nicht sein kann. $\square$

In der Kryptographie spielen Primzahlen eine sehr wichtige Rolle. Fast alle derzeit verwendeten Verfahren basieren in der ein oder anderen Form darauf, dass man bei der Erzeugung der geheimen Kodierungsschlüssel Primzahlen verwendet. Für die Sicherheit der Verfahren ist es allerdings wichtig, dass die verwendeten Primzahlen sehr groß sind: Die Verwendung von tausendstelligen Primzahlen ist heutzutage keine Seltenheit mehr.

Wir wollen uns zunächst einmal davon überzeugen, dass so große Primzahlen überhaupt existieren. Dazu zeigen wir, dass es sogar unendlich viele Primzahlen gibt. Da es für jede natürliche Zahl k nur endlich viele k-stellige Zahlen gibt, folgt daraus auch sofort, dass es für jedes $k \in \mathbb{N}$ unendlich viele Primzahlen gibt, die mindestens k-stellig sind.

Satz 3.2 *Es gibt unendlich viele Primzahlen.*

Beweis: (*durch Widerspruch*) Nehmen wir an, es gäbe nur endlich viele Primzahlen. Diese bezeichnen wir mit $p_1, \ldots, p_k$. Dann ist das Produkt dieser Zahlen wieder eine natürliche Zahl und wir setzen

$$n = 1 + \prod_{i=1}^{k} p_i. \tag{3.2}$$

Nach Satz 3.1 kann man n als Produkt von Primzahlen darstellen. Da es nach Annahme nur die Primzahlen $p_1, \ldots, p_k$ gibt, gilt also

$$n = p_1^{e_1} \cdot p_2^{e_2} \cdot \ldots \cdot p_k^{e_k}, \qquad \text{für geeignete } e_1, \ldots, e_k \in \mathbb{N}_0. \tag{3.3}$$

Wegen $n > 1$ muss mindestens eines der e_i verschieden von Null sein. Sei daher i_0 ein Index mit $e_{i_0} \geq 1$. Nach (3.2) gilt dann $p_{i_0} \mid (n-1)$. Nach (3.3) gilt wegen $e_{i_0} \geq 1$ auch $p_{i_0} \mid n$. Da p_{i_0} als Primzahl größer gleich zwei ist, kann dies nicht sein. $\square$

Wir haben eben gezeigt, dass es unendlich viele Primzahlen gibt. Man kann jedoch darüber hinaus sogar ziemlich genau abschätzen, wie viele Primzahlen es gibt. Um dies etwas präziser zu formulieren, bezeichnen wir mit $\pi(n)$ die Anzahl Primzahlen kleiner gleich n. Dann gilt:

Satz 3.3 (Primzahlsatz) *Für alle $n \in \mathbb{N}$ gilt:*

$$\pi(n) = (1 + o(1)) \cdot \frac{n}{\ln(n)}.$$

Der Beweis des Primzahlsatzes ist alles andere als trivial und wir verweisen den Leser daher auf die einschlägigen Lehrbücher über Zahlentheorie.

Die Bedeutung der Primzahlen für die Kryptographie haben wir oben schon angeführt. Wie findet man nun aber (große) Primzahlen? Ein einfaches Verfahren hierfür, das so genannte *Sieb des Eratosthenes*, geht auf den Griechen ERATOSTHENES (ca. 276-194 v.Chr.) zurück. Man schreibt alle Zahlen von 2 bis n auf und wendet dann den folgenden Algorithmus an:

> **for** i **from** 2 **to** $\sqrt{n}$ **do begin**
>   Falls i ungestrichen, streiche alle Vielfachen $2i, 3i, \ldots$ von i.
> **end**

Die am Ende übrig gebliebenen ungestrichenen Zahlen sind dann genau die Primzahlen kleiner gleich n.

BEISPIEL 3.4   Wir bestimmen alle Primzahlen kleiner gleich $n = 100$. Gestrichen werden alle Vielfachen von Primzahlen kleiner gleich $\sqrt{n} = 10$, also alle Vielfachen von $2, 3, 5$ und 7. Führt man dies durch, so erhält man die folgende Tabelle, aus der man ablesen kann, dass $\pi(100) = 25$ ist:

2	3	~~4~~	5	~~6~~	7	~~8~~	~~9~~	~~10~~	11	~~12~~	13	~~14~~	~~15~~	~~16~~	17	~~18~~	19	~~20~~	
~~21~~	~~22~~	23	~~24~~	~~25~~	~~26~~	~~27~~	~~28~~	29	~~30~~	31	~~32~~	~~33~~	~~34~~	~~35~~	~~36~~	37	~~38~~	~~39~~	~~40~~
41	~~42~~	43	~~44~~	~~45~~	~~46~~	47	~~48~~	~~49~~	~~50~~	~~51~~	~~52~~	53	~~54~~	~~55~~	~~56~~	~~57~~	~~58~~	59	~~60~~
61	~~62~~	~~63~~	~~64~~	~~65~~	~~66~~	67	~~68~~	~~69~~	~~70~~	71	~~72~~	73	~~74~~	~~75~~	~~76~~	~~77~~	~~78~~	79	~~80~~
~~81~~	~~82~~	83	~~84~~	~~85~~	~~86~~	~~87~~	~~88~~	89	~~90~~	~~91~~	~~92~~	~~93~~	~~94~~	~~95~~	~~96~~	97	~~98~~	~~99~~	~~100~~

Für kleine n's funktioniert dieses Verfahren gut. Für große n's erhält man allerdings sehr schnell Effizienzprobleme. Bei der Bestimmung einer tausendstelligen Primzahl ist beispielsweise bereits das Abspeichern der Zahlen von 1 bis $\sqrt{n}$ ein unüberwindliches Hindernis.

In der Praxis kommen daher andere Verfahren zum Einsatz. Dafür überlegen wir uns zunächst, dass der Primzahlsatz garantiert, dass im Schnitt jede $\ln(n)$-te Zahl eine Primzahl ist. Da der Logarithmus eine sehr langsam wachsende Funktion ist (beispielsweise ist $\ln(2^{1000})$ noch immer deutlich kleiner als 1000) genügt es daher, Verfahren zu betrachten, die von einer vorgegebenen Zahl testen, ob sie eine Primzahl ist oder nicht. Dann probiert man sukzessive einige ungerade Zahlen in der gewünschten Größenordnung durch und wird im Schnitt recht schnell fündig. Die derzeit effizientesten Primzahltester sind so genannte randomisierte Verfahren. Was darunter genau zu verstehen ist, werden wir im zweiten Band (Diskrete Strukturen II — Wahrscheinlichkeitstheorie und Statistik) kennen lernen. Dort werden wir auch ein entsprechendes Primzahltestverfahren vorstellen.

3.2 Modulare Arithmetik

In einem Rechner werden Zahlen in Speicherplätzen fester Wortlänge gespeichert. Addiert man zwei Zahlen, so kann es passieren, dass das Ergebnis zu groß wird. Speichert man in solch einem Fall nur die niederwertigsten Bits des Ergebnisses, so entspricht dies mathematisch gesehen einer Addition modulo 2^w, wobei w die verwendete Wortlänge ist.

In diesem Abschnitt werden wir einige Eigenschaften der modularen Arithmetik zusammenstellen. Verwendet wird diese unter anderem bei Hashfunktionen, siehe weiter unten in diesem Abschnitt, in der Kryptographie, siehe Abschnitt 3.5, und bei der Konstruktion endlicher Körper und der Kodierungstheorie, vgl. Abschnitt 5.4 und 5.4.4.

3.2.1 Definitionen und Beispiele

Seien a und b ganze Zahlen und $m \geq 2$ eine positive ganze Zahl. Man sagt, *a ist kongruent zu b modulo m*, geschrieben

$$a \equiv b \pmod{m},$$

genau dann, wenn $a-b$ durch m teilbar ist. Anschaulich kann man sich diese Definition auch wie folgt merken: Zwei Zahlen a und b sind genau dann kongruent modulo m, wenn man a aus b durch Addieren oder Subtrahieren eines Vielfachen von m erhalten kann.

Man überzeugt sich leicht davon, dass die so definierte Relation $\equiv$ für jedes $m \in \mathbb{Z}, m \geq 2$ eine Äquivalenzrelation auf der Menge $\mathbb{Z}$ definiert. Betrachtet man die Division mit Rest

$$a = \lfloor \tfrac{a}{m} \rfloor \cdot m + r \qquad \text{für ein } r \in \{0, 1, \dots, m-1\},$$

so erkennt man zudem sofort, dass die Relation $\equiv$ die Menge $\mathbb{Z}$ in genau m viele Äquivalenzklassen partitioniert und dass $\mathbb{Z}_m := \{0, 1, \dots, m-1\}$

ein Repräsentantensystem ist. Den zu einer Zahl $a \in \mathbb{Z}$ gehörenden Repräsentanten $r \in \mathbb{Z}_m$ schreibt man auch als a mod m. Man beachte die Unterschiede in der Schreibweise: a mod m bezeichnet den Rest von a modulo m. Hingegen bedeutet $a \equiv b \pmod{m}$, dass die Differenz von a und b durch m teilbar ist, d.h. a und b denselben Rest modulo m haben. Insbesondere gilt daher $a \equiv b \pmod{m}$ dann und nur dann, wenn a mod $m = b$ mod m.

Im folgenden Lemma fassen wir einige grundlegende Regeln der Modulo-Rechnung zusammen.

Lemma 3.5 *Für alle $a, b, c, d, m \in \mathbb{Z}$ mit $m \geq 2$ gilt: Aus*

$$a \equiv b \pmod{m} \quad und \quad c \equiv d \pmod{m}$$

folgt

$$a + c \equiv b + d \pmod{m} \quad und \quad a \cdot c \equiv b \cdot d \pmod{m}.$$

Beweis: Aus $a \equiv b \pmod{m}$ folgt nach Definition, dass es ein $t \in \mathbb{Z}$ mit $a - b = tm$ geben muss. Analog folgt aus $c \equiv d \pmod{m}$ die Existenz eines $t' \in \mathbb{Z}$ mit $c - d = t'm$. Daraus folgt dann aber sofort $(a+c)-(b+d) = (t+t')m$ und somit auch $a + c \equiv b + d \pmod{m}$. Auch die zweite Behauptung rechnet man leicht nach: $ac - bd = a(t'm + d) - (a - tm)d = (at' + dt)m$. $\square$

Man beachte, dass die Umkehrung der Aussage des Lemmas im Allgemeinen nicht gilt. Insbesondere folgt aus $a \cdot c \equiv b \cdot c \pmod{m}$ nicht notwendigerweise $a \equiv b \pmod{m}$.

BEISPIEL 3.6   Für $m = 6$, $a = 1$, $b = 4$ und $c = 2$ gilt $1 \cdot 2 \equiv 4 \cdot 2 \pmod{6}$, aber nicht $1 \equiv 4 \pmod{6}$.

Kürzen ist nur erlaubt, wenn c und m teilerfremd sind. Zwei Zahlen heißen *teilerfremd*, wenn wenn ihr größter gemeinsamer Teiler gleich Eins ist.

Lemma 3.7 *Für alle $a, b, c, m \in \mathbb{Z}$ mit $m \geq 2$ und $ggT(c, m) = 1$ gilt*

$$a \cdot c \equiv b \cdot c \pmod{m} \quad \Longrightarrow \quad a \equiv b \pmod{m}.$$

Beweis: Die Behauptung folgt ganz einfach durch zweimalige Anwendung der Definition. Aus $ac \equiv bc \pmod{m}$ folgt, dass m ein Teiler von $(a - b)c$ ist. Wegen $ggT(c, m) = 1$ folgt daraus aber, dass m bereits $a - b$ teilen muss, was gleichbedeutend mit $a \equiv b \pmod{m}$ ist. $\square$

BEISPIEL 3.8 Ein bekanntes *Teilbarkeitskriterium* besagt: Eine Zahl ist genau dann durch 3 teilbar, wenn ihre Quersumme durch 3 teilbar ist. Um die Korrektheit dieser Aussage nachzuweisen, formulieren wir sie zunächst etwas exakter. Sei eine Zahl n in ihrer Dezimaldarstellung $a_k \ldots a_1 a_0$ angegeben. Dann ist zu zeigen:

$$n = \sum_{i=0}^{k} a_i 10^i \equiv 0 \pmod 3 \qquad \Longleftrightarrow \qquad \sum_{i=0}^{k} a_i \equiv 0 \pmod 3. \qquad (3.4)$$

10^i hat für alle $i \in \mathbb{N}_0$ den Dreierrest 1. Davon kann man sich mit Hilfe der binomischen Formel leicht überzeugen: $10^i = (9 + 1)^i = \sum_{j=0}^{i} \binom{i}{j} \cdot 9^j \cdot 1^{i-j}$. Für $j > 0$ sind die Summanden alle durch 9 und damit insbesondere durch 3 teilbar. Also gilt $10^i \equiv \binom{i}{0} \cdot 9^0 \cdot 1^i = 1 \pmod 3$. Aus Lemma 3.5 folgt daher $a_i \equiv 10^i a_i \pmod 3$ und durch anschließende Summation auch $\sum_{i=0}^{k} a_i 10^i \equiv \sum_{i=0}^{k} a_i \pmod 3$, womit (3.4) gezeigt ist.

Zum Abschluss dieses Abschnittes wollen wir uns noch anhand einiger praktischer Beispiele von der Bedeutung der Modulo-Rechnung überzeugen.

Zufallszahlengeneratoren. Die meisten Leser werden schon einmal vor dem Problem gestanden haben, einen Testdatensatz für ein Programm zu erzeugen. Falls keine realen Daten vorliegen, verwendet man hier gerne eine Methode, bei der ein Datensatz zufällig erzeugt wird. In den meisten Programmiersprachen lässt sich dies durch Aufruf eines entsprechenden Zufallszahlengenerators einfach realisieren; in C++ beispielsweise durch Aufruf von `nrand48()`. Was aber verbirgt sich hinter so einem Aufruf? Die genaue Spezifizierung und die Realisierung guter Zufallszahlengeneratoren ist eine Wissenschaft für sich. In der Praxis hat sich die so genannte *lineare Kongruenzenmethode* gut bewährt. Sie beruht auf folgendem einfachen Prinzip. Ausgehend von einem Startwert x_0, der entweder zu Beginn der Programmausführung auf einen festen Wert gesetzt wird oder in Abhängigkeit von Datum und/oder Uhrzeit initialisiert wird, berechnet man Werte x_n sukzessiv durch eine einfache Modulo-Rechnung:

$$x_{n+1} = a x_n + c \bmod m.$$

Die Qualität des Zufallszahlengenerator hängt davon ab, ob die x_n's möglichst „zufällig" verteilt sind. Wie man so etwas beurteilt, werden wir im zweiten Band des vorliegenden Buches (Diskrete Strukturen II — Wahrscheinlichkeitstheorie und Statistik) lernen. Zumindest ein notwendiges Kriterium lässt sich aber einfach formulieren: die Folge $x_0, x_1, \ldots, x_n, \ldots$ sollte unabhängig vom Startwert x_0 alle m möglichen Werte durchlaufen, bevor ein Wert ein zweites Mal auftritt. Man kann zeigen, dass dies genau dann gilt, wenn a, c und m die folgenden drei Bedingungen erfüllen: $i)$ ggT$(c, m) = 1$, $ii)$ jede Primzahl, die m teilt, teilt auch $a - 1$ und $iii)$ falls m ein Vielfaches von 4 ist, so ist auch $a - 1$ ein Vielfaches von 4.

International Standard Book Number (ISBN). Auf jedem Buch findet sich eine 10-stellige Nummer, die so genannte ISBN-Nummer, anhand derer das Buch eindeutig identifiziert werden kann. Eine ISBN-Nummer besteht aus vier durch Bindestriche unterteilten Segmenten:

- einem Länder- bzw. Sprachgruppenkode, z.B. 0 für Verlage aus englischsprachigen Ländern und 3 für Verlage aus Deutschland, Österreich und der Schweiz,

- einer Verlagsnummer,

- einer laufenden Nummer innerhalb des Verlagprogramms, die von den Verlagen selbst vergeben werden kann, und

- einer Prüfziffer.

Die einzelnen Segmente können bei unterschiedlichen Büchern verschiedene Längen haben. Internationale Verlage haben eine kürzere Verlagsnummer und dafür längere Titelnummern als kleine Verlage, die ja auch mit einer kürzeren Titelnummer auskommen. Die *Prüfziffer* dient dazu, dass kleine Schreibfehler beim Notieren der ISBN zu einer ungültigen Nummer führen statt zu einem anderen Buch. Sie berechnet sich nach einem einfachen Prinzip: Man berechnet eine gewichtete Quersumme der ersten 9 Ziffern, indem man die erste Ziffer mit 1 multipliziert, die zweite Ziffer mit 2 und allgemein die i-te Ziffer mit i und wählt als Prüfziffer den Rest dieser Summe modulo 11. Hat die so berechnete Prüfziffer den Wert 10, so notiert man als Prüfziffer ein X.

BEISPIEL 3.9 Das vorliegende Buch hat die ISBN-Nummer 3-540-67597-3. Wir überprüfen: $1 \cdot 3 + 2 \cdot 5 + 3 \cdot 4 + 4 \cdot 0 + 5 \cdot 6 + 6 \cdot 7 + 7 \cdot 5 + 8 \cdot 9 + 9 \cdot 7 = 267 \equiv 3 \pmod{11}$. Das Buch *Analysis of Algorithms* von Robert Sedgewick und Philippe Flajolet, erschienen bei Addison Wesley, hat die ISBN-Nummer 0-201-40009-X. Wir überprüfen: $1 \cdot 0 + 2 \cdot 2 + 3 \cdot 0 + 4 \cdot 1 + 5 \cdot 4 + 6 \cdot 0 + 7 \cdot 0 + 8 \cdot 0 + 9 \cdot 9 = 109 \equiv 10 \pmod{11}$.

European Article Number (EAN). Ursprünglich in Europa entwickelt, ist das EAN-Klassifikationsschema mittlerweile zu einem Weltstandard für Identifikationsverfahren geworden. Die strichkodierte Umsetzung der nach dem EAN-13 Standard berechneten internationalen Artikelnummern ist aus modernen SB-Warenhäusern nicht mehr wegzudenken. Wie schon die ISBN-Nummern setzen sich auch die 13-stelligen EAN-Nummern aus mehreren Segmenten zusammen. Es sind dies die so genannten Basisnummer, die in Deutschland von der Centrale für Coorganisation GmbH (CCG) vergeben wird, eine vom Hersteller vergebene Artikelnummer und eine Prüfziffer. Die Prüfziffer berechnet sich bei EAN-13 nach folgendem Prinzip: man bildet wieder eine gewichtete Quersumme der ersten 12 Ziffern, diesmal allerdings gewichtet man die Ziffern abwechselnd mit 1 und 3, wobei man mit der 1 beginnt. Als Prüfziffer wählt man dann die kleinste Zahl, die man zur Quersumme addieren muss, damit die sich ergebende Summe durch 10 teilbar ist.

BEISPIEL 3.10   Auf einem quadratisch-praktisch-guten Energiespender der Marke „Olympia" findet sich die EAN-Nummer 400041 701500 6. Wir überprüfen: $1 \cdot 4 + 3 \cdot 0 + 1 \cdot 0 + 3 \cdot 0 + 1 \cdot 4 + 3 \cdot 1 + 1 \cdot 7 + 3 \cdot 0 + 1 \cdot 1 + 3 \cdot 5 + 1 \cdot 0 + 3 \cdot 0 = 34 \equiv 4 \pmod{10}$, die Prüfziffer ist also 6.

Message-Digest Verfahren (MDi).   Die Prüfziffer bei den ISBN- und EAN-Nummern schützt vor *versehentlichen* Irrtümern. Für viele Anwendungen ist es andererseits zweckmäßig, noch einen Schritt weiter zu gehen, und die Prüfziffer durch einen „Fingerabdruck" der Nachricht zu ersetzen. Dies kann man sich bildlich sehr schön vorstellen: Genau wie der menschliche Fingerabdruck des Daumens ja eigentlich nur einen winzigen Teil einer Person darstellt, die Person aber dennoch eindeutig identifiziert, so kann man auch für elektronische Nachrichten einen Fingerabdruck definieren, der zum einen sehr kurz ist (üblich sind heutzutage 128-Bits), der aber dennoch die Eigenschaft hat, dass es sehr schwierig (bzw. mit den heutzutage vorhandenen Computern praktisch unmöglich) ist, nur aus Kenntnis des Fingerabdrucks eine (sinnvolle!) Nachricht zu produzieren, die diesen Fingerabdruck hat. Einen solchen Fingerabdruck nennt man auch *Hashwert* der Nachricht. In der Praxis haben sich die so genannten *Message-Digest Verfahren* bewährt. Ihre grundsätzliche Funktionsweise ist schnell erklärt. Die Nachricht wird in Blöcke $X_1, \ldots, X_n$ fester Länge zerlegt. Daraus wird dann gemäß

$$Y_i = f(X_i, Y_{i-1})$$

eine Folge $Y_1, \ldots, Y_n$ berechnet (Y_0 wird mit einem fest vorgegebenen Wert initialisiert). Der Wert Y_n ist dann der Hashwert der Nachricht. Herzstück dieser Verfahren ist die verwendete Hashfunktion f. Diese besteht üblicherweise aus einer geschickten Kombination von Modulo-Berechnungen und Bitoperationen wie Shifts und ANDs und ORs.

3.2.2   Der euklidische Algorithmus

Wie berechnet man den größten gemeinsamen Teiler zweier Zahlen? Hierfür gibt es mehrere Ansätze. Ein nahe liegender ist, für beide Zahlen die Zerlegung in Primfaktoren zu bestimmen und daraus den größten gemeinsamen Teiler abzulesen. Beispiel:

$$\left. \begin{array}{l} 8712 = 2^3 \cdot 3^2 \cdot 11^2, \\ 24948 = 2^2 \cdot 3^4 \cdot 7 \cdot 11 \end{array} \right\} \quad \Longrightarrow \quad \mathrm{ggT}(8712, 24948) = 2^2 \cdot 3^2 \cdot 11 = 396.$$

Für große Zahlen ist das Finden einer Primfaktorzerlegung allerdings im Allgemeinen sehr schwierig und zeitaufwendig. Hier sollte man daher für die Bestimmung des größten gemeinsamen Teilers besser den Algorithmus von EUKLID (ca. 325–265 v.Chr.) verwenden.

Algorithmus 3.1 Euklidischer Algorithmus

Eingabe: Zahlen $m, n \in \mathbb{N}$ mit $m \leq n$.
Ausgabe: Größter gemeinsamer Teiler $\text{ggT}(m, n)$.

func EUKLID(m, n);
if m teilt n **then**
    return m
else
    return EUKLID$(n \bmod m, m)$;

Die Korrektheit des euklidischen Algorithmus folgt unmittelbar aus dem folgenden Lemma.

Lemma 3.11 *Sind* $m, n \in \mathbb{N}$ *zwei natürliche Zahlen mit* $m \leq n$ *und* $m \nmid n$, *so gilt*

$$ggT(m, n) = ggT(n \bmod m, m).$$

Beweis: Offenbar genügt es zu zeigen, dass jeder Teiler von m und n auch ein Teiler von $n \bmod m$ und m ist und umgekehrt.

Sei d ein Teiler von n und m, also

$$d \mid m \qquad \text{und} \qquad d \mid n.$$

Wegen $(n \bmod m) = n - \ell \cdot m$ für ein geeignetes $\ell \in \mathbb{N}$, teilt d daher auch $n \bmod m$.

Sei nun umgekehrt d ein Teiler von $n \bmod m$ und m, also

$$d \mid (n \bmod m) \qquad \text{und} \qquad d \mid m.$$

Wieder gilt: Wegen $n = \ell \cdot m + (n \bmod m)$, teilt d dann auch n. $\qquad \square$

Die nicht ganz einfache Bestimmung der Laufzeit des Algorithmus von Euklid verschieben wir auf Kapitel 4.1.1. Hier führen wir stattdessen noch eine Erweiterung des euklidischen Algorithmus ein, die sich im Folgenden als sehr nützlich erweisen wird.

Satz 3.12 *Der Algorithmus* ERWEITERTER-EUKLID *berechnet für alle* $m, n \in \mathbb{N}$, $m \leq n$ *ganze Zahlen* $x, y \in \mathbb{Z}$ *mit* $ggT(m, n) = mx + ny$.

Algorithmus 3.2 Erweiterter euklidischer Algorithmus

Eingabe: Zahlen $m, n \in \mathbb{N}$ mit $m \leq n$.
Ausgabe: Zahlen $x, y \in \mathbb{Z}$ mit $\mathrm{ggT}(m, n) = mx + ny$.

func ERWEITERTER-EUKLID(m, n);
if m teilt n **then**
    return $(1, 0)$
else
    $(x', y') \leftarrow$ ERWEITERTER-EUKLID$(n \bmod m, m)$;
    $x \leftarrow y' - x' \cdot \lfloor n/m \rfloor$; $y \leftarrow x'$;
    return (x, y);

Beweis: Wir beweisen den Satz per Induktion über die Anzahl der rekursiven Aufrufe. (Beachte, dass der Algorithmus für alle m, n sicherlich terminiert, da die Summe von m und n bei jedem rekursiven Aufruf kleiner wird.) Für m, n mit $m \mid n$ ist der Algorithmus offenbar richtig. Nehmen wir also an, dass $m \nmid n$ gilt. Für $m' := (n \bmod m)$ und $n' := m$ benötigt der Algorithmus dann einen rekursiven Aufruf weniger, ist nach Induktionsannahme also korrekt. Es gilt also

$$\mathrm{ggT}(n \bmod m, m) = x' \cdot (n \bmod m) + y' \cdot m.$$

Verwendet man nun noch, dass $\mathrm{ggT}(n \bmod m, m) = \mathrm{ggT}(m, n)$ (Lemma 3.11) und dass $(n \bmod m) = n - \lfloor n/m \rfloor \cdot m$, so sieht man leicht ein, dass die im Algorithmus definierten Werte x und y wirklich die gewünschte Eigenschaft $\mathrm{ggT}(m, n) = mx + ny$ haben. $\qquad\square$

BEISPIEL 3.13 Wir verwenden den erweiterten euklidischen Algorithmus, um den größten gemeinsamen Teiler von $n = 24948$ und $m = 8712$ zu berechnen. Die folgende Tabelle zeigt die Berechnungsschritte des Algorithmus:

n	m	x	y
24948	8712	-20	7
8712	7524	7	-6
7524	1188	-6	1
1188	396	1	0

Die Pfeile sollen dabei andeuten, dass man die Werte in den Spalten für n und m gemäß $n \leftarrow m$ und $m \leftarrow n \bmod m$ jeweils aus denen der vorherigen Zeile ableiten kann. In den Spalten für x und y berechnen sich die Werte umgekehrt gemäß $x \leftarrow y - x \cdot \lfloor n/m \rfloor$ und $y \leftarrow x$ jeweils aus denen der nachfolgenden Zeile. Der größte gemeinsame Teiler ist der Wert in der untersten Zeile der zweiten Spalte; zusätzlich lässt er sich aber auch aus der ersten Zeile gemäß $\mathrm{ggT}(n, m) = xm + yn$ berechnen. In unserem Beispiel kann man dies leicht nachprüfen: $396 = -20 \cdot 8712 + 7 \cdot 24948$.

3.2.3   Der chinesische Restsatz

Vom Rechnen mit reellen Zahlen wissen wir, dass lineare Gleichungen der Form $ax = b$ für $a \neq 0$ genau eine Lösung haben. Rechnen wir modulo m, so ist dies nicht mehr der Fall. Zum einen gilt: Ist x_0 eine Lösung von $ax \equiv b \pmod{m}$, so gilt dies auch für $x_0 \pm km$ für alle $k \in \mathbb{N}$. Zudem gibt es auch Fälle in denen $ax \equiv b \pmod{m}$ gar keine oder mehr als eine Lösung in $\mathbb{Z}_m$ hat.

BEISPIEL 3.14   Ist $m = 6$ und $a = 2$, so hat $2x \equiv 3 \pmod{6}$ keine Lösung, für $2x \equiv 4 \pmod{6}$ sind andererseits sowohl $x = 2$ als auch $x = 5$ Lösungen.

Ist m eine Primzahl, oder sind zumindest a und m teilerfremd, dann hat jedes lineare Gleichungssystem $ax \equiv b \pmod{m}$ genau eine Lösung in $\mathbb{Z}_m$.

Satz 3.15 *Sind $a, m \in \mathbb{Z}$ beliebige Zahlen, so dass $m \geq 2$ und $\mathrm{ggT}(a, m) = 1$, dann hat $ax \equiv b \pmod{m}$ für jedes $b \in \mathbb{Z}$ genau eine Lösung in $\mathbb{Z}_m$.*

Beweis: Wir betrachten zunächst den Fall $b = 1$. Nach Satz 3.12 folgt aus der Tatsache, dass a und m teilerfremd sind, dass es ganze Zahlen x_1 und y_1 gibt mit

$$ax_1 + my_1 = 1 = \mathrm{ggT}(a, m).$$

Da dann auch für jedes $k \in \mathbb{Z}$ gilt $a(x_1 + km) + m(y_1 - ka) = 1$, dürfen wir ohne Beschränkung der Allgemeinheit annehmen, dass $x_1 \in \mathbb{Z}_m$ gilt. (Ansonsten addieren oder subtrahieren wir ein geeignetes Vielfaches von m zu x_1 und modifizieren y_1 entsprechend). Aus $ax_1 + my_1 = 1$ folgt aber andererseits sofort, dass x_1 eine Lösung der Gleichung $ax \equiv 1 \pmod{m}$ ist.

Betrachten wir nun den allgemeinen Fall $b \in \mathbb{Z}$. Wir wissen bereits, dass $ax \equiv 1 \pmod{m}$ immer eine Lösung x_1 hat. Nach Lemma 3.5 folgt daraus dann, dass $ax_1 b \equiv b \pmod{m}$. Anders ausgedrückt, bx_1 ist eine Lösung von $ax \equiv b \pmod{m}$. Um eine Lösung in $\mathbb{Z}_m$ zu erhalten, wählen wir einfach den Repräsentanten von bx_1, also $x_b := bx_1 \bmod m$.

Die Eindeutigkeit der Lösungen in $\mathbb{Z}_m$ ist nun ganz einfach einzusehen. Lösen wir das Gleichungssystem sukzessive für alle Werte $b \in \mathbb{Z}_m$, so müssen die sich ergebenden Lösungen $x_b \in \mathbb{Z}_m$ paarweise verschieden sein. Mit anderen Worten, jede Zahl aus $\mathbb{Z}_m$ ist Lösung von $ax \equiv b \pmod{m}$ für genau ein $b \in \mathbb{Z}_m$. Es kann daher für kein $b \in \mathbb{Z}_m$, und somit auch für kein $b \in \mathbb{Z}$, mehr als eine Lösung in $\mathbb{Z}_m$ geben. $\square$

Fragestellungen dieser Art wurden bereits im alten China intensiv untersucht. In diese Zeit reicht auch der so genannte *Chinesische Restsatz* zurück, der die Existenz von Lösungen einer linearen Gleichung auf Systeme von k linearen Gleichungen erweitert. Wir betrachten zunächst den Spezialfall $k = 2$.

Satz 3.16 (Chinesischer Restsatz — Einfache Version) *Für alle natürlichen Zahlen $m, n \in \mathbb{N}$ mit $ggT(m, n) = 1$ und alle $a \in \mathbb{Z}_m$ und $b \in \mathbb{Z}_n$ gibt es ein eindeutig bestimmtes $t \in \mathbb{Z}_{mn}$, so dass*

$$t \equiv a \pmod{m} \quad \text{und}$$
$$t \equiv b \pmod{n}.$$

Beweis: Wir überlegen uns zunächst, dass es genügt, für jedes Paar a, b die *Existenz* eines entsprechenden Elementes t zu zeigen. Die *Eindeutigkeit* folgt dann wie schon im Beweis von Satz 3.15 sofort aus der Tatsache, dass die Kardinalität von $\mathbb{Z}_{mn}$ genau der Anzahl verschiedener Paare a, b entspricht.

Um die Existenz zu zeigen, wenden wir wieder Satz 3.12 an. Dieser garantiert uns die Existenz von ganzen Zahlen $x, y \in \mathbb{Z}$ mit

$$mx + ny = 1 = ggT(m, n).$$

Beachte, dass aus dieser Gleichung folgt

$$ny \equiv 1 \pmod{m} \quad \text{und} \quad mx \equiv 1 \pmod{n}.$$

Wir setzen nun $t := (bmx + any) \bmod mn$. Dann gilt $t \equiv any \pmod{m}$ und $ny \equiv 1 \pmod{m}$ impliziert daher, dass auch $t \equiv a \pmod{m}$ gelten muss. Analog rechnet man nach, dass wegen $mx \equiv 1 \pmod{n}$ auch $t \equiv b \pmod{n}$ gilt. $\qquad\qquad\square$

Per Induktion folgert man aus der einfachen Version des chinesischen Restsatzes leicht auch die folgende allgemeine Version:

Satz 3.17 (Chinesischer Restsatz — Allgemeine Version) *Wenn $b_1, \ldots, b_k$ und $m_1, \ldots, m_k$ natürliche Zahlen sind mit $ggT(m_i, m_j) = 1$ für alle $1 \leq i < j \leq k$, dann gibt es genau ein $x \in \mathbb{Z}_{m_1 \cdots m_k}$ mit*

$$x \equiv b_i \pmod{m_i} \quad \text{für alle } i = 1, \ldots, k.$$

Beweis: Übungsaufgabe 3.18. $\qquad\qquad\square$

3.2.4 Der Satz von Fermat

Der Franzose PIERRE DE FERMAT (1601–1665) war ein erfolgreicher Jurist. Aber auch an klassischer Literatur, Mathematik und Naturwissenschaften war er sehr interessiert und gebildet. In der Mathematik hat er fundamentale Beiträge in der analytischen Geometrie und Zahlentheorie geleistet, die Entwicklung der Wahrscheinlichkeitstheorie hat er maßgeblich geprägt. Besonders bekannt wurde er aber durch eine handschriftliche Bemerkung am Rand eines seiner Bücher. Hier vermerkte er, dass er einen wunderschönen Beweis für die Aussage *„Die Gleichung $x^n + y^n = z^n$ hat für $n \in \mathbb{N}$, $n \geq 3$ keine ganzzahlige Lösung"* gefunden habe. Nur sei leider der Rand zu klein, um ihn zu fassen. In seinem Nachlass fand sich zwar ein Beweis der Aussage für den Spezialfall $n = 3$. Die allgemeine Version hat aber noch Generationen von Mathematikern beschäftigt. Erst 1994 gelang es dem britischen Mathematiker ANDREW WILES (*1953) Fermats Behauptung endgültig zu beweisen.

Fermat hat noch zwei weitere Vermutungen aufgestellt, die für uns von Interesse sind. Zum einen, dass alle Zahlen der Form $2^{2^n} + 1$ für $n \in \mathbb{N}$ Primzahlen sind und zum anderen, dass für alle Zahlenpaare a, p mit $p \nmid a$ und p Primzahl gilt, dass $a^{p-1} \equiv 1 \pmod{p}$. Die erste Vermutung hat sich als falsch herausgestellt, vgl. Übungsaufgabe 3.6. Die zweite wurde erstmals von LEONHARD EULER (derselbe Euler, der uns schon in der Graphentheorie begegnet ist) bewiesen. Sie ist auch unter dem Namen *Kleiner Satz von Fermat* bekannt. Wir formulieren den Satz hier in einer etwas allgemeineren Form.

Satz 3.18 *(„kleiner Fermat")* *Für alle $n \in \mathbb{N}$ mit $n \geq 2$ gilt:*

$$n \text{ Primzahl} \quad \Longleftrightarrow \quad a^{n-1} \equiv 1 \pmod{n} \quad \text{für alle } a \in \mathbb{Z}_n \setminus \{0\}.$$

Den Satz kann man mit Hilfe unserer bereits zusammengetragenen Ergebnisse über die Modulo-Rechnung recht einfach beweisen. Da dies jedoch etwas technisch wird, überlassen wir den Beweis an dieser Stelle dem Leser (siehe Übungsaufgabe 3.19). In Kapitel 5 werden wir den Satz von Fermat dann mit Hilfe einiger algebraischer Hilfsmittel wesentlich eleganter beweisen können.

Euler hat sogar eine Verallgemeinerung des Satzes von Fermat bewiesen. Um diese formulieren zu können, benötigen wir noch eine Definition. Die Menge der zu einer natürlichen Zahl n teilerfremden Zahlen aus $\mathbb{Z}_n$ bezeichnet man mit $\mathbb{Z}_n^*$. Also

$$\mathbb{Z}_n^* := \{a \in \mathbb{Z}_n \setminus \{0\} \mid \text{ggT}(a, n) = 1\}.$$

Die Funktion $\varphi(n)$ ordnet jeder natürlichen Zahl die Anzahl der natürlichen Zahlen $\leq n$ zu, die zu n teilerfremd sind, also

$$\varphi(n) := |\mathbb{Z}_n^*|.$$

Die Funktion $\varphi(n)$ nennt man auch *eulersche Phi-Funktion*. Die Werte der Funktion kann man überraschend einfach berechnen:

Lemma 3.19 *Ist* $n = p_1^{e_1} \cdot \ldots \cdot p_k^{e_k}$ *für paarweise verschiedene Primzahlen* $p_1, \ldots, p_k$, *so gilt*

$$\varphi(n) = \prod_{i=1}^{k}(p_i - 1)p_i^{e_i-1}.$$

Beweis: Übungsaufgabe 3.20. □

Für eine Zahl $a \in \mathbb{Z}_n$ mit $g := \mathrm{ggT}(a, n) > 1$ ist natürlich auch jede Potenz von a durch g teilbar. Daher ist g auch für jedes $k \in \mathbb{N}$ ein Teiler von $a^k \bmod n$. Für $a \in \mathbb{Z}_n^*$ gilt andererseits, dass jede $\varphi(n)$-te Potenz von a Rest 1 modulo n hat.

Satz 3.20 *(Euler) Für alle* $n \in \mathbb{N}$ *mit* $n \geq 2$ *gilt:*

$$a^{\varphi(n)} \equiv 1 \pmod{n} \qquad \textit{für alle } a \in \mathbb{Z}_n^*.$$

Den Beweis dieses Satzes verschieben wir ebenfalls auf Kapitel 5. Anfügen wollen wir aber noch, dass er wegen $\varphi(p) = p - 1$ für Primzahlen p wirklich eine Verallgemeinerung des Satzes von Fermat ist.

3.3 Polynome

Ein Polynom ist eine Funktion p der Form

$$p(x) = a_n x^n + a_{n-1} x^{n-1} + \ldots + a_1 x + a_0,$$

wobei n eine nichtnegative ganze Zahl ist und $a_0, \ldots, a_n$ die *Koeffizienten* des Polynoms sind. Aus der Analysis sind dem Leser sicherlich *reelle* und *komplexe Polynome* bekannt. Hier sind die Koeffizienten reelle bzw. komplexe Zahlen und man betrachtet $p(x)$ als Funktion von $\mathbb{R}$ nach $\mathbb{R}$ bzw. $\mathbb{C}$ nach $\mathbb{C}$. Allgemeiner kann man Polynome auch über von $\mathbb{R}$ und $\mathbb{C}$ verschiedenen Körpern K oder Ringen+R betrachten. Man schreibt dies dann als $p \in K[x]$. Wir werden hierauf in Kapitel 5 genauer eingehen. Für das Verständnis dieses Kapitels ist es aber völlig ausreichend, sich unter einem Polynom ein reelles oder komplexes Polynom vorzustellen.

3.3.1   Rechnen mit Polynomen

Im Folgenden werden wir einige wichtige Aussagen über den Umgang mit Polynomen zusammenstellen. Zuvor benötigen wir jedoch noch eine Definition.

Der *Grad* $\operatorname{grad}(p)$ eines Polynoms $p(x) = a_n x^n + a_{n-1} x^{n-1} + \ldots + a_1 x + a_0$ ist die größte Zahl m mit $a_m \neq 0$. Das Nullpolynom $p(x) = 0$ hat Grad 0.

BEISPIEL 3.21 $p(x) = x^2 - x + 1$ ist ein Polynom vom Grad 2. Eine lineare Funktion $f(x) = ax + b$ mit $a \neq 0$ ist ein Polynom vom Grad 1. Konstante Funktionen $f(x) = c$ sind Polynome vom Grad 0.

Berechnung eines Funktionswertes.   Um den Wert eines Polynoms an einer bestimmten Stelle x_0 zu bestimmen, verwendet man am besten das so genannte *Hornerschema*:

$$
\begin{aligned}
p(x) &= a_n x^n + a_{n-1} x^{n-1} + \ldots + a_1 x + a_0 \\
&= ((\ldots((a_n x + a_{n-1})x + a_{n-2})x + \ldots)x + a_1)x + a_0.
\end{aligned}
$$

Hat man die Koeffizienten in einem Feld $a[0..n]$ abgespeichert, kann man den Funktionswert $p(x_0)$ daher wie folgt berechnen:

> $p \leftarrow a[n]$;
> **for** i **from** $n - 1$ **down to** 0 **do**
> $p \leftarrow p \cdot x_0 + a[i]$;
> **return**(p)

Wir halten fest: Für die Auswertung eines Polynoms vom Grad n genügen $O(n)$ Multiplikationen und Additionen.

Addition.   Die Summe zweier Polynome $a(x) = a_n x^n + \ldots + a_1 x + a_0$ und $b(x) = b_n x^n + \ldots + b_1 x + b_0$ ist definiert durch

$$
(a + b)(x) = c_n x^n + \ldots + c_1 x + c_0, \quad \text{wobei } c_i = a_i + b_i.
$$

Man beachte, dass sich diese Definition auch auf Polynome unterschiedlichen Grades anwenden lässt, indem man fehlende Koeffizienten auf Null setzt. Für den Grad des sich ergebenden Polynoms gilt $\operatorname{grad}(a + b) \leq \max\{\operatorname{grad}(a), \operatorname{grad}(b)\}$.

BEISPIEL 3.22   Für $a(x) = x^2 - 3x + 5$ und $b(x) = 4x + 2$ ergibt sich $(a + b)(x) = x^2 + x + 7$. Hier gilt $\operatorname{grad}(a + b) = 2 = \operatorname{grad}(a)$. Für $a(x) = x^3 + 1$ und $b(x) = -x^3 + 1$ ergibt sich andererseits $(a + b)(x) = 2$ und somit $\operatorname{grad}(a + b) = 0 < 3 = \max\{\operatorname{grad}(a), \operatorname{grad}(b)\}$.

Wir halten fest: Die Summe (und analog die Differenz) zweier Polynome von Grad höchstens n lässt sich in Zeit $O(n)$ berechnen.

Multiplikation. Das Produkt zweier Polynome $a(x) = a_n x^n + \ldots + a_1 x + a_0$ und $b(x) = b_m x^m + \ldots + b_1 x + b_0$ erhält man durch Ausmultiplizieren und anschließendes Sortieren der Koeffizienten. Also

$$(a \cdot b)(x) = c_{n+m} x^{n+m} + \ldots + c_1 x + c_0, \quad \text{wobei } c_i = \sum_{j=0}^{i} a_j b_{i-j}. \quad (3.5)$$

Auch hier haben wir die nicht definierten Koeffizienten $a_{n+1}, \ldots, a_{n+m}$ und $b_{m+1}, \ldots, b_{n+m}$ wieder stillschweigend auf Null gesetzt. Für den Grad des sich ergebenden Polynoms gilt $\text{grad}(a \cdot b) = \text{grad}(a) + \text{grad}(b)$.

BEISPIEL 3.23 Für $a(x) = x^2 - 3x + 5$ und $b(x) = 4x + 2$ ergibt sich $(a \cdot b)(x) = (1 \cdot 4)x^3 + (1 \cdot 2 + (-3) \cdot 4)x^2 + ((-3) \cdot 2 + 5 \cdot 4)x + 5 \cdot 2 = 4x^3 - 10x^2 + 14x + 10$.

Betrachten wir zwei Polynome a und b vom Grad höchstens n. Das Produkt $a \cdot b$ enthält dann höchstens $2n + 1$ Koeffizienten. Jeder dieser Koeffizienten lässt sich gemäß (3.5) durch $O(n)$ Additionen und Multiplikationen berechnen. Wir halten daher fest: Die Multiplikation zweier Polynome von Grad höchstens n lässt sich in Zeit $O(n^2)$ berechnen. Eine schnelleres Verfahren werden wir in Abschnitt 3.3.2 kennen lernen.

Division. Für das Dividieren von Polynomen geht man analog wie beim Dividieren ganzer Zahlen mit Rest vor. Wir betrachten dies zunächst an einem Beispiel.

BEISPIEL 3.24 Sei $a(x) = 2x^4 + x^3 + x + 3$ und $b(x) = x^2 + x - 1$. Zur Berechnung des Quotienten betrachten wir zunächst nur die beiden führenden Terme von $a(x)$ und $b(x)$, also $2x^4$ und x^2. Deren Quotient ist $2x^2$. Der erste Term des Ergebnisses lautet daher $2x^2$. Wir notieren diesen auf der rechten Seite und ziehen von $a(x)$ das $2x^2$-fache von $b(x)$ ab. Wir erhalten $(2x^4 + x^3 + x + 3) - 2x^2 \cdot (x^2 + x - 1) = -x^3 + 2x^2 + x + 3$. Nun wiederholen wir das obige Verfahren mit diesem Polynom und $b(x)$. Wir fahren so lange fort, bis wir ein Polynom erhalten, dessen Grad kleiner ist als der Grad von $b(x)$. Dieses Polynom bildet dann den Rest der Polynomdivision. In unserem Beispiel ergeben sich als Quotienten der führenden Terme der Reihe nach $2x^2$, $-x$ und 3. Als Rest erhält man $-3x + 6$. Schematisch kann man sich das Verfahren wie folgt veranschaulichen:

$$
\begin{array}{l}
2x^4 + \ x^3 + \quad\quad\ x + 3 \ \div\ x^2 + x - 1 \ =\ 2x^2 - x + 3 \\
\underline{-\ (2x^4 + 2x^3 - 2x^2)} \\
\quad\quad\quad -x^3 + 2x^2 + \ x + 3 \\
\quad\quad\quad \underline{-\ (-x^3 - \ x^2 + \ x)} \\
\quad\quad\quad\quad\quad\quad 3x^2 + \quad\quad 3 \\
\quad\quad\quad\quad\quad\quad \underline{-(3x^2 + 3x - 3)} \\
\quad\quad\quad\quad\quad\quad\quad\quad\ -3x + 6
\end{array}
$$

Als Ergebnis liest man ab: $a(x) = t(x)b(x) + r(x)$, wobei $t(x) = 2x^2 - x + 3$ und $r(x) = -3x + 6$.

Allgemein gilt der folgende Satz:

Satz 3.25 *Zu je zwei Polynomen $a(x)$ und $b(x)$ mit $b(x) \neq 0$ gibt es eindeutig bestimmte Polynome $t(x)$ und $r(x)$, so dass*

$$a(x) = t(x)b(x) + r(x) \qquad und \qquad r(x) = 0 \ oder \ grad(r) < grad(b).$$

Beweis: Wir zeigen zunächst die Existenz. Gilt $grad(a) < grad(b)$, so kann man $t = 0$ und $r = a$ setzen. Für den Fall $grad(a) \geq grad(b)$ beweisen wir die Existenz von t und r durch Induktion über den Grad von a.

Ist $grad(a) = 0$, so folgt aus $grad(a) \geq grad(b)$, dass a und b beides konstante Funktionen sind. Also $a(x) = a_0$ und $b(x) = b_0$ mit $b_0 \neq 0$. Wir können daher $t(x) = a_0/b_0$ und $r(x) = 0$ setzen.

Ist $grad(a) = n > 0$ und $grad(b) = m$, $m \leq n$ und

$$
\begin{aligned}
a(x) &= a_n x^n + a_{n-1} x^{n-1} + \ldots + a_1 x + a_0, \quad a_n \neq 0, \\
b(x) &= b_m x^m + b_{m-1} x^{m-1} + \ldots + b_1 x + b_0, \quad b_m \neq 0,
\end{aligned}
$$

so setzen wir

$$\tilde{a}(x) = a(x) - (a_n/b_m)x^{n-m} \cdot b(x),$$

Dann gilt $grad(\tilde{a}) < grad(a)$. Nach Induktionsannahme gibt es daher Polynome $\tilde{t}(x)$ und $\tilde{r}(x)$ mit $\tilde{a}(x) = \tilde{t}(x) \cdot b(x) + \tilde{r}(x)$. Setzt man dann $t(x) = (a_n/b_m)x^{n-m} + \tilde{t}(x)$ und $r(x) = \tilde{r}(x)$, so folgt

$$t(x)b(x) + r(x) = (a_n/b_m)x^{n-m}b(x) + \tilde{t}(x)b(x) + \tilde{r}(x) = a(x).$$

Um den Beweis des Satzes abzuschließen, müssen wir noch die Eindeutigkeit beweisen. Dazu nehmen wir an, es gäbe für zwei Polynome a und b zwei Darstellungen wie im Satz angegeben. Also $t \cdot b + r = a = \hat{t} \cdot b + \hat{r}$ und somit auch

$$(t - \hat{t}) \cdot b = (\hat{r} - r).$$

Ist $t \neq \hat{t}$, dann ist die linke Seite ein Polynom vom Grad größer gleich $grad(b)$. Da die rechte Seite aus der Differenz zweier Polynome vom Grad kleiner als $grad(b)$ besteht, kann dies nicht sein. Also ist $t = \hat{t}$ und die linke Seite ist somit gleich Null. Also gilt auch $r = \hat{r}$. $\qquad \square$

Für zwei Polynome a und b von Grad höchstens n kann man die Polynome t und r aus Satz 3.25 wie in Beispiel 3.24 bestimmen. Da sich der Grad des Polynoms in jeder Zeile um eins verringert, benötigen wir höchstens n Multiplikationen von Polynomen mit Konstanten und n Subtraktionen von Polynomen vom Grad höchstens n. Insgesamt ergibt sich: Die Division zweier Polynome von Grad höchstens n lässt sich in Zeit $O(n^2)$ berechnen. Für schnellere Verfahren sei auf die weiterführende Literatur verwiesen.

Teilbarkeitsbegriff. Die Analogie von Satz 3.25 zur entsprechenden Aussage für ganze Zahlen, legt nahe, auch die Begriffe von Teilbarkeit und Modulorechnung auf Polynome zu erweitern. Für Polynome $f(x), g(x)$ und $\pi(x)$ aus $K[x]$ definiert man:

- $g(x)$ *teilt* $f(x)$ bzw. $g(x)$ ist ein *Teiler* von $f(x)$, wenn es ein Polynom $t(x) \in K[x]$ gibt, so dass $f(x) = t(x) \cdot g(x)$. (Mit anderen Worten: $g(x)$ teilt $f(x)$ genau dann, wenn der bei der Polynomdivision von $f(x)$ durch $g(x)$ entstehende Rest Null ist.)

- $f(x)$ ist kongruent zu $g(x)$ modulo $\pi(x)$, geschrieben

$$f(x) \equiv g(x) \pmod{\pi(x)},$$

genau dann, wenn $f(x) - g(x)$ durch $\pi(x)$ teilbar ist.

Ganz analog zu den entsprechenden Definitionen für ganze Zahlen gilt auch hier, dass die so definierte Relation $\equiv$ für jedes Polynom $\pi(x) \in K[x]$ eine Äquivalenzrelation definiert. Betrachtet man die Polynomdivision aus Satz 3.25

$$f(x) = t(x) \cdot \pi(x) + r(x) \qquad \text{für ein } r(x) \text{ mit } \operatorname{grad}(r) < \operatorname{grad}(\pi),$$

so erkennt man zudem sofort, dass die Relation $\equiv$ die Menge $K[x]$ so in Äquivalenzklassen partitioniert, dass

$$K[x]_{\pi(x)} := \{ f(x) \mid f(x) \in K[x], \operatorname{grad}(f) < \operatorname{grad}(\pi) \}$$

ein Repräsentantensystem ist. Den zu einem Polynom $f(x) \in K[x]$ gehörenden Repräsentanten $r(x) \in K[x]_{\pi(x)}$ schreibt man auch als $f(x) \bmod \pi(x)$.

Mit Hilfe dieser Definition lassen sich viele Resultate aus Abschnitt 3.2 nun leicht von ganzen Zahlen auf Polynome übertragen. So ist beispielsweise der *größte gemeinsame Teiler* zweier Polynome $f(x)$ und $g(x)$ definiert als ein Polynom $d(x)$ mit größtmöglichem Grad, das sowohl $f(x)$ als auch $g(x)$ teilt. Berechnen kann man den größten gemeinsamen Teiler zweier Polynome wie in Algorithmus 3.1 mit dem Verfahren von Euklid, vgl. Übungsaufgabe 3.29.

Nullstellen. Eine *Nullstelle* eines Polynoms p ist ein Wert x mit $p(x) = 0$. Als Konsequenz der Polynomdivision erhält man, dass für jedes Polynom die Anzahl Nullstellen eines Polynoms durch den Grad des Polynoms beschränkt ist.

Satz 3.26 *Ein Polynom $p \neq 0$ mit Grad n hat höchstens n Nullstellen.*

Beweis: Wir zeigen den Satz durch Induktion über den Grad des Polynoms. Ist p ein Polynom mit Grad 0, so ist die Aussage wegen der Annahme $p \neq 0$ offenbar richtig. Ist p ein Polynom mit Grad $n > 0$, so hat p entweder keine Nullstelle (und die Aussage ist somit trivialerweise richtig) oder p enthält mindestens eine Nullstelle a. Dann betrachten wir die Division von $p(x)$ durch $x - a$. Nach Satz 3.25 gibt es Polynome t und r mit $p(x) = t(x) \cdot (x - a) + r(x)$ und $\mathrm{grad}(r) < \mathrm{grad}(x - a) = 1$. Aus der letzten Bedingung folgt, dass der Grad von r Null sein muss. Also $r(x) = r_0$. Wegen $p(a) = t(a) \cdot (a - a) + r_0 = r_0$ muss also r_0 gleich Null sein. D.h. $p(x) = t(x) \cdot (x - a)$ und $\mathrm{grad}(t) = n - 1$. Nach Induktionsannahme hat t höchstens $n - 1$ Nullstellen und somit p höchstens n Nullstellen. $\qquad \square$

Das folgende Beispiel zeigt, dass die Schranke aus Satz 3.26 für reelle Polynome wirklich nur eine obere Schranke liefert.

BEISPIEL 3.27 Das Polynom $x^2 - 1 = (x + 1)(x - 1)$ hat zwei Nullstellen $x = +1$ und $x = -1$, hingegen hat $x^2 + 1$ keine einzige reelle Nullstelle.

Für komplexe Polynome sieht dies anders aus. Jedes komplexe Polynom vom Grad n hat genau n Nullstellen. Dies ist der so genannte Fundamentalsatz der Algebra, den wir hier ohne Beweis angeben.

Satz 3.28 (Fundamentalsatz der Algebra) *Jedes komplexe Polynom $p \in \mathbb{C}[x]$, $p \neq 0$ mit Grad n hat genau n komplexe Nullstellen.*

BEISPIEL 3.29 Das Polynom $x^2 + 1$ hat die beiden komplexen Nullstellen $x = i$ und $x = -i$, wobei i die imaginäre Einheit bezeichnet, also $i^2 = -1$.

Partialbruchzerlegung. Unter einer *Partialbruchzerlegung* (engl. *partial fraction expansion*) versteht man die Darstellung eines Quotienten $g(x)/f(x)$ zweier Polynome als Summe von Quotienten, bei denen die Nenner jeweils Potenzen linearer Funktionen sind. Der folgende Satz zeigt, dass dies zumindest für komplexe Polynome immer möglich ist.

Satz 3.30 *Sind $f, g \in \mathbb{C}[x]$ komplexe Polynome mit $\mathrm{grad}(g) < \mathrm{grad}(f)$ und $f(x) = (1 - \alpha_1 x)^{m_1} \cdot \ldots \cdot (1 - \alpha_r x)^{m_r}$ für Konstanten $\alpha_1, \ldots, \alpha_r \in \mathbb{C}$ und $m_1, \ldots, m_r \in \mathbb{N}$, so gibt es Polynome $g_i(x) \in \mathbb{C}[x]$ mit $\mathrm{grad}(g_i) < m_i$, so dass*

$$\frac{g(x)}{f(x)} = \frac{g_1(x)}{(1 - \alpha_1 x)^{m_1}} + \ldots + \frac{g_r(x)}{(1 - \alpha_r x)^{m_r}}. \tag{3.6}$$

Ferner gilt: Sind sowohl alle α_i's als auch alle Koeffizienten von f und g reelle Zahlen, so trifft dies auch auf die Polynome g_i zu.

Beweisskizze: Wir zeigen die Existenz der Polynome, indem wir ein Verfahren zur Bestimmung ihrer Koeffizienten angeben. Dazu bringen wir zunächst die Quotienten auf der rechten Seite von (3.6) auf den gemeinsamen Hauptnenner $f(x)$. Für den Zähler ergibt sich dadurch die Gleichung:

$$g(x) \stackrel{!}{=} g_1(x) \cdot \prod_{i \neq 1}(1 - \alpha_i x)^{m_i} + \ldots + g_r(x) \cdot \prod_{i \neq r}(1 - \alpha_i x)^{m_i}.$$

Wegen der Annahme $\mathrm{grad}(g_i) < m_i$ haben alle Polynome auf der rechten Seite Grad $\leq \mathrm{grad}(f) - 1$. Nach Ausmultiplizieren der Produkte und Koeffizientenvergleich mit der linken Seite erhält man daher ein lineares Gleichungssystem mit $\mathrm{grad}(f)$ vielen Gleichungen und $\sum_{i=1}^{r} m_i = \mathrm{grad}(f)$ vielen Variablen. Dieses hat somit mindestens eine Lösung. $\qquad\square$

BEISPIEL 3.31 Wir bestimmen die Partialbruchzerlegung von $g(x)/f(x)$ für $g(x) = 1 + x^2$ und $f(x) = (1 - x)^2(1 - 3x)$. Wie im Beweis von Satz 3.30 vorgeschlagen, machen wir dazu den Ansatz $g_1(x) = a + bx$ und $g_2(x) = c$ und bestimmen die Koeffizienten a, b und c so, dass gilt

$$\frac{1 + x^2}{(1 - x)^2(1 - 3x)} \stackrel{!}{=} \frac{a + bx}{(1 - x)^2} + \frac{c}{1 - 3x}.$$

Dazu bringen wir die rechte Seite auf ihren gemeinsamen Hauptnenner $f(x)$ und vergleichen dann die Zähler:

$$1 + x^2 \stackrel{!}{=} (a + bx)(1 - 3x) + c(1 - x)^2.$$

Daraus ergeben sich die drei Gleichungen

$$a + c = 1, \qquad b - 3a - 2c = 0, \quad \text{und} \quad -3b + c = 1.$$

Diese haben die (eindeutigen) Lösungen $a = -3/2$, $b = 1/2$ und $c = 5/2$. Die Partialbruchzerlegung von $g(x)/f(x)$ lautet daher:

$$\frac{1 + x^2}{(1 - x)^2(1 - 3x)} = \frac{-\frac{3}{2} + \frac{1}{2}x}{(1 - x)^2} + \frac{\frac{5}{2}}{1 - 3x}.$$

3.3.2 Schnelle Fouriertransformation

In diesem Abschnitt werden wir ein Verfahren kennen lernen, das die Multiplikation zweier Polynome vom Grad n mit Aufwand $O(n \log n)$ realisiert. In Anbetracht der Tatsache, dass man für das Ergebnis $2n$ Koeffizienten berechnen muss, von denen sich gemäß (3.5) zumindest die Koeffizienten $c_{n/2}, \ldots, c_{3n/2}$ aus $n/2$ oder mehr Summanden zusammensetzen, mag dies auf den ersten Blick unmöglich erscheinen. Dies gelingt dennoch, da ein Polynom $p(x)$ vom Grad $n - 1$ auf mehrere Möglichkeiten beschrieben werden kann:

- Entweder durch Angabe von n Koeffizienten $a_0, \ldots, a_{n-1}$ mit $p(x) = a_{n-1}x_{n-1} + \ldots + a_1 x + a_0$.

- Oder durch Angabe von n verschiedenen x-Werten und den zugehörigen Werten des Polynoms, also n Paaren $(x_1, p(x_1)), \ldots, (x_n, p(x_n))$.

Das als schnelle Fouriertransformation bezeichnete Verfahren greift auf diese Äquivalenz zurück. Genauer: Man transformiert zunächst die beiden zu multiplizierenden Polynome geeignet von der ersten in die zweite Darstellung, führt dann die Multiplikation bezüglich der zweiten Darstellung durch und transformiert anschließend das Ergebnis zurück in die erste Darstellung. In der Abbildung 3.1 ist diese Vorgehensweise graphisch veranschaulicht. Dabei haben wir folgende Notation verwendet. Für einen Vektor $\vec{a} = (a_0, \ldots, a_{n-1})$ bezeichne $p_{\vec{a}}(x)$ das Polynom

$$p_{\vec{a}}(x) = a_0 + a_1 x + \ldots + a_{n-1} x^{n-1}.$$

Die *diskrete Fouriertransformierte* von $\vec{a}$ an der Stelle η bezeichnet den Vektor

$$DFT(\vec{a}, \eta) = (p_{\vec{a}}(1), p_{\vec{a}}(\eta), \ldots, p_{\vec{a}}(\eta^{n-1})).$$

Umgekehrt ist für einen Vektor $\vec{\xi} = (\xi_0, \ldots, \xi_{n-1})$ die *inverse diskrete Fouriertransformierte* definiert durch

$$IDFT(\vec{\xi}, \eta) = \vec{a}, \quad \text{so dass } p_{\vec{a}}(\eta^i) = \xi_i \text{ für alle } i = 0, \ldots, n - 1.$$

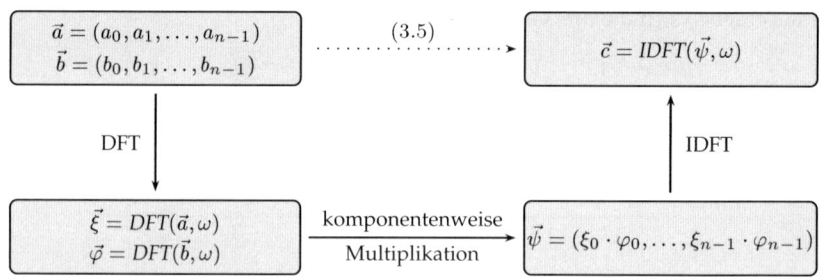

Abbildung 3.1: Polynommultiplikation mit Hilfe der diskreten Fouriertransformierten

Da für alle Polynome $p_{\vec{a}}$ und $p_{\vec{b}}$ gilt $(p_{\vec{a}} \cdot p_{\vec{b}})(x) = p_{\vec{a}}(x) \cdot p_{\vec{b}}(x)$, ist das in Abbildung 3.1 dargestellte Verfahren sicherlich korrekt. Die Effizienz hängt allerdings davon ab, ob und wie man die beiden senkrechten Pfeile effizient realisieren kann. Der Trick liegt dabei darin, den Wert η, für den man die diskrete Fouriertransformierte $DFT(\vec{a}, \eta)$ und ihre Inverse $IDFT(\vec{\xi}, \eta)$ berechnet, geschickt zu wählen. Dazu benötigen wir zunächst noch einen Begriff aus der Analysis.

Einheitswurzeln. Eine Zahl ω heißt n-te primitive Einheitswurzel, falls gilt:

> Die Werte $1, \omega, \omega^2, \ldots, \omega^{n-1}$ sind n paarweise verschiedene Nullstellen des Polynoms $x^n - 1$.

Man überzeugt sich leicht davon, dass $x^n - 1$ in $\mathbb{R}$ neben 1 und (für gerade n) -1 keine weiteren Nullstellen hat. D.h. für $n \geq 3$ gibt es in $\mathbb{R}$ keine n-ten primitiven Einheitswurzeln. Anders sieht dies über den komplexen Zahlen $\mathbb{C}$ aus. Hier gibt es immer n verschiedene Nullstellen. Diese erhält man, in dem man den Einheitskreis der komplexen Ebene in n gleich große Segmente aufteilt.

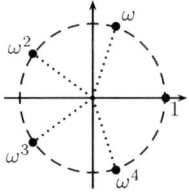

Lemma 3.32 *In den komplexen Zahlen ist $\omega = e^{\frac{2\pi i}{n}}$ eine primitive n-te Einheitswurzel. (Man beachte: i bezeichnet hier die imaginäre Einheit, also $i^2 = -1$.)*

Beweis: Unter Verwendung der Tatsache, dass

$$e^{i\varphi} = \cos(\varphi) + i \cdot \sin(\varphi),$$

rechnet man leicht nach, dass $\omega^k = 1$ genau dann gilt, wenn $2\pi k/n$ ein Vielfaches von 2π ist, wenn also k ein Vielfaches von n ist. Daraus folgt zum einen, dass $\omega^j \neq \omega^k$ für alle $0 \leq j < k \leq n - 1$ ist (denn sonst wäre $\omega^{k-j} = 1$ mit $1 \leq k - j < n$, was nicht sein kann), und zum anderen $(\omega^j)^n = (\omega^n)^j = 1^j = 1$ für alle $j = 1, \ldots, n - 1$. $\qquad\square$

Das folgende Lemma fasst einige nützliche Eigenschaften von primitiven Einheitswurzeln zusammen.

Lemma 3.33 *Ist ω eine n-te primitive Einheitswurzel, so ist ω^{-1} ebenfalls eine n-te primitive Einheitswurzel, ω^2 eine $(n/2)$-te primitive Einheitswurzel und es gilt*

$$\sum_{j=0}^{n-1} \omega^{kj} = 0 \quad \text{für alle } k = 1, \ldots, n - 1.$$

Beweis: Um die Gültigkeit der ersten beiden Behauptungen einzusehen, müssen wir nachweisen, dass $\left(\omega^{-k}\right)^n = 1$ für alle $k = 1, \ldots, n - 1$ gilt bzw. dass $(\omega^{2k})^{n/2} = 1$ für alle $k = 1, \ldots, n/2 - 1$. Nach Annahme ist ω eine primitive n-te Einheitswurzel. Es gilt also $\left(\omega^k\right)^n = 1$ für alle $k = 1, \ldots, n - 1$. Und somit wegen $1 \leq n - k \leq n - 1$ insbesondere auch

$$1 = \left(\omega^{n-k}\right)^n = \left(\omega^n\right)^n \cdot \left(\omega^{-k}\right)^n = 1^n \cdot \left(\omega^{-k}\right)^n = \left(\omega^{-k}\right)^n,$$

womit die erste Behauptung gezeigt ist. Die zweite folgt ganz analog: Es ist $(\omega^{2k})^{n/2} = \omega^{kn} = \left(\omega^k\right)^n = 1$ für alle $k = 1, \ldots, n/2 - 1$. Um auch die letzte Behauptung einzusehen, erinnern wir uns zunächst, dass für jede Zahl x gilt $\sum_{j=0}^{n-1} x^j = (x^n - 1)/(x - 1)$. (Wer diese Formel nicht kennt, überzeuge sich von ihrer Richtigkeit durch Ausmultiplizieren des Produktes $(x - 1) \cdot \sum_{j=0}^{n-1} x^j$.) Setzt man in diese Formel für x den Wert ω^k ein, so folgt die Behauptung, denn die rechte Seite ist hier wegen $(\omega^k)^n = 1$ gleich Null.   □

Bei der Berechnung der diskreten Fouriertransformierten und ihrer Inversen werden wir im Folgenden immer stillschweigend voraussetzen, dass ω eine n-te primitive Einheitswurzel ist. Da die reellen Zahlen für $n \geq 3$ keine n-ten Einheitswurzeln besitzen, bedeutet dies, dass wir von den reellen Zahlen zu den komplexen Zahlen übergehen müssen. Wir wählen also $\omega = e^{\frac{2\pi i}{n}}$ und führen alle Berechnungen in den komplexen Zahlen $\mathbb{C}$ aus.

Zusätzlich werden wir im Folgenden immer annehmen, dass n eine Zweierpotenz ist. Dies stellt keine Einschränkung dar, da wir Polynome mit Grad $k < n$ dadurch behandeln können, dass wir die Koeffizienten $a_{k+1}, \ldots, a_{n-1}$ auf Null setzen.

Berechnung der diskreten Fouriertransformierten.   In diesem Abschnitt werden wir uns überlegen, wie man die diskrete Fouriertransformierte $DFT(\vec{a}, \omega)$ effizient berechnet.

Wir bezeichnen mit $\vec{a}_g$ die Koeffizienten mit geradem Index und analog mit $\vec{a}_u$ die Koeffizienten mit ungeradem Index. Also

$$\begin{aligned}
\vec{a}_g &= (a_0, a_2, a_4, \ldots, a_{n-2}) \quad \text{und} \\
\vec{a}_u &= (a_1, a_3, a_5, \ldots, a_{n-1}).
\end{aligned}$$

Der Wert des Polynoms $p_{\vec{a}}(x)$ lässt sich aus den beiden Polynomen $p_{\vec{a}_g}(x)$ und $p_{\vec{a}_u}(x)$ gemäß

$$p_{\vec{a}}(x) = p_{\vec{a}_g}(x^2) + x \cdot p_{\vec{a}_u}(x^2)$$

ganz einfach berechnen. Wegen $\omega^{i-n} = \omega^i$ gilt somit insbesondere

$$p_{\vec{a}}(\omega^k) = \begin{cases} p_{\vec{a}_g}(\omega^{2k}) + \omega^k \cdot p_{\vec{a}_u}(\omega^{2k}), & \text{für } k = 0, \ldots, n/2 - 1 \text{ und} \\ p_{\vec{a}_g}(\omega^{2k-n}) + \omega^k \cdot p_{\vec{a}_u}(\omega^{2k-n}), & \text{für } k = n/2, \ldots, n - 1. \end{cases}$$

Da die Fouriertransformierte $DFT(\vec{a}_g, \omega^2)$ genau die Werte

$$(p_{\vec{a}_g}(1), p_{\vec{a}_g}(\omega^2), p_{\vec{a}_g}(\omega^4), \ldots, p_{\vec{a}_g}(\omega^{2(n/2-1)}))$$

Algorithmus 3.3 Diskrete Fouriertransformierte (DFT)

Eingabe: $a = (a_0, \ldots, a_{n-1})$, n Zweierpotenz, Wert ω.

Ausgabe: $(\xi_0, \ldots, \xi_{n-1}) = DFT(a, \omega)$.

func $DFT(a, \omega)$;

if $n = 1$ **then**

    $\xi_0 \leftarrow a_0$;

else begin

    $a_g \leftarrow (a_0, a_2, a_4, \ldots, a_{n-2})$;

    $a_u \leftarrow (a_1, a_3, a_5, \ldots, a_{n-1})$;

    $(\varphi_0, \ldots, \varphi_{n/2-1}) \leftarrow DFT(a_g, \omega^2)$;

    $(\psi_0, \ldots, \psi_{n/2-1}) \leftarrow DFT(a_u, \omega^2)$;

    for i **from** 0 **to** $n/2 - 1$ **do begin**

        $\xi_i \leftarrow \varphi_i + \omega^i \cdot \psi_i$;

        $\xi_{n/2+i} \leftarrow \varphi_i + \omega^{n/2+i} \cdot \psi_i$;

    end

end

return $(\xi_0, \ldots, \xi_{n-1})$;

---

enthält und analog $DFT(\vec{a}_u, \omega^2)$ aus den Werten

$$(p_{\vec{a}_u}(1), p_{\vec{a}_u}(\omega^2), p_{\vec{a}_u}(\omega^4), \ldots, p_{\vec{a}_u}(\omega^{2(n/2-1)}))$$

besteht, kann man also die Fouriertransformierte $DFT(\vec{a}, \omega)$ mit Hilfe der beiden Transformierten $DFT(\vec{a}_g, \omega^2)$ und $DFT(\vec{a}_u, \omega^2)$ einfach ausrechnen. Die diskrete Fouriertransformierte lässt sich somit rekursiv berechnen. Ein entsprechendes Verfahren ist in Algorithmus 3.3 dargestellt.

Was können wir über die Laufzeit des Algorithmus sagen? Bezeichnen wir mit $T(n)$ die Laufzeit für einen Vektor $\vec{a}$ der Länge n, so gilt offenbar:

$$T(n) = 2 \cdot T(n/2) + O(n), \qquad T(1) = O(1).$$

Per Induktion rechnet man nach, dass daraus folgt $T(n) = O(n \log n)$. Das Nachprüfen dieser Behauptung wollen wir an dieser Stelle dem Leser überlassen. In Abschnitt 4.2.2 werden wir ein allgemeines Verfahren kennen lernen, aus dem man dieses Ergebnis unmittelbar ableiten kann.

Berechnung der inversen diskreten Fouriertransformierten. In diesem Abschnitt werden wir uns überlegen, wie man die inverse diskrete Fouriertransformierte $IDFT(\vec{\xi}, \omega)$ effizient berechnet. Das nächste Lemma zeigt, dass dies in der Tat sehr einfach ist: Man berechnet einfach die diskrete Fouriertransformierte bezüglich $\vec{\xi}$ und ω^{-1}.

Lemma 3.34 *Es gilt IDFT$(\vec{\xi}, \omega) = \frac{1}{n} DFT(\vec{\xi}, \omega^{-1})$.*

Beweis: Sei $\vec{\varphi} = (\varphi_0, \ldots, \varphi_{n-1}) = \frac{1}{n} DFT(\vec{\xi}, \omega^{-1})$. Wir müssen zeigen, dass $\vec{\varphi}$ gleich $IDFT(\vec{\xi}, \omega)$ ist. Nach Definition der inversen Fouriertransformierten ist dies genau dann der Fall, wenn $p_{\vec{\varphi}}(\omega^k) = \xi_k$ für alle $k = 0, \ldots, n-1$ ist. Um dies einzusehen, erinnern wir uns zunächst, dass nach Definition von $DFT(\vec{\xi}, \omega^{-1})$ gilt, $\varphi_j = \frac{1}{n} \sum_{r=0}^{n-1} \xi_r(\omega^{-j})^r$. Also gilt für alle $k = 0, \ldots, n-1$ auch

$$
\begin{aligned}
p_{\vec{\varphi}}(\omega^k) &= \sum_{j=0}^{n-1} \varphi_j \omega^{kj} = \sum_{j=0}^{n-1} \frac{1}{n} \left(\sum_{r=0}^{n-1} \xi_r(\omega^{-j})^r \right) \cdot \omega^{kj} \\
&= \sum_{r=0}^{n-1} \xi_r \cdot \frac{1}{n} \sum_{j=0}^{n-1} \omega^{j(k-r)} = \xi_k,
\end{aligned}
$$

wobei die letzte Gleichung aus Lemma 3.33 bzw. aus $\omega^0 = 1$ folgt. □

Polynommultiplikation. Wir fassen die Ergebnisse dieses Abschnittes noch einmal zusammen. Das Produkt zweier Polynome $p_{\vec{a}}(x)$ und $p_{\vec{b}}(x)$ kann man gemäß der Darstellung in Abbildung 3.1 durch insgesamt drei Berechnungen von diskreten Fouriertransformierten für Vektoren der Länge n und einer komponentenweise Multiplikation zweier Vektoren der Länge n berechnen. Der Wert n muss dabei mindestens so groß sein, wie der Grad des Ergebnispolynoms, also $n \geq \mathrm{grad}(p_{\vec{a}}) + \mathrm{grad}(p_{\vec{b}})$. Wir erhalten somit den folgenden Satz:

Satz 3.35 *Das Produkt zweier Polynome von Grad höchstens n lässt sich in Zeit $O(n \log n)$ berechnen.* □

3.3.3 Ausblick: CRC-Prüfsummen

In Rechnernetzwerken wird die Datenübertragung in der so genannten *Sicherungsschicht* (engl. *data link layer*) realisiert. Der Datenstrom des Senders wird hier geeignet in Blöcke (engl. *frames*) zerlegt. Diese Blöcke werden dann sequentiell übertragen, wobei für jeden Block ein Fehlerkontrollverfahren durchgeführt wird. Dieses soll sicherstellen, dass Fehler in der Übertragung erkannt und wenn möglich korrigiert werden. Ist dies nicht möglich, muss der Block nochmals übertragen werden. In der Praxis hat sich hier der Einsatz von CRC-Prüfsummenverfahren sehr bewährt. Deren grundsätzliche Funktionsweise wollen wir in diesem Abschnitt vorstellen.

CRC-Prüfsummen, von engl. _Cyclic Redundancy Code_, basieren darauf, dass man eine zu übertragende Zeichenfolge als Polynom auffasst. Aus diesem Polynom erzeugt man dann mit Hilfe einer Polynomdivision ein neues Polynom und liest aus dessen Koeffizienten eine so genannte Prüfziffernfolge ab, die an den Block angehängt wird.

Integraler Bestandteil jedes CRC-Verfahrens ist ein _Generatorpolynom_ $g(x)$. Seine Eigenschaften haben unmittelbare Auswirkungen auf die Anzahl und Art der Fehler, die erkannt werden, beeinflussen andererseits aber auch die erreichbaren Übertragungsgeschwindigkeiten. Wir werden am Ende dieses Abschnittes hierauf noch genauer eingehen. Hier sei nur so viel gesagt, dass der Grad des Polynoms genau der Anzahl Prüfziffern entspricht.

Jeder Block besteht, wie bereits erwähnt, aus den Bits der Nachricht sowie einigen zusätzlichen Prüfziffern. Die Prüfziffern werden dabei so gewählt, dass das Polynom, dessen Koeffizienten genau den Bits des gesamten Blockes entsprechen, durch $g(x)$ teilbar ist. Um dies genauer zu beschreiben, führen wir einige Bezeichnungen ein. Mit $a(x)$ bezeichnen wir das Polynom dessen Koeffizienten dem Nachrichtenblock entsprechen, $p(x)$ sei das zu den Prüfziffern und $b(x)$ das zum gesamten Block gehörende Polynom. Letzteres lässt sich natürlich gemäß $b(x) = a(x) \cdot x^k + p(x)$ aus den anderen beiden ableiten, wenn k die Anzahl Prüfziffern ist.

Das Polynom $p(x)$ soll die Eigenschaft haben, dass $b(x) = a(x) \cdot x^k + p(x)$ durch $g(x)$ teilbar ist. Um $p(x)$ zu bestimmen, führen wir eine Polynomdivision mit Rest für $a(x) \cdot x^k$ und $g(x)$ durch. Dadurch erhalten wir Polynome $t(x)$ und $r(x)$ mit

$$a(x) \cdot x^k = t(x) \cdot g(x) + r(x), \quad \text{mit } \operatorname{grad}(r) < \operatorname{grad}(g).$$

Setzen wir nun $p(x) = -r(x)$, so rechnet man sofort nach, dass dann gilt:

$$a(x) \cdot x^k + p(x) = t(x) \cdot g(x).$$

Wir sind also schon fast am Ziel. — Nur fast, weil wir noch ein Problem bislang unerwähnt gelassen haben. Bei der Polynomdivision für reelle Polynome, so wie wir sie in Abschnitt 3.3.1 eingeführt haben, werden die Koeffizienten der Polynome $t(x)$ und $r(x)$ im Allgemeinen nicht nur aus Nullen und Einsen bestehen, selbst wenn dies auf $a(x)$ und $g(x)$ zutrifft. Die Koeffizienten des Polynoms $p(x)$ entsprechen daher a priori nicht jeweils einer Prüfziffer, sondern ganzen Prüfzifferfolgen. Um wirklich nur jeweils eine Prüfziffer zu erhalten, gehen wir zu folgendem Trick über: wir führen alle vorkommenden arithmetischen Operationen modulo 2 durch. Dadurch ist dann sichergestellt, dass alle bei der Polynomdivision entstehenden Koeffizienten von $r(x)$ wirklich nur aus Nullen und Einsen bestehen. Wegen $-1 \equiv 1 \pmod 2$ gilt zusätzlich auch $p(x) = r(x) = -r(x)$.

Formal legitimieren werden wir solche modulo 2 Operationen im Zusammenhang mit Polynomen erst in Kapitel 5. Hier wollen wir uns aber zumindest an einem Beispiel von der Korrektheit des Verfahrens überzeugen.

BEISPIEL 3.36   Das Generatorpolynom sei $g(x) = x^3 + x + 1$. Es hat Grad 3, d.h. wir erhalten $k = 3$ Prüfziffern.

Zur Nachricht 100101 gehört das Polynom $a(x) = x^5 + x^2 + 1$. Nach Multiplikation mit x^k ergibt für $k = 3$: $a(x) \cdot x^k = x^8 + x^5 + x^3$. Dieses Polynom müssen wir nun durch $g(x)$ teilen. Bei der entsprechenden Polynomdivision notieren wir abkürzend nur die Koeffizienten der Polynome, alle Potenzen von x lassen wir weg:

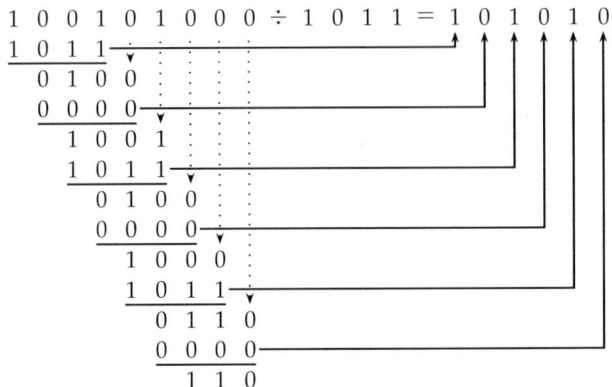

Wir erhalten also $t(x) = x^5 + x^3 + x$ und $p(x) = r(x) = x^2 + x$. Die CRC-Prüfsumme für die Nachricht 100101 ist daher 110. (Die Probe, dass das zu 100101110 gehörende Polynom $x^8 + x^5 + x^3 + x^2 + x$ wirklich durch $g(x)$ teilbar ist, überlassen wir dem Leser.)

Der Empfänger interpretiert die Bits des empfangenen Blocks ebenfalls als Koeffizienten eines Polynoms, das wir $b'(x)$ nennen wollen. Falls keinerlei Übertragungsfehler vorliegen, gilt $b'(x) = b(x)$. Ansonsten lässt sich $b'(x)$ als Summe $b'(x) = b(x) + e(x)$ schreiben, wobei jeder Einser-Koeffizient in $e(x)$ einem Übertragungsfehler an der entsprechenden Stelle entspricht. Dies ist möglich, da alle Koeffizienten von $b(x)$ und $b'(x)$ nur aus Nullen und Einsen bestehen, und wir ja vereinbart hatten, alle vorkommenden arithmetischen Operationen modulo 2 durchzuführen.

Wie können wir nun erkennen, ob Übertragungsfehler vorliegen? Wir testen, ob $g(x)$ das Polynom $b'(x)$ teilt. War die Übertragung fehlerfrei, so muss das Ergebnis 0 sein. (Denn wir hatten $p(x)$ ja gerade so gewählt, dass $b(x)$ durch $g(x)$ teilbar ist.) Ist das Ergebnis daher nicht 0, so liegt sicher ein Übertragungsfehler vor.

Die Umkehrung gilt allerdings leider nicht: es gibt durchaus von Null verschiedene Polynome, für die $b(x) + e(x)$ durch $g(x)$ ohne Rest teilbar ist. An dieser Stelle kommt nun die Wahl des Generatorpolynoms ins Spiel. Wählt man es geschickt, so kann man zeigen, dass häufig auftretende Fehler, wie zum Beispiel Singlebitfehler und Doublebitfehler (nur ein Bit bzw. zwei Bits kommen falsch an) oder allgemeiner so genannte Bursts der Länge r (r aufeinander folgende Bits kommen falsch an) in Abhängigkeit von r entweder mit Sicherheit oder zumindest mit hoher Wahrscheinlichkeit erkannt werden. In der Praxis kommen die folgenden Polynome zum Einsatz:

Norm	Generatorpolynom
CCITT	$x^{16} + x^{12} + x^5 + 1$
CRC-12	$x^{12} + x^{11} + x^3 + x^2 + x + 1$
CRC-16	$x^{16} + x^{15} + x^2 + 1$

3.4 Rechnen mit großen Zahlen

In vielen Bereichen der Informatik muss mit sehr großen Zahlen gerechnet werden. Wenn die Zahlen so groß sind, dass sie nicht mehr in ein Wort im Speicher passen, können sie nicht mehr mit den Maschinenbefehlen des Prozessors bearbeitet werden, und die Algorithmen zur Addition, Multiplikation usw. müssen softwaremäßig realisiert werden. Für die Addition ist dies einfach, für die Multiplikation andererseits wirft dies bereits überraschend viele Probleme und Fragen auf. In diesem Abschnitt werden wir einige grundsätzliche Realisierungsmöglichkeiten vorstellen.

Addition. Es seien a und b zwei (große) Zahlen. Die Wortgröße der zugrunde liegenden Rechnerarchitektur sei w. Stellen wir dann a und b zur Basis $\beta = 2^w$ dar, also $a = \sum_{k=0}^{n-1} a_k \beta^k$ und $b = \sum_{k=0}^{n-1} b_k \beta^k$ mit $0 \leq a_k, b_k < \beta$ für alle $k \in [n]$, so ergibt sich die Summe $a+b$ gemäß $a+b = \sum_{k=0}^{n-1} (a_k + b_k)\beta^k$. Für die Addition von a und b genügen also $O(n)$ normale, mit Maschinenbefehlen durchführbare Additionen.

Multiplikation: Die Schulmethode. Die beiden zu multiplizierenden Zahlen a und b seien wieder zur Basis β gegeben. Wenn wir das Produkt $a \cdot b$ nach der Methode berechnen, die in der Schule gelehrt wird, berechnen wir nacheinander die Zahlen

$$a \cdot b_0, \ a \cdot b_1, \ a \cdot b_2, \ \ldots, \ a \cdot b_{n-1}$$

und addieren diese dann geeignet auf. Zur Berechnung der Produkte $a \cdot b_k$ führen wir jeweils n Multiplikationen (und wegen der möglichen Überträge) $n - 1$ Additionen durch. Insgesamt machen wir das n mal und kommen so zu einer Anzahl von etwa n^2 Operationen.

Multiplikation: Ein rekursiver Ansatz. Bei der Schulmethode wird die Multiplikation zweier n-stelliger Zahlen auf n^2 mit einem Maschinenbefehl realisierbare Multiplikationen zurückgeführt. Alternativ hierzu stellen wir nun noch einen rekursiven Ansatz vor, bei dem die Multiplikation zweier n-stelliger Zahlen auf Multiplikationen von $(n/2)$-stelligen Zahlen zurückgeführt wird. Um unnötige Rechnereien mit Gaußklammern zu vermeiden, nehmen wir der Einfachheit halber ab jetzt an, dass n eine Zweierpotenz ist, also $n = 2^k$ für ein geeignetes $k \in \mathbb{N}$ ist. Dann kann man die Zahlen a und b in jeweils einen höher- und einen niederwertigen Teil aufteilen, d.h. wir schreiben $a = A_1 \beta^{n/2} + A_0$ und $b = B_1 \beta^{n/2} + B_0$. Für das Produkt von a und b gilt somit

$$
\begin{aligned}
a \cdot b &= (A_1 \beta^{n/2} + A_0) \cdot (B_1 \beta^{n/2} + B_0) \\
&= A_1 B_1 \beta^n + (A_1 B_0 + A_0 B_1)\, \beta^{n/2} + A_0 B_0.
\end{aligned}
$$

Wir haben also das Problem, die beiden n-stelligen Zahlen a und b zu multiplizieren, auf das Problem reduziert, 4 Zahlen mit $n/2$ Stellen zu multiplizieren und sie danach noch zu addieren. Wenn $T(n)$ die Anzahl arithmetischer Operationen ist, die wir benötigen, um zwei n-stellige Zahlen zu multiplizieren, so gilt

$$
T(n) = 4T(n/2) + cn \qquad \text{für } n \geq 2 \text{ und } T(1) = 1,
$$

wobei c eine geeignet gewählte Konstante ist. Leider hilft dies jedoch noch nichts: Wie wir später (vgl. Seite 155) sehen werden, gilt für die so definierte Funktion $T(n)$ noch immer $T(n) = \Theta(n^2)$. Verwenden wir jedoch für $a \cdot b$ die folgende, auf den ersten Blick viel komplizierter erscheinende Darstellung

$$
\begin{aligned}
a \cdot b &= (A_1 \beta^{n/2} + A_0) \cdot (B_1 \beta^{n/2} + B_0) \\
&= A_1 B_1 \beta^n + (A_1 B_0 + A_0 B_1)\, \beta^{n/2} + A_0 B_0 \\
&= A_1 B_1 (\beta^n + \beta^{n/2}) + \beta^{n/2}(A_1 - A_0)(B_0 - B_1) + (\beta^{n/2} + 1)A_0 B_0,
\end{aligned}
$$

so benötigt man (da $A_1 - A_0$ und $B_0 - B_1$ beides ebenfalls nur $n/2$-stellige Zahlen sind) nur noch 3 Multiplikationen für Zahlen mit $n/2$ vielen Stellen. Für die Anzahl arithmetischer Operationen $T'(n)$ gilt also nun:

$$
T'(n) = 3T'(n/2) + c'n \qquad \text{für } n \geq 2 \text{ und } T'(1) = 1
$$

für eine geeignete Konstante c'. Wenn man diese Gleichung auflöst (vgl. Seite 155), führt dies zu einer Laufzeit $T'(n)$ in der Größenordnung von $n^{1.59}$. In der Praxis lohnt sich der Einsatz dieses Verfahrens allerdings erst, wenn $n \geq 1000$ ist.

Multiplikation: Das Verfahren von Schönhage und Strassen. Der dritte Ansatz für die Realisierung der Multiplikation stellt gewissermaßen einen

CTS eventim.AG

eventim
YOUR PERSONAL ENTERTAINER

powerconcerts
veranstaltungs gmbh

Donau-Arena
Walhallaallee 22
93059 Regensburg

Mittelbayerische Zeitung & Gong FM präsentieren:

✱ ✱ **D I E Ä R Z T E** ✱ ✱

Jenseits der Grenze des Zumutbaren-Tour 2003

Block B14

Osttribüne

Reihe   Platz
10   9

EUR 30,00

Dienstag
09.Dez.03
20.00 Uhr

Inclusive Gebühren   Einlass: 18.30 Uhr, Ticket gilt
Systemgebühr EUR 1,00   als RVV-Fahrausweis, zug nur
VVK-Geb   EUR 2,70   2.Kl, kein IR/IC/EC ab 4 Std.
RVV-Gebühr EUR 0,55   vor Veranst. bis Betriebsschl.

DL 9032

230603 1205

912

00000091z   26062242

0014067844001902909304

Kompromiss zwischen Schulmethode und dem rekursiven Ansatz. Er hat zudem den Vorteil, dass er wesentlich schneller ist.

Hier stellen wir die beiden Zahlen zur Basis $\gamma = \beta^{n/f(n)}$ dar, wobei $f(n)$ eine Funktion ist, die wir weiter unten noch genauer spezifizieren werden. Dann gilt für das Produkt von a und b:

$$a \cdot b = \left(\sum_{i=0}^{f(n)} a_i \gamma^i \right) \cdot \left(\sum_{i=0}^{f(n)} b_i \gamma^i \right) = \sum_{k=0}^{f(n)} \left(\sum_{i=0}^{k} a_i b_{k-i} \right) \cdot \gamma^k.$$

Diese Darstellung sollte dem Leser sehr bekannt vorkommen: Ersetzt man das γ durch ein x, so stellt die letzte Gleichung genau das Produkt zweier Polynome mit Koeffizienten $(a_0, \ldots, a_{f(n)})$ und $(b_0, \ldots, b_{f(n)})$ dar. Aus Abschnitt 3.3.2 wissen wir, dass man das Produkt zweier Polynome mit maximalem Grad k durch $O(k \log k)$ arithmetische Operationen realisieren kann. Hier ist $k = f(n)$, die arithmetischen Operationen müssen allerdings für Zahlen der Größe $\gamma = \beta^{n/f(n)}$, also $(n/f(n))$-stellige Zahlen, durchgeführt werden. Wählt man $f(n)$ in der Größenordnung von $\sqrt{n}$ und führt noch einige geeignete Modifikationen bei der schnellen Fouriertransformierten durch, so erhält insgesamt ein Verfahren zur Multiplikation zweier n-stelliger Zahlen, das mit $O(n \log n \log \log n)$ Maschinenbefehlen auskommt. Die Details dieses 1971 von SCHÖNHAGE und STRASSEN vorgestellten Verfahrens sprengen allerdings den Rahmen dieses Buches.

Division.   Die Division zweier n-stelliger Zahlen kann man mit der Schulmethode analog zur Division zweier Polynome mit Hilfe von $O(n^2)$ Maschinenbefehlen durchführen. Zudem kann man zeigen, dass man für die Division asymptotisch nicht mehr Operationen benötigt als für die Multiplikation. Mit dem Verfahren von Schönhage und Strassen kann man daher auch die Division mit $O(n \log n \log \log n)$ Maschinenbefehlen realisieren. Auf die Angabe der Details müssen wir aus Platzgründen allerdings wieder verzichten.

Modulo-Berechnungen.   In den Zeiten des Internets sind kryptographische Verfahren in aller Munde. Auf das so genannte RSA-Verfahren werden wir im nächsten Abschnitt näher eingehen. Bei diesem, wie auch bei vielen anderen Verfahren, wird die zu sendende Nachricht als Binärdarstellung einer natürlichen Zahl interpretiert und die kodierte Nachricht daraus durch geeignete arithmetische Modulo-Berechnungen erzeugt. Hier wollen wir daher noch einige Fakten über deren algorithmische Realisierung zusammenstellen.

Für zwei Zahlen $a, b \in \mathbb{Z}_m$ gilt $0 \le a + b < 2m$. Die Summe $a + b$ modulo m lässt sich daher durch eine normale Addition und, falls das Ergebnis größer als m ist, einer anschließenden Subtraktion realisieren. D.h. man benötigt höchstens zwei Operationen auf Zahlen der Länge $O(\log m)$. Für die Multiplikation gilt wegen $a \cdot b < m^2$, dass man $a \cdot b \bmod m$ durch eine Multiplikation und eine anschließende Division mit Rest berechnen kann, wobei die auftretenden Zahlen höchstens $2 \lceil \log_2 m \rceil$ Bits enthalten. Hierfür kann man prinzipiell jedes der in den vorigen Absätzen vorgestellten Verfahren einsetzen. Für die in der Praxis vorkommenden Werte für m wird in aller Regel die Schulmultiplikation ausreichend sein.

Berechnung von Potenzen modulo m. Etwas aufwendiger gestaltet sich die Berechnung von $a^x \bmod m$ für große Zahlen a, m und x. Hier überlegt man sich zunächst sehr schnell, dass der naive Ansatz, zunächst a^x zu berechnen und dann den Rest modulo m zu bestimmen, bereits daran scheitert, dass die Darstellung von a^x aus $\lceil x \log_2 a + 1 \rceil$ vielen Bits besteht. Wenn daher a und x etwa 1000-stellige Zahlen sind, was für Anwendungen in der Kryptographie nicht ungewöhnlich ist, so besteht die Binärdarstellung von a^x aus etwa 10^{300} Bits — und dies ist eine Zahl, die die Anzahl Atome im Weltall bei weitem überschreitet. Hier ist daher ein anderer Ansatz nötig. Dieser beruht auf zwei Ideen. Zum einen verwendet man die Binärdarstellung von x, um a^x durch abwechselndes Multiplizieren und Quadrieren zu berechnen: für

$$x = \sum_{i=0}^{\xi} x_i 2^i = (\ldots (x_\xi \cdot 2 + x_{\xi-1}) \cdot 2 + \ldots + x_1) \cdot 2 + x_0$$

gilt

$$a^x = (\ldots ((a^{x_\xi})^2 \cdot a^{x_{\xi-1}})^2 \cdot \ldots \cdot a^{x_1})^2 \cdot a^{x_0}. \tag{3.7}$$

Die zweite wichtige Beobachtung ist, dass die Moduloberechnung mit der Multiplikation vertauschbar ist, dass also $(a \cdot b) \bmod m = (a \bmod m) \cdot (b \bmod m)$ für alle Zahlen a, b gilt. Führt man daher in (3.7) nach jeder Multiplikation eine Moduloberechnung durch, so wird verhindert, dass die berechneten Zwischenergebnisse zu groß werden. Insgesamt erhält man so ein Verfahren zur Berechnung von a^x, das mit $O(\log x)$ Multiplikationen und Moduloberechnungen für Zahlen in der Größenordnung von m auskommt.

BEISPIEL 3.37 Betrachte $a = 43$, $k = 50$ und $m = 67$. Die Binärdarstellung von 50 ist 110010. Der Rest von 43^{50} modulo 67 lässt sich daher wie folgt berechnen:

$$(((((43^2 \bmod 67) \cdot 43 \bmod 67)^2 \bmod 67)^2 \bmod 67)^2 \cdot 43 \bmod 67)^2 \bmod 67 = 15.$$

3.5 Ausblick: Kryptographische Protokolle

Die sichere Übertragung geheimer Nachrichten ist ein schon jahrtausendelang gehegter Traum der Menschheit. Kaum eine Geschichtsepoche wurde nicht maßgeblich durch Fort- bzw. Fehlschläge in der Kryptographie beeinflusst. Bekannt sind dem Leser sicherlich die Geschichten und Mythen über die ENGIMA-Maschinen der deutsche Wehrmacht und ihre Widersacher, die im Bletchley Park ansässigen britischen Kryptoanalysten, allen voran der bekannte Mathematiker und Informatiker ALAN TURING (1912–1954).

Einen erneuten Boom hat die Kryptographie in den letzten Jahren durch das Internet erfahren. Aus der Welt des e-Business und des e-Commerce sind kryptographische Protokolle nicht mehr wegzudenken. In diesem Zusammenhang hat sich aber sogar noch eine weitere Anforderung ergeben: in großem Umfang wollen jetzt Personen geheime Informationen austauschen, die sich persönlich gar nicht kennen — also auch nie Gelegenheit hatten, sich in einem vertrauten, abhörsicheren Gespräch auf die Verwendung bestimmter Kodierungsverfahren und -schlüssel zu einigen. Heutzutage findet sämtliche diesbezügliche Kommunikation ebenfalls über das Internet statt und kann daher grundsätzlich abgehört werden, und die aufgefangenen Informationen können missbraucht werden. Zum Einsatz kommen hier so genannte *asymmetrische Verfahren* (engl. *public key cryptography*), bei denen der Empfänger E einen Kodierungsschlüssel c öffentlich bekannt macht, den dazu passenden Dekodierungsschlüssel d aber geheim hält. Will nun ein beliebiger Sender S ihm eine geheime Nachricht zukommen lassen, kann dies ganz einfach dadurch geschehen, dass S seine Nachricht m mit dem öffentlichen Schlüssel c von E verschlüsselt und ihm die dadurch entstandene verschlüsselte Nachricht s zusendet. Dieses Versenden muss nicht über abhörsichere Kanäle geschehen, denn um aus s die eigentliche Nachricht m zu rekonstruieren, benötigt man den zu c passenden Dekodierungsschlüssel d — und den kennt nur der intendierte Empfänger E.

Die folgende Abbildung illustriert dieses Prinzip der asymmetrischen Kodierung, das aus nahe liegeden Gründen oft auch *Public-Key Kodierung* genannt wird, schematisch:

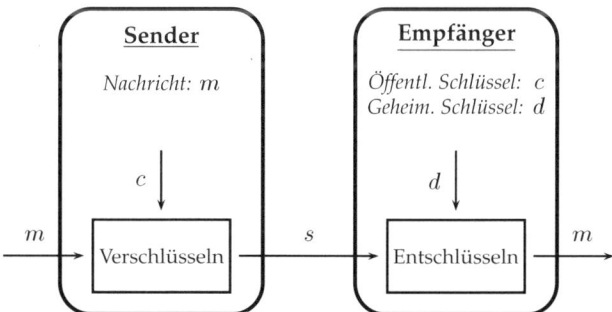

Das Konzept der asymmetrischen Kodierungsverfahren wurde 1976 von DIFFIE und HELLMAN eingeführt. Heutzutage gilt das 2 Jahre später von RIVEST, SHAMIR und ADLEMAN vorgeschlagene und nach ihnen benannte RSA-Verfahren als das asymmetrische Standardverfahren schlechthin.

Mathematisch liegt dem RSA-Verfahren eine einfache Folgerung aus dem kleinen Satz von Fermat zugrunde. Zur Realisierung wählt der Empfänger E zwei Primzahlen p und q, die er geheim hält, und berechnet $n = pq$ und $\varphi(n) = (p-1)(q-1)$, sowie zwei Zahlen k und ℓ, für die gilt: $\text{ggT}(k, \varphi(n)) = 1$ und $k \cdot \ell \equiv 1 \pmod{\varphi(n)}$.

> *Öffentlicher Schlüssel*: n, k
> *Geheimer Schlüssel*: ℓ

Die Primzahlen p und q spielen nur bei der Wahl von n eine Rolle. Für den eigentlichen Ablauf des RSA-Verfahrens sind sie nicht mehr nötig. Allerdings kann man aus der Kenntnis von p und/oder q den geheimen Schlüssel leicht berechnen, siehe Übungsaufgabe 3.16. Sie müssen daher ebenso wie $\varphi(n)$ unbedingt geheim gehalten werden.

Im Folgenden nehmen wir der Einfachheit halber an, dass die Nachricht aus einer natürlichen Zahl $m \in \mathbb{Z}_m$ besteht. Das eigentliche Ver- und Entschlüsseln findet dann wie folgt statt.

> *Verschlüsseln*: $s := m^k \bmod n$
> *Gesendete Nachricht*: s
> *Entschlüsseln*: $m := s^\ell \bmod n$

Korrektheit. Um die Korrektheit des RSA-Verfahrens einzusehen, müssen wir uns lediglich davon überzeugen, dass $s^\ell \bmod n$ wirklich wieder die Originalnachricht m ergibt. Nach Definition von s müssen wir also zeigen, dass $m^{k\ell} \equiv m \pmod{n}$. Da $n = pq$ das Produkt zweier Primzahlen ist, genügt es zu zeigen, dass

$$m^{k\ell} \equiv m \pmod{p} \qquad \text{und} \qquad m^{k\ell} \equiv m \pmod{q}.$$

Aus Symmetriegründen müssen wir nur p betrachten. Ist p ein Teiler von m, so ist die Aussage offenbar richtig. Ansonsten gilt nach dem Satz von Fermat:

$$m^{p-1} \equiv 1 \pmod{p}. \tag{3.8}$$

Nach Wahl der Zahlen k und ℓ gibt es ein $t \in \mathbb{Z}$, so dass $k\ell = t\varphi(n) + 1 = t(p-1)(q-1) + 1$. Aus (3.8) folgt daher $m^{k\ell-1} \equiv 1 \pmod{p}$ und somit auch $m^{k\ell} \equiv m \pmod{p}$.

Implementierung. Für die Erzeugung der öffentlichen und der privaten Schlüssel muss man zunächst die beiden Primzahlen p und q erzeugen. Wie dies möglich ist, haben wir in Abschnitt 3.1 bereits angedeutet; die Details werden wir im zweiten Band des vorliegenden Buches kennen lernen. Die Erzeugung der Zahlen k und ℓ geschieht mit dem erweiterten euklidischen Algorithmus: Man wählt sich eine (nicht zu kleine) natürliche Zahl $k < n$

zufällig und testet mit dem erweiterten euklidischen Algorithmus, ob sie teilerfremd mit n ist. Falls ja, kann man aus der Ausgabe des Algorithmus wie im Beweis von Satz 3.15 die Zahl ℓ berechnen. Falls nein, wählt man eine neue Zahl k und wiederholt dieses Verfahren so lange, bis man eine teilerfremde Zahl gefunden hat. Da es hinreichend viele zu n teilerfremde Zahlen gibt (vgl. Übungsaufgabe 3.7), wird man im Allgemeinen sehr schnell fündig.

Problematisch ist hingegen das eigentliche Ver- und Entschlüsseln der Nachrichten, da für die beim RSA-Verfahren zum Einsatz kommenden großen Zahlen selbst scheinbar einfache Multiplikationen bereits sehr rechenaufwendig sind (vgl. Abschnitt 3.4). Hier kommt daher oft die folgende Kombination aus dem asymmetrischen RSA-Verfahren und einem effizienter implementierbaren symmetrischen Verfahren, wie zum Beispiel dem von der amerikanischen Regierung vorgeschlagene Data Encryption Standard (DES), zum Einsatz: die eigentliche Nachricht wird mit DES verschlüsselt. Der hierbei verwendete Schlüssel wird jedoch zu Beginn der Übertragung mittels RSA zwischen Sender und Empfänger ausgetauscht.

Sicherheit. Die Sicherheit von RSA beruht auf der Annahme, dass aus der alleinigen Kenntnis der öffentlichen Schlüssel n und k und der kodierten Nachricht s ein Rekonstruieren der Originalnachricht m nicht möglich ist. Grundsätzlich gibt es zwei Möglichkeiten zum „Knacken" des RSA-Verfahrens. Zum einen kann man versuchen, n zu faktorisieren, also die beiden Primzahlen p und q zu bestimmen. Mit deren Kenntnis kann man $\varphi(n)$ und mittels des euklidischen Algorithmus dann auch den zu k passenden geheimen Schlüssel ℓ berechnen. Die andere Möglichkeit wäre, aus Kenntnis von s, k und n direkt ein m zu berechnen mit $m^k \equiv s \pmod{n}$. Dieses Problem ist unter dem Namen *diskreter Logarithmus* bekannt. Es gilt, ebenso wie das Faktorisieren, als „schwierig". Allerdings konnte bis heute der genaue komplexitätstheoretische Status der beiden Probleme noch nicht geklärt werden. Insbesondere konnte noch nicht gezeigt werden, dass die beiden Probleme $\mathcal{NP}$-schwer sind. Für die Sicherheit von RSA ist man daher darauf angewiesen, die Primzahlen p und q so groß zu wählen, dass alle bekannten Verfahren für die Faktorisierung bzw. die Bestimmung des diskreten Logarithmus nicht in vernünftiger Zeit durchführbar sind. Konkret bedeutet dies, dass die Bitlänge von $n = pq$ nicht zu klein sein darf. Die aktuelle Empfehlung von RSA Inc. ist, für extrem sicherheitsbedürftige Nachrichten eine Bitlänge von 2048 Bits für n (bzw. je etwa 1024 Bits für p und q) zu wählen.

Digitale Unterschrift. Im täglichen Leben gilt eine handschriftliche Unterschrift unter einem Dokument als Echtheitsgarantie. Eine Email hingegen bietet diese Sicherheit nicht. Mit Hilfe des RSA-Verfahrens kann man allerdings eine digitale Unterschrift erzeugen, die zudem noch wesentlich fälschungssicherer ist als eine herkömmliche handschriftliche Unterschrift. Die Vorgehensweise ist dabei ganz einfach: der Sender S verschlüsselt seine Nachricht m mit seinem eigenen, nur ihm bekannten geheimen Schlüssel ℓ gemäß $s := m^\ell \pmod{n}$. (Aus Effizienzgründen wird in der Praxis oft auch lediglich ein mit MD5 oder vergleichbaren Verfahren berechneter Hashwert der eigentlichen Nachricht verschlüsselt.) Jeder Empfänger der kodierten Nachricht s kann diese gemäß $m = s^k \pmod{n}$ unter Verwendung der öffentlichen Schlüssel k und n wieder entschlüsseln. Da das Erzeugen der kodierten Nachricht s ohne Kenntnis des geheimen Schlüssels ℓ genauso schwierig ist, wie das „Knacken" des RSA-Verfahrens, darf der Empfänger guten Gewissens davon ausgehen, dass die Nachricht m wirklich vom Sender S geschrieben wurde. Voraussetzung dafür ist allerdings, dass der Empfänger sicher weiß, dass der öffentliche Schlüssel auch wirklich von der entsprechenden Person stammt. Hier hat sich in den letzten Jahren der Einsatz so genannter *Trustcenter* bewährt, die die Verbreitung der öffentlichen Schlüssel übernehmen.

Übungsaufgaben

3.1⁻ Eine Zahl n ist in ihrer Dezimaldarstellung $a_0 a_1 \ldots a_k$ angegeben. Beweisen Sie: n ist dann und nur dann durch 9 teilbar, wenn die Quersumme $\sum_{i=0}^{k} a_i$ durch 9 teilbar ist.

3.2⁻ Eine Zahl n ist in ihrer Dezimaldarstellung $a_k a_{k-1} \ldots a_0$ angegeben. Beweisen Sie: n ist dann und nur dann durch 11 teilbar, wenn die *alternierende Quersumme* $\sum_{i=0}^{k} (-1)^i \cdot a_i$ durch 11 teilbar ist.

3.3⁻ Beweisen Sie, dass für alle natürlichen Zahlen a, b gilt:
$$a \cdot b = \mathrm{ggT}(a,b) \cdot \mathrm{kgV}(a,b).$$

3.4⁻ Beweisen Sie, dass für alle Primzahlen p gilt:
$$(a+b)^p \equiv a^p + b^p \pmod{p}.$$

3.5 Sei $m \in \mathbb{N}$ ungerade. Bestimmen Sie die Anzahl Lösungen von $x^2 \equiv 1 \pmod{m}$ in $\mathbb{Z}_m$.

3.6⁻ Bestimmen Sie mit Hilfe eines Computerprogramms eine natürliche Zahl $n \in \mathbb{N}$, so dass $2^{2^n} + 1$ keine Primzahl ist.

3.7⁻ Es sei n das Produkt zweier Primzahlen p und q mit $p, q \geq 5$. Zeigen Sie, dass dann $|\mathbb{Z}_n^*| \geq \frac{1}{2} n$.

3.8 Mit welcher Ziffer endet die Dezimaldarstellung von 81^n?

3.9 Wie viele Lösungen hat die Gleichung
$$x^2 + y^2 = 4z + 3$$
mit $x, y, z \in \mathbb{Z}$?

3.10 Auf einer Insel leben 13 grüne, 15 rote und 17 braune Chamäleons. Wenn sich zwei verschiedenfarbige Chamäleons begegnen, ändern sie beide ihre Farbe in die dritte Farbe. Ist es möglich, dass durch eine Folge von Begegnungen alle Chamäleons eine Farbe erhalten?

3.11 Beweisen Sie, dass für p prim, $p \geq 5$ gilt: $p^2 - 1$ ist durch 24 teilbar.

3.12 Sei p eine Primzahl. Für eine natürliche Zahl $n \geq 1$ sei $e_p(n)$ die größte Potenz von p, die n teilt. Beweisen Sie

$$e_p(n!) = \sum_{k \geq 1} \lfloor \frac{n}{p^k} \rfloor.$$

Geben Sie eine möglichst genaue obere Schranke für $e_p(n!)$ an.

3.13 Die Menge aller Brüche $0 \leq \frac{m}{n} \leq 1$ mit $\mathrm{ggT}(m, n) = 1$ lässt sich auf folgende Weise induktiv konstruieren. Sei $S_0 = \{\frac{0}{1}, \frac{1}{1}\}$. Die Menge S_{r+1} entsteht aus S_r, indem in S_r zwischen zwei aufeinander folgende Brüche $\frac{m}{n}$ und $\frac{m'}{n'}$ der Bruch $\frac{m+m'}{n+n'}$ eingefügt wird. Beweisen Sie, dass für alle $r \geq 0$ gilt:
1. Wenn $\frac{m}{n}$ und $\frac{m'}{n'}$ zwei aufeinander folgende Brüche in S_r sind, so gilt $\frac{m}{n} < \frac{m+m'}{n+n'} < \frac{m'}{n'}$.
2. In jedem Bruch in S_r sind der Zähler und der Nenner teilerfremd.

3.14 Diskutieren Sie die Lösbarkeit des Systems

$$\begin{aligned} x &\equiv a \pmod{m} \\ x &\equiv b \pmod{n} \end{aligned}$$

in Abhängigkeit von Parametern a, b, m, und n.

3.15 Zeigen Sie, dass die Anzahl der rekursiven Aufrufe des euklidischen Algorithmus EUKLID(m, n) nur von dem Quotienten n/m abhängt.

3.16⁻ Zeigen Sie, dass man bei dem RSA-Verfahren aus der Kenntnis der öffentlichen Schlüssel n und k *und* einer der beiden Primzahlen, sagen wir p, die geheimen Schlüssel $\varphi(n)$ und ℓ berechnen kann.

3.17 Kodieren Sie den Text DIESE INFO IST GEHEIM mit dem RSA-Verfahren für $n = 2773$ und $k = 17$. Ersetzen Sie dazu zunächst jeden Buchstaben gemäß Leerzeichen=00, A=01, ..., Z=26 durch zwei Ziffern und kodieren Sie dann je vier Ziffern mit dem RSA-Verfahren.

3.18 Beweisen Sie Satz 3.17.

3.19⁺ Beweisen Sie Satz 3.18

3.20 Beweisen Sie Lemma 3.19.

3.21 Beweisen oder widerlegen Sie: Für jedes $n \in \mathbb{N}$ gilt $n = \sum \varphi(d)$, wobei die Summe über alle positiven Teiler d von n läuft.

3.22 Für gegebene $a, b \in \mathbb{N}$ sei $M_{a,b} := \{a\mu + b\lambda \mid \mu, \lambda \in \mathbb{Z}\}$. Geben Sie eine notwendige und hinreichende Bedingung dafür, dass $M_{a,b}$ die Zahl 1 enthält.

3.23 Beweisen Sie: $n^5 - n \equiv 0 \pmod{30}$.

3.24 Bestimmen Sie ein $0 \le x < 13$ mit $5^{(13^{25})} \equiv x \pmod{13}$.

3.25 In einem Rechnerraum stehen n Rechner. Am frühen Morgen schaltet der erste Mitarbeiter, der eintrifft, alle Monitore ein. Der zweite Mitarbeiter betätigt nur jeden zweiten Monitorschalter (ändert also den Zustand von 'ein' in 'aus' und umgekehrt), der dritte Mitarbeiter nur jeden dritten Monitorschalter, und so weiter, bis der n-te Mitarbeiter nur noch den n-ten Monitorschalter drückt. Wie viele Monitore sind danach angeschaltet?

3.26⁺ Es seien $p_1, \ldots, p_k$ paarweise verschiedene Primzahlen und $n = p_1 \cdot \ldots \cdot p_k$. Weiter sei $M \subseteq [n]$ eine Menge, so dass für $x \in M$ gilt $x \mid n$ und für alle $x, y \in M$ mit $x < y$ gilt $x \nmid y$. Wie viele Elemente kann M höchstens enthalten? (Hinweis: In der Literatur ist diese Aussage – in einer leichten Umformulierung – auch als *Satz von Sperner* bekannt.)

3.27⁺ Beweisen Sie den *Satz von Wilson*: Für jede Primzahl p gilt $(p - 1)! \equiv -1 \pmod{p}$.

3.28⁺ Beweisen Sie, dass es zu jeder Primzahl p unendlich viele Zahlen $n \in \mathbb{N}$ gibt, so dass $2^n - n$ durch p teilbar ist.

3.29⁻ Bestimmen Sie einen größten gemeinsamen Teiler der beiden Polynome $4x^4 + 12x^3 - 3x^2 + 3x - 1$ und $3x^3 + 11x^2 + 3x - 2$. Zeigen Sie, dass dieser nicht eindeutig ist.

3.30 Beweisen Sie, dass für $m, n \in \mathbb{N}$ mit $m < n$ das Polynom $x^{2^n} - 1$ ohne Rest durch $x^{2^m} + 1$ teilbar ist.

3.31 Beweisen Sie, dass für $a, m, n \in \mathbb{N}$ mit $m > n$ gilt:

$$\operatorname{ggT}(a^{2^m} + 1, a^{2^n} + 1) = 1, \qquad \text{falls } a \text{ gerade;}$$
$$\operatorname{ggT}(a^{2^m} + 1, a^{2^n} + 1) = 2, \qquad \text{falls } a \text{ ungerade.}$$

(Hinweis: Verwenden Sie Aufgabe 3.30.)

3.32⁻ Verwenden Sie Aufgabe 3.31 um anhand der Folge $2^{2^1} + 1, 2^{2^2} + 1, 2^{2^3} + 1, \ldots$ zu zeigen, dass es unendlich viele Primzahlen gibt.

3.33 Beweisen Sie, dass es unendliche viele Primzahlen der Form $4n + 3$ gibt.

4

Analyse von Algorithmen

Algorithmen sind das Kernstück der Informatik. Die Unentscheidbarkeit des Halteproblems ist eine der großen Errungenschaften der theoretischen Informatik. Algorithmen für endliche diskrete Strukturen zu finden, ist andererseits prinzipiell meist sehr einfach: Wird eine Teilmenge einer Menge mit bestimmten Eigenschaften gesucht, so kann man diese dadurch finden, dass man alle Teilmengen der Menge durchprobiert. Ob ein Graph $G = (V, E)$ einen Hamiltonkreis besitzt, kann man testen, indem man für alle Hamiltonkreise des vollständigen Graphen mit Knotenmenge V prüft, ob sie auch in G enthalten sind. Da ein vollständiger Graph auf n Knoten nur $(n-1)!/2$ viele verschiedene Hamiltonkreise enthält, ist dies sicherlich in endlicher Zeit möglich. Diese Beispiele zeigen allerdings auch, dass solche, auf vollständiger Enumeration beruhende Algorithmen, zwar in endlicher Zeit terminieren, aus praktischer Sicht aufgrund ihrer exponentiellen Laufzeit aber nur für sehr kleine Instanzen verwendet werden können.

Beim Studium von Algorithmen für endliche diskrete Strukturen tritt daher ein wichtiges Phänomen in den Vordergrund: man sucht nach *effizienten* Verfahren. In diesem Kapitel wollen wir einige wichtige Ansätze zur Konstruktion von effizienten Verfahren für diskreten Strukturen vorstellen und auf ihre Analyse eingehen. Für die Bestimmung der Laufzeit von Algorithmen spielt das Lösen von Rekursionsgleichungen eine zentrale Rolle. Der zweite Teil des Kapitels ist daher diesem Themenkomplex gewidmet.

4.1 Grundlegende algorithmische Verfahren

4.1.1 Divide and Conquer

Divide et impera. — Diese Maxime des antiken Rom hat im Computerzeitalter ihre moderne Entsprechung gefunden. Die grundlegende Idee der unter dem englischen Namen *Divide and Conquer* bekannt gewordenen Verfahren ist, das zu lösende Problem in kleinere Teilprobleme aufzuteilen (Divide), die Teilprobleme zu lösen und aus deren Lösung die Lösung des ursprünglichen Problems zu berechnen (Conquer). Beispiele für Divide and Conquer Verfahren sind uns bereits mehrfach begegnet: das rekursive Verfahren zur Multiplikation großer Zahlen (Seite 124), die schnelle Fouriertransformation (Seite 115), aber auch der euklidische Algorithmus (Seite 103). Zwei weitere klassische Divide and Conquer Verfahren werden wir in diesem Kapitel vorstellen. Wir beginnen mit einem Beispiel bei dem der Conquer Schritt, also das Zusammensetzen der Lösung aus den Lösungen der Teilprobleme, entfällt.

Binäre Suche. Eines der grundlegenden algorithmischen Probleme ist das Speichern und (schnelle) Wiederfinden von Daten. Hierfür kennt man viele ausgefeilte Methoden und Datenstrukturen. Wir wollen uns hier auf die Analyse eines ganz einfaches Modells beschränken: die Suche nach einem Element x in einem Feld $a[1..n]$ der Länge n. Ohne weitere Zusatzinformationen über das Feld $a[]$ bleibt einem natürlich keine andere Wahl, als das Element x sukzessive so lange mit allen Elementen des Feldes $a[1], a[2], \ldots$ zu vergleichen, bis man entweder das Element gefunden oder aber x mit jedem der n Elemente des Feldes verglichen hat. Im schlimmsten Fall benötigt man daher n Vergleiche. Weiß man andererseits, dass die Elemente des Feldes aufsteigend sortiert sind, also $a[1] \leq a[2] \leq \ldots \leq a[n]$, dann ist man mit der *binären Suche* wesentlich schneller. Bei einer binären Suche betrachtet man zunächst das Element $a[\lceil n/2 \rceil]$, das sich in der Mitte des Feldes befindet. Je nachdem, ob $x \leq a[\lceil n/2 \rceil]$ oder $x > a[\lceil n/2 \rceil]$ wird rekursiv in der linken bzw. rechten Hälfte des Feldes a weitergesucht. Der Algorithmus endet, wenn das verbliebene Feld nur noch aus einem einzigen Element besteht, da man dann nur noch prüfen muss, ob dieses Element das gesuchte Element x ist.

Wie viele Vergleiche benötigt die binäre Suche in einem Feld der Länge n höchstens? Da die Länge des Feldes in jedem Schritt in etwa halbiert wird, sollte der Algorithmus schlimmstenfalls ungefähr $\log_2 n$ Vergleiche benötigen. Wie viele Vergleiche sind es aber genau? Die Tatsache, dass das Feld a nicht in jedem Schritt gerade Länge hat (nur dann bestehen die beiden „Hälften" links und rechts von dem Element $a[\lceil n/2 \rceil]$ beide aus genau $n/2$ Elementen), macht die Analyse recht trickreich.

Algorithmus 4.1 Binäre Suche

Eingabe: Aufsteigend sortiertes Feld $a[1..n]$, Indizes $1 \leq l \leq r \leq n$,
            Element x.

Ausgabe: Index i mit $a[i] = x$; 0 falls alle Elemente $a[l..r]$ ungleich x sind.

func BinäreSuche(a, l, r, x);

if $l = r$ **then**

     if $x = a[l]$ **then**

         return (l)

     else

         return (0)

else

     $m \leftarrow l + \lfloor \frac{r-l}{2} \rfloor$;

     if $x > a[m]$ **then**

         return $(\text{BinäreSuche}(a, m + 1, r, x))$

     else

         return $(\text{BinäreSuche}(a, l, m, x))$

Satz 4.1 *Die maximale Anzahl B_n der Vergleiche (von x mit Elementen aus dem Feld $a[]$) während einer binären Suche in einem Feld der Größe n genügt der folgenden Rekursionsgleichung:*

$$B_n = B_{\lceil n/2 \rceil} + 1 \quad \text{für } n \geq 2, \text{ wobei } B_1 = 1.$$

Die exakte Lösung der Rekursion lautet

$$B_n = \lceil \log_2 n \rceil + 1.$$

Beweis: Falls $l = r$ ist, das Teilfeld $a[l..r]$ also nur ein Element enthält, so genügt natürlich ein Vergleich, um zu entscheiden, ob x in $a[l..r]$ enthalten ist. Ansonsten enthält das Teilfeld $a[l..r]$ genau $n' := r - l + 1 \geq 2$ viele Elemente. Setzt man $m = l + \lfloor (r - l)/2 \rfloor = l + \lfloor (n' - 1)/2 \rfloor$, so enthält die linke Hälfte $a[l..m]$ des Feldes genau $\lfloor (n' - 1)/2 \rfloor + 1 = \lceil n'/2 \rceil$ viele Elemente, während die rechte Hälfte $a[m + 1..r]$ des Feldes genau $n' - \lceil n'/2 \rceil = \lfloor n'/2 \rfloor$ viele Element enthält. Die Gültigkeit der Rekursionsgleichung ist damit gezeigt.

Für die Lösung der Rekursionsgleichung zeigen wir durch Induktion über $k \in \mathbb{N}_0$, dass gilt:

$$B_n = k + 2 \text{ für alle } n \in \{2^k + 1, \ldots, 2^{k+1}\}.$$

Da für alle $n \in \{2^k + 1, \ldots, 2^{k+1}\}$ gilt: $\lceil \log_2(n) \rceil = k + 1$ ist die Behauptung damit dann gezeigt.

Betrachten wir zunächst den Fall $k = 0$. Da $n = 2$ die einzige natürliche Zahl ist, die die Bedingung $2^0 + 1 \leq n \leq 2^1$ erfüllt, ist die Behauptung wegen

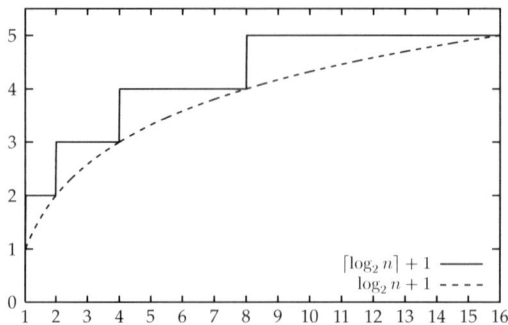

Abbildung 4.1: Anzahl Vergleiche $B_n = \lceil \log_2 n \rceil + 1$ bei einer binären Suche.

$B_2 = B_1 + 1 = 2$ für $k = 0$ richtig. Für den Beweis des Induktionsschrittes sei nun $k \geq 1$. Für jedes $n \in \{2^k + 1, \ldots, 2^{k+1}\}$ gilt $2^{k-1} + 1 = \lceil (2^k + 1)/2 \rceil \leq \lceil n/2 \rceil \leq 2^k$. D.h., wenn $n \in \{2^k + 1, \ldots, 2^{k+1}\}$, so gilt $\lceil n/2 \rceil \in \{2^{k-1} + 1, \ldots, 2^k\}$. Durch Anwendung der Rekursionsgleichung folgt mit Hilfe der Induktionsannahme daher, dass für jedes $n \in \{2^k + 1, \ldots, 2^{k+1}\}$ gilt: $B_n = B_{\lceil n/2 \rceil} + 1 = [(k-1) + 2] + 1 = k + 2$. $\qquad\square$

Mergesort. Einer der klassischen Divide and Conquer-Algorithmen ist das Sortierverfahren MERGESORT. Um eine Menge von n Objekten zu sortieren, spaltet Mergesort die Menge in zwei Teilmengen mit jeweils $\lceil n/2 \rceil$ und $\lfloor n/2 \rfloor$ Objekten auf und sortiert diese rekursiv. Anschließend wird aus den beiden sortierten Teillisten die sortierte Liste der n Elemente berechnet.

Algorithmus 4.2 MERGESORT

Eingabe: Feld $a[1..n]$ von n Objekten, Indizes l, r.
Ausgabe: Feld $a[1..n]$, wobei die Einträge $a[l..r]$ sortiert sind.
if $r > l$ **then begin**
    $m \leftarrow l + \lfloor \frac{r-l}{2} \rfloor$;
    MERGESORT(a, l, m);
    MERGESORT$(a, m + 1, r)$;
    Erzeuge aus den sortierten Feldern $a[l..m]$ und $a[m + 1..r]$ ein
    sortiertes Feld und speichere es in $a[l..r]$;
end

Wir wollen nun die Anzahl Vergleiche bestimmen, die der Mergesort beim Sortieren eines Feldes mit n Elementen durchführt. Da es für das „Mischen" der sortierten Teilfelder mehrere Realisierungsmöglichkeiten gibt, wollen wir uns zunächst auf eine einigen. Wir kopieren $a[l..m]$ und $a[m+1..r]$ in Hilfsfelder $b[]$ und $c[]$, ergänzen die beiden neuen Felder am Ende durch eine Zahl Max, die größer ist als alle Elemente in $a[]$ und bestimmen dann $r-l+1$ mal das kleinere von zwei Elementen aus $b[]$ und $c[]$:

```
for i from 0 to m − l do b[i] ← a[l + i];
for i from 0 to r − m − 1 do c[i] ← a[m + 1 + i];
b[l − m + 1] ← Max; c[r − m] ← Max; i ← 0; j ← 0;
for k from l to r do begin
        if b[i] ≤ c[j] then
                begin a[k] ← b[i]; i ← i + 1 end
        else
                begin a[k] ← c[j]; j ← j + 1 end
end
```

Bezeichnen wir mit C_n die Anzahl Vergleiche, die Mergesort durchführt, wenn ein Feld mit n Elementen sortiert wird, dann gelten die folgenden Gleichungen:

$$C_n = C_{\lfloor n/2 \rfloor} + C_{\lceil n/2 \rceil} + n \quad \text{für alle } n > 1 \quad \text{und } C_1 = 0.$$

(Man beachte: wir zählen hier nur die Vergleiche zwischen Elementen aus $a[]$, nicht aber die Vergleiche, die für die Realisierung der for-Schleifen etc. benötigt werden.)

Eine Rekursionsgleichung wie die für C_n ist typisch für die Analyse von Algorithmen, die nach dem Divide and Conquer Verfahren arbeiten. Das Bestimmen der exakten Werte ist hier im Allgemeinen sehr aufwendig. Dies liegt nicht zuletzt daran, dass ein Problem der Größe n nicht wiederholt in zwei Teilprobleme (genau) gleicher Größe aufgeteilt werden kann. Beim Mergesort führt die Aufteilung für ungerades n zu zwei Teilproblemen, von denen das eine um 1 größer ist als das andere. Für große n ist dieser Unterschied allerdings in der Regel vernachlässigbar. Bei der Analyse beschränkt man sich daher meist auf asymptotische Aussagen. Wie man diese findet, werden wir in Abschnitt 4.2.2 erörtern. Hier wollen wir aber zunächst die Gleichung noch exakt lösen.

Satz 4.2 *Die Anzahl Vergleiche C_n, die Mergesort benötigt, um ein Feld der Größe n zu sortieren, ist durch die Rekursion*

$$C_n = C_{\lfloor n/2 \rfloor} + C_{\lceil n/2 \rceil} + n \quad \text{für } n \geq 2 \text{ und } C_1 = 0$$

gegeben. Die exakte Lösung ist

$$C_n = n \lfloor \log_2 n \rfloor + 2n - 2^{\lfloor \log_2 n \rfloor + 1}.$$

Beweis: Wir betrachten zunächst eine neue Folge D_n ein, wobei wir $D_n :=$ $C_{n+1} - C_n - 1$ setzen. Für D_n gilt die Rekursion

$$D_n = D_{\lfloor n/2 \rfloor} + 1 \quad \text{für } n \geq 2 \text{ mit } D_1 = 1.$$

Um dies einzusehen, unterscheiden wir die beiden Fälle, dass n gerade bzw. ungerade ist. Für gerades $n = 2k$ gilt:

$$
\begin{aligned}
D_n &= D_{2k} = C_{2k+1} - C_{2k} - 1 \\
&= C_k + C_{k+1} + 2k + 1 - (C_k + C_k + 2k) - 1 \\
&= C_{k+1} - C_k = D_k + 1 = D_{\lfloor n/2 \rfloor} + 1.
\end{aligned}
$$

Für ungerades $n = 2k + 1$ ist die Rechnung ganz ähnlich.

Die Rekursion für D_n ist analog zu der aus Satz 4.1 über die binäre Suche (untere statt obere Gaußklammer). Ähnlich wie im Beweis von Satz 4.1 folgt

$$D_n = \lfloor \log_2 n \rfloor + 1.$$

Hierfür gibt es auch ein schönes anschauliches Argument. Dazu überlegen wir uns zunächst, dass die Berechnung von $\lfloor n/2 \rfloor$ genau der Verschiebung um ein Bit nach rechts in der Binärdarstellung von n entspricht. Und da dieser Vorgang so oft wiederholt wird, bis eine 1 übrigbleibt, ist D_n gleich der Anzahl Bits in der Binärdarstellung von n (wobei führende Nullen nicht gezählt werden). Diese Anzahl ist aber gleich $\lfloor \log_2 n \rfloor + 1$.

Mit Hilfe der Teleskopsummenregel ergibt sich aus dieser Darstellung für D_n, dass

$$
\begin{aligned}
C_n &= C_n - C_1 = \sum_{k=1}^{n-1} (C_{k+1} - C_k) = n - 1 + \sum_{k=1}^{n-1} D_k \\
&= n - 1 + \sum_{1 \leq k < n} (\lfloor \log_2 k \rfloor + 1).
\end{aligned}
$$

Für die Vereinfachung dieses Ausdrucks erinnern wir uns zunächst daran, dass $\lfloor \log_2 k \rfloor + 1$ genau die Anzahl Bits in der Binärdarstellung von k ist. Die Summe entspricht also genau der Anzahl Bits, die für die Binärdarstellung der Zahlen von 1 bis $n - 1$ zusammen benötigt werden. Alle diese Zahlen bestehen aus mindestens einem Bit, alle Zahlen außer der 1 (davon gibt es genau $n-2$) benötigen außerdem noch ein zweites Bit; alle Zahlen außer 1,2 und 3 (also genau $n - 4$ Zahlen) haben noch ein drittes Bit, usw. Insgesamt haben die Zahlen von 1 bis $n - 1$ zusammen also $(n - 1) + (n - 2) + (n - 4) + \cdots + (n - 2^{\lfloor \log_2 n \rfloor})$ Bits. Wenn wir dies in den Ausdruck für C_n einsetzen, erhalten wir

$$
\begin{aligned}
C_n &= (n - 1) + (n - 1) + (n - 2) + (n - 4) + \cdots + (n - 2^{\lfloor \log_2 n \rfloor}) \\
&= (n - 1) + n(\lfloor \log_2 n \rfloor + 1) - (1 + 2 + 4 + \cdots + 2^{\lfloor \log_2 n \rfloor}) \\
&= n \lfloor \log_2 n \rfloor + 2n - 2^{\lfloor \log_2 n \rfloor + 1}. \qquad \square
\end{aligned}
$$

Der euklidische Algorithmus. Auch der in Abschnitt 3.2.2 vorgestellte euklidische Algorithmus 3.1 ist ein Divide and Conquer Verfahren: die zu behandelnden Zahlen werden ja von Aufruf zu Aufruf strikt kleiner. Der Conquer-Schritt ist bei der einfachen Variante (Algorithmus 3.1) natürlich trivial, da nicht vorhanden. Bei der erweiterten Version (Algorithmus 3.2) besteht er andererseits genau aus der Berechnung der neuen Werte x und y aus den rekursiv berechneten Werten x' und y'. Schuldig geblieben sind wir dem Leser in Abschnitt 3.2.2 die Analyse der Laufzeit. Diese ist auch nicht ganz einfach. Bedingt durch die Modulo-Berechnung ist es nämlich a priori überhaupt nicht klar, wie groß die Zahlen sind, für die der Algorithmus rekursiv aufgerufen wird. Das folgende Lemma bestimmt gewissermaßen Zahlen, für die das Laufzeitverhalten am schlechtesten ist.

Lemma 4.3 *Definiert man eine Folge von Zahlen* $(F_n)_{n\in\mathbb{N}}$ *wie folgt:*

$$F_n = F_{n-1} + F_{n-2} \quad \text{für } n \geq 2 \text{ und } F_1 = 1, F_0 = 0,$$

so gilt für alle $k \in \mathbb{N}$:

1. *Ein Aufruf von* EUKLID(F_{k+3}, F_{k+2}) *benötigt genau* k *rekursive Aufrufe.*

2. *Benötigt* EUKLID(n, m) *mindestens* k *rekursive Aufrufe, so gilt* $n \geq F_{k+3}$ *und* $m \geq F_{k+2}$.

Beweis: Wir führen den Beweis dieses Lemmas durch Induktion über k. Für $k = 1$ ist $F_{k+3} = 3$ und $F_{k+2} = 2$. Da EUKLID$(3, 2)$ zu dem rekursiven Aufruf EUKLID$(2, 1)$ führt, der dann ohne weiteren rekursiven Aufruf terminiert, ist die erste Aussage für $k = 1$ richtig. Die zweite Aussage ist für $k = 1$ ebenfalls richtig, da EUKLID$(2, 1)$, EUKLID$(2, 2)$ und EUKLID$(n, 1)$ für alle $n \in \mathbb{N}$ ohne rekursiven Aufruf terminieren.

Sei daher nun $k \geq 2$. Aus der Definition der F_n folgt: $F_n \geq 1$ für alle $n \geq 1$ und damit auch $F_n > F_{n-1}$ für alle $n \geq 3$. Für $n \geq 1$ gilt daher

$$F_{n+2} < F_{n+3} = F_{n+2} + F_{n+1} < 2F_{n+2}.$$

Für $k \geq 2$ ist F_{k+3} daher sicherlich nicht durch F_{k+2} teilbar. Der Aufruf von EUKLID(F_{k+3}, F_{k+2}) führt daher wegen $F_{k+3} \bmod F_{k+2} = F_{k+1}$ zu einem rekursiven Aufruf von EUKLID(F_{k+2}, F_{k+1}), für dessen Berechnung nach Induktionsannahme genau $k - 1$ weitere rekursive Aufrufe erforderlich sind. Dies zeigt die erste Behauptung. Die zweite Aussage folgt nun ebenfalls sehr leicht. Nehmen wir an, dass n und m natürliche Zahlen sind, so dass EUKLID(n, m) mindestens $k \geq 2$ rekursive Aufrufe benötigt. Der erste rekursive Aufruf ist EUKLID$(m, n \bmod m)$. Nach Induktionsannahme gilt somit $m \geq F_{k+2}$ und $(n \bmod m) \geq F_{k+1}$. Es bleibt

zu zeigen, dass $n \geq F_{k+3}$. Da $n \geq m$ und m kein Teiler von n ist, gilt
$n \geq m + (n \bmod m) \geq F_{k+2} + F_{k+1} = F_{k+3}$.   □

Aus Lemma 4.3 folgt, dass die Anzahl rekursiver Aufrufe von EUKLID(n, m)
durch $\max\{k \mid F_{k+3} \leq n\}$ beschränkt ist. Was bedeutet dies aber für die
Laufzeit des euklidischen Algorithmus? Um diese Frage beantworten zu
können, muss man zunächst einige Eigenschaften über die Folge $(F_n)_{n \in \mathbb{N}}$
herleiten. In Abschnitt 4.2.1 werden wir sehen, dass gilt:

$$F_n = \frac{1}{\sqrt{5}} \left(\frac{1 + \sqrt{5}}{2} \right)^n - \frac{1}{\sqrt{5}} \left(\frac{1 - \sqrt{5}}{2} \right)^n \quad \text{für alle } n \in \mathbb{N}_0.$$

Damit ergibt sich dann, dass für alle $n, m \in \mathbb{N}$, $n \geq m$ die Anzahl rekursiver Aufrufe von EUKLID(n, m) durch $O(\log n)$ beschränkt ist. Die Zahlen F_n
werden *Fibonaccizahlen* genannt; wir werden sie auf Seite 152 noch ausführ-
lich betrachten.

4.1.2   Dynamische Programmierung

Die dynamische Programmierung ist eng verwandt mit dem Divide and
Conquer Verfahren. Der maßgebliche Unterschied besteht darin, dass man
bei der dynamischen Programmierung „von unten nach oben" (engl. *bottom-
up*) vorgeht, also zunächst alle kleinen Teilprobleme löst und aus deren Lösung dann die Lösung der nächstgrößeren Probleme berechnet usw. Bei der
Divide and Conquer Methode geht man hingegen „von oben nach unten"
(engl. *top-down*) vor. Man betrachtet also zunächst das Ausgangsproblem
und zerlegt dieses in zwei oder mehr Teilprobleme, die man unabhängig
voneinander rekursiv löst usw. Dadurch kann es allerdings passieren, dass
manche Teilprobleme mehrfach gelöst werden. Das folgende Beispiel soll
diesen Unterschied verdeutlichen.

Berechnung der Binomialkoeffizienten $\binom{n}{k}$.   Für die Berechnung der Binomialkoeffizienten $\binom{n}{k}$ liegt es nahe, auf die Rekursion aus Satz 1.18 zu-
rückzugreifen.

Man überlegt sich allerdings leicht, dass das zugehörige rekursive Programm (Algorithmus 4.3) nicht optimal sein kann. Zum Beispiel wird bei
der Berechnung von $\binom{6}{3}$ zuerst $\binom{5}{2}$ berechnet und danach $\binom{5}{3}$. Bei der Berechnung von $\binom{5}{2}$ wird unter anderem $\binom{4}{2}$ berechnet. $\binom{4}{2}$ wird aber ebenso bei
der Berechnung von $\binom{5}{3}$ benötigt. Der Algorithmus berechnet ein und denselben Wert also mehrmals. Wie verhindert man diese Mehrfachberechnun-
gen? Man speichert einfach die Lösungen schon berechneter Teilprobleme in

---

Algorithmus 4.3 BINOMIAL-1: Rekursive Berechnung von $\binom{n}{k}$

Eingabe: $n, k \in \mathbb{N}_0$.
Ausgabe: $\binom{n}{k}$.
if $k = 0$ **then**
    return(1)
elif $n < k$ **then**
    return(0)
else
    return$($BINOMIAL-1$(n - 1, k - 1) +$ BINOMIAL-1$(n - 1, k))$;

---

einer Tabelle. Dies ist die Grundidee der *dynamischen Programmierung* (engl. *dynamic programming*). Für das Beispiel der Binomialkoeffizienten sieht dies so aus, dass man beginnend mit der ersten Zeile sukzessive alle Zeilen des Pascal-Dreiecks bis einschließlich der n-ten berechnet. Aus dieser kann man dann das Ergebnis ablesen.

Algorithmus 4.4 BINOMIAL-2: Dynamische Programmierung

Eingabe: $n, k \in \mathbb{N}_0$.
Ausgabe: $\binom{n}{k}$.
if $k > n$ **then**
    return(0)
else begin
    $a[0, 0] \leftarrow 1$;
    for i **from** 1 **to** n **do begin**
        $a[i, 0] \leftarrow 1$;
        for j **from** 1 **to** $i - 1$ **do** $a[i, j] \leftarrow a[i - 1, j - 1] + a[i - 1, j]$;
        $a[i, i] \leftarrow 1$;
    end
    return$(a[n, k])$;
end

Der folgende Satz fasst den Unterschied zwischen den beiden Ansätzen zur Berechnung des Binomialkoeffizienten quantitativ zusammen.

Satz 4.4 *Berechnet man $\binom{n}{k}$ mit dem Algorithmus* BINOMIAL-2(n, k), *so kommt man für alle $k \in \mathbb{N}$ mit $O(n^2)$ Additionen aus. Verwendet man hingegen das rekursive Programm* BINOMIAL-1(n, k), *so benötigt die Berechnung von $\binom{2n}{n}$ mehr als $4^n / (2n)$ rekursive Aufrufe.*

Beweis: Die Analyse von Algorithmus BINOMIAL-2(n, k) ist einfach: Die innere for-Schleife wird für jedes i höchstens n mal durchlaufen. Die äußere for-Schleife wird genau n mal durchlaufen. Die Aussage folgt daher sofort aus der Produktregel.

Die Analyse des rekursiven Ansatzes ist etwas trickreicher. Wir bezeichnen mit $T(n, k)$ die gesamte Anzahl Aufrufe von BINOMIAL-1, die zur Berechnung von BINOMIAL-1(n, k) erforderlich sind. Dann gilt

$$T(n, k) = 1 + T(n - 1, k - 1) + T(n - 1, k), \quad \text{für } n \geq k \geq 1$$

und $T(n, 0) = 1$ für alle $n \geq 0$. Vergleicht man dies mit Satz 1.18, so sieht man dass die $T(n, k)$ die gleichen Anfangswerte und (bis auf die plus 1) fast die gleiche Rekursionsgleichung erfüllen wie die Binomialkoeffizienten. Dies bedeutet aber: die $T(n, k)$ sind mindestens so groß wie die Binomialkoeffizienten, also

$$T(n, k) \geq \binom{n}{k}.$$

Die Behauptung folgt nun, da $\binom{2n}{n} > 4^n / (2n)$ für alle $n \geq 2$ (vgl. Übungsaufgabe 1.32). □

Satz 4.4 verdeutlicht den fundamentalen Unterschied zwischen der Divide and Conquer Methode und der dynamischen Programmierung. Im einen Fall erhalten wir eine exponentielle Laufzeit (was impliziert, dass das Verfahren schon bei sehr kleinen Werten für n praktisch nicht mehr einsatzfähig ist), während die dynamische Programmierung noch für Werte im Bereich von $n = 1000$ problemlos durchgeführt werden kann (wobei dann allerdings die Binomialkoeffizienten so groß werden, dass wir die in Abschnitt 3.4 vorgestellte Arithmetik für große Zahlen verwenden müssen).

Optimierungsprobleme. Häufig wird die dynamische Programmierung bei Optimierungsproblemen angewandt. Dies sind Probleme, bei denen eine gegebene Funktion unter gewissen Nebenbedingungen maximiert oder minimiert werden soll. Optimierungsprobleme, bei denen sich die optimale Lösung aus optimalen Lösungen von Teilproblemen berechnen lässt, lassen sich mit der dynamischen Programmierung effizient lösen. Manchmal ist allerdings das Zusammensetzen der Lösung aus Lösungen für Teilprobleme a priori nicht möglich. In diesem Fall ist es dann oft sinnvoll, ein allgemeineres Problem zu lösen, das zwar lokal etwas mehr Aufwand benötigt, aber insgesamt den Vorteil bietet, dass sich die einzelnen Lösungen rekursiv aus Lösungen für Teilprobleme zusammensetzen lassen. Wir illustrieren dies an einem klassischen Beispiel, dem *Rucksackproblem* (engl. *Knapsack Problem*). Dabei geht es darum, einen Rucksack mit Objekten von unterschiedlichem Wert und Gewicht so zu füllen, dass zum einen ein gegebenes Maximalgewicht nicht überschritten wird und zum anderen der Gesamtwert der eingepackten Objekte möglichst groß ist. Etwas formaler:

Gegeben: Eine Kapazität $B \in \mathbb{N}$ des Rucksacks und n Objekte mit Gewichten $w_1, \ldots, w_n \in \mathbb{N}$ und Profiten $p_1, \ldots, p_n \in \mathbb{N}$.

Gesucht: Eine optimale Packung des Rucksacks, d.h. eine Teilmenge $I \subseteq [n]$ mit $\sum_{i \in I} w_i \leq B$ und $\sum_{i \in I} p_i = \max\{\sum_{i \in I'} p_i \mid \sum_{i \in I'} w_i \leq B$ und $I' \subseteq [n]\}$.

Wie oben dargelegt, besteht die eigentliche Kunst bei der dynamische Programmierung darin, das Optimierungsproblem so umzuformulieren, dass man es rekursiv lösen kann. Ein nahe liegender Ansatz für das Rucksackproblem ist, einfach das letzte Objekt wegzulassen und das Teilproblem für die ersten $n - 1$ Objekte zu lösen. — Das kann so aber nicht funktionieren, denn eine optimale Lösung für die ersten $n - 1$ Objekte würde den Rucksack ja schon voll packen und das n-te Objekt hätte im Regelfall keinen Platz mehr. Man muss also für die ersten $n - 1$ Objekte ein etwas anderes oder, treffender formuliert, *mehrere* leicht modifizierte Optimierungsprobleme lösen. Wir definieren uns dazu eine Funktion $f(i, t)$ wie folgt. $f(i, t)$ sei das minimal mögliche Gewicht des Rucksacks, wenn der Profit mindestens t betragen soll und nur die ersten i Objekte zur Verfügung stehen. Wenn mit den ersten i Objekten der gewünschte Profit t nicht erreicht werden kann, definieren wir $f(i, t)$ als ∞. Man überlegt sich leicht, dass der Wert einer optimalen Packung mit der so definierten Funktion f gleich

$$\max\{t \mid f(n, t) \leq B\}$$

ist. Das folgende Lemma zeigt, dass man $f(i, t)$ rekursiv berechnen kann.

Lemma 4.5 $f(i, t) = \min\{f(i - 1, t), w_i + f(i - 1, t - p_i)\}$.

Beweis: Es gibt nur zwei Möglichkeiten: Entweder das i-te Objekt gehört zu einer Teilmenge mit minimalem Gewicht und Profit $\geq t$ oder nicht. Im ersten Fall gilt $f(i, t) = w_i + f(i - 1, t - p_i)$. Gehört andererseits das i-te Objekt nicht zu einer Teilmenge mit minimalem Gewicht und Profit $\geq t$, dann gilt $f(i, t) = f(i - 1, t)$. $\qquad\square$

Der in der Abbildung 4.5 dargestellte Algorithmus berechnet den *Wert* einer optimalen Lösung, allerdings nicht die Lösung selbst. Einen Algorithmus, der die optimale Lösung ausgibt, erhält man leicht, indem man bei der Berechnung der $f[i, t]$ zusätzlich speichert, auf welcher der beiden Seiten das Minimum gebildet wurde, d.h. ob das i-te Element zur Lösung gehört oder nicht.

Satz 4.6 *Algorithmus 4.5 ist korrekt und hat eine Laufzeit von $O(n^2 p_{\max})$, wobei $p_{\max} = \max_{i \in [n]} p_i$.*

Algorithmus 4.5 KNAPSACK PACKING: Berechnung des Wertes einer optimalen Packung des Rucksacks

Eingabe: $n, w_1, \ldots, w_n, p_1, \ldots, p_n, B$
Ausgabe: $\max\{\sum_{i \in I} p_i \mid I \subseteq [n], \sum_{i \in I} w_i \leq B\}$
$p \leftarrow \sum_{i=1}^{n} p_i$;
for t **from** 1 **to** p_1 **do** $f[1, t] \leftarrow w_1$;
for t **from** $p_1 + 1$ **to** p **do** $f[1, t] \leftarrow \infty$;
for i **from** 2 **to** n **do begin**
    for t **from** 1 **to** p **do begin**
        if $t \leq p_i$ **then**
            $f[i, t] \leftarrow \min\{f[i-1, t], w_i\}$;
        else
            $f[i, t] \leftarrow \min\{f[i-1, t], w_i + f[i-1, t - p_i]\}$;
    end
end
return $\max\{t \mid f[n, t] \leq B\}$;

Beweis: Die Korrektheit des Algorithmus haben wir schon in Lemma 4.5 gezeigt. Die Laufzeit wird von den Kosten der beiden verschachtelten Schleifen dominiert. Da diese $(n-1)p$-mal durchlaufen werden und da $p \leq np_{\max}$, ist $O(n^2 p_{\max})$ eine obere Schranke für die Laufzeit. $\qquad\square$

Das Rucksackproblem gehört zur Klasse der $\mathcal{NP}$-schweren Probleme. Algorithmus 4.5 löst das Rucksackproblem aber in $O(n^2 p_{\max})$ Schritten! Haben wir damit also einen polynomiellen Algorithmus für ein $\mathcal{NP}$-schweres Problem gefunden? Natürlich nicht. — Hier ist es wichtig, sich daran zu erinnern, dass die Laufzeit von Algorithmen als Funktion der Eingabelänge betrachtet wird. Wenn man zur Kodierung der Zahlen in der Eingabe des Rucksackproblems die übliche Binärdarstellung verwendet, benötigt man zur Kodierung eines Gewichtes p_i lediglich $\lfloor \log p_i \rfloor + 1$ Bits. Der Term $p_{\max}$ ist also *nicht* polynomiell in der Eingabegröße.

Es gibt zahlreiche weitere Probleme, die mit der dynamischen Programmierung gelöst werden können: zum Beispiel die Frage nach der längsten gemeinsamen Teilfolge zweier Folgen (vgl. Übungsaufgabe 4.31). Auch der aus der theoretischen Informatik bekannte CYK-Algorithmus zur Lösung des Wortproblems bei kontextfreien Sprachen beruht auf der dynamischen Programmierung.

4.1.3 Greedy-Algorithmen

Unter *Greedy-Algorithmen* versteht man Algorithmen, die eine Lösung eines Optimierungsproblems iterativ bestimmen und sich dabei zu jedem Zeitpunkt die derzeit bestmögliche Alternative auswählen. Da diese Algorithmen immer eine lokal optimale Lösung bestimmen und in diesem Sinne „gierig" (engl. *greedy*) vorgehen, werden sie Greedy-Algorithmen genannt. Ein Beispiel eines solchen Greedy-Algorithmus haben wir bereits in Kapitel 2.4.3 beim Färben von Graphen kennen gelernt. Dort haben wir auch gesehen, dass Greedy-Algorithmen nicht notwendigerweise das bestmögliche Ergebnis liefern. In manchen Fällen kann man allerdings zeigen, dass ein Greedy-Algorithmus nicht nur ein einfach zu implementierender Algorithmus ist, sondern zudem auch das bestmögliche Ergebnis liefert. In diesem Kapitel wollen wir zunächst ein Beispiel für dieses Phänomen vorstellen und uns dann allgemein überlegen, welche kombinatorischen Bedingungen erfüllt sein müssen, damit ein Greedy-Algorithmus ein optimales Ergebnis liefert.

Der Algorithmus von Kruskal. Bei der Berechnung minimaler Spannbäume geht es darum, für einen zusammenhängenden Graphen $G = (V, E)$ und eine Gewichtsfunktion $w : E \to \mathbb{R}$, die jeder Kante ein Gewicht zuordnet, einen Spannbaum T minimalen Gewichtes zu finden. Das Gewicht eines Spannbaumes ist dabei als Summe der Gewichte der in ihm enthaltenen Kanten definiert. Gesucht ist also ein Spannbaum T, so dass

$$w(T) := \sum_{e \in E(T)} w(e)$$

minimal ist. Der Greedy-Algorithmus zur Bestimmung eines minimalen Spannbaumes startet zunächst mit einem leeren Graphen T und zu diesem Graphen fügt er solange Kanten hinzu bis T ein Spannbaum ist. Insgesamt wollen wir einen Spannbaum minimalen Gewichtes erhalten. Der Greedy-Algorithmus trägt diesem Ziel Rechnung, indem er jeweils eine Kante minimalen Gewichts hinzufügt, die mit den Kanten aus T keinen Kreis bildet. Der Greedy-Algorithmus zur Berechnung minimaler Spannbäume sieht somit folgendermaßen aus:

Algorithmus 4.6 Minimaler Spannbaum: Der Algorithmus von Kruskal

---

Eingabe: Zusammenhgd. Graph $G = (V, E)$, Gewichtsfunktion $w : E \to \mathbb{R}$.
Ausgabe: Spannbaum $T = (V, E_T)$ minimalen Gewichts.
$E_T \leftarrow \emptyset$;
while $T = (V, E_T)$ ist kein Spannbaum **do begin**
    $X \leftarrow \{e \in E \setminus E_T \mid (V, E_T \cup \{e\})$ ist kreisfrei$\}$;
    wähle $e_{\min} \in X$ mit $w(e_{\min}) = \min_{e \in X} w(e)$;
    $E_T \leftarrow E_T \cup \{e_{\min}\}$;
end

Den Beweis des folgenden Satzes wollen wir an dieser Stelle dem Leser überlassen. Wir werden ihn später (vgl. Übungsaufgabe 4.35) als einfaches Korollar eines allgemeineren Satzes ableiten können.

Satz 4.7 *Sei $G = (V, E)$ ein zusammenhängender Graph und sei $w : E \to \mathbb{R}$ eine Gewichtsfunktion. Dann berechnet der Algorithmus von Kruskal einen minimalen Spannbaum.* □

Matroide. Greedy-Algorithmen versuchen eine Lösung zu finden, indem sie jeweils lokal optimale Entscheidungen treffen. Solche Algorithmen sind im Allgemeinen recht einfach zu implementieren, liefern aber leider nicht immer bestmögliche Ergebnisse. In diesem Abschnitt werden wir eine kombinatorische Struktur kennen lernen, von der man zeigen kann, dass für sie Greedy-Algorithmen stets optimale Lösungen liefern.

Definition 4.8 *Ein* Matroid $\mathcal{M} = (S, \mathcal{U})$ *besteht aus einer endlichen Menge S und einer Familie von so genannten* unabhängigen Mengen *(engl.* independent sets*) $\mathcal{U} \subseteq \mathcal{P}(S)$ von Teilmengen aus S, die die folgenden drei Bedingungen erfüllt:*

1. *$\emptyset \in \mathcal{U}$.*

2. *Gilt $A \in \mathcal{U}$ und $B \subseteq A$, dann muss auch $B \in \mathcal{U}$ sein.*

3. *Gilt $A, B \in \mathcal{U}$ und $|B| = |A| + 1$, dann muss ein $x \in B \setminus A$ existieren, so dass $A \cup \{x\} \in \mathcal{U}$.*

Eine (inklusions)maximale unabhängige Menge $A \in \mathcal{U}$ nennt man *Basis* (engl. *basis*). Inklusionsmaximal bedeutet, dass es keine unabhängige Menge $B \in \mathcal{U}$ geben kann mit $A \subseteq B$ und $|A| < |B|$. Man beachte, dass aus der dritten Bedingung von Definition 4.8 unmittelbar folgt, dass jede Basis des Matroids gleich viele Elemente enthält.

BEISPIEL 4.9 Schon der Name „Matroid" erinnert an Matrizen und die dritte Bedingung aus der Definition des Matroids erinnert an den steinitzschen Austauschsatz aus der linearen Algebra. Matroide sind auch wirklich in gewissem Sinne eine Verallgemeinerung von Matrizen. Betrachten wir dazu das folgende Beispiel: Sei $S = \{a_1, \ldots, a_n\}$ eine Menge von Vektoren aus $\mathbb{R}^k$. Dann ist $\mathcal{M} = (S, \mathcal{U})$, wobei $\mathcal{U}$ alle Mengen $A \subseteq S$ von linear unabhängigen Vektoren enthalte, ein Matroid.

BEISPIEL 4.10 Sei $G = (V, E)$ ein zusammenhängender Graph und sei S die Menge der Kanten. Definieren wir dann $\mathcal{U}$ als die Menge aller Teilmengen $A \subseteq E$, für die (V, A) ein Wald ist, so ist $\mathcal{M} = (E, \mathcal{U})$ ein Matroid, das so genannte *Kreismatroid* (engl. *cycle matroid*) des Graphen $G = (V, E)$.

Greedy-Algorithmen für Matroide. Betrachten wir jetzt den Zusammenhang zwischen Greedy-Algorithmen und Matroiden. Sei $\mathcal{M} = (S, \mathcal{U})$ ein Matroid, und sei $w : S \to R$ eine Gewichtsfunktion, die jedem Element $s \in S$ ein Gewicht zuordnet. Das Gewicht einer Menge $A \in \mathcal{U}$ ist dann definiert durch

$$w(A) = \sum_{s \in A} w(s).$$

Wie sieht der Greedy-Algorithmus aus, der eine Basis minimalen Gewichtes findet? Ganz ähnlich wie der Algorithmus von Kruskal. Wir beginnen mit der leeren Menge A, die nach der ersten Eigenschaft aus Definition 4.8 unabhängig ist. Dann fügen wir sukzessive Elemente $x \in S \setminus A$ so hinzu, dass zum einen das Gewicht von x möglichst gering ist und zum anderen die Menge A unabhängig bleibt.

Algorithmus 4.7 Greedy-Algorithmus für Matroide

Eingabe: Matroid $\mathcal{M} = (S, \mathcal{U})$, Gewichtsfunktion $w : S \to \mathbb{R}$.
Ausgabe: Basis A mit minimalem Gewicht: $w(A) = \min\{w(B) \mid B \text{ Basis}\}$.
$A \leftarrow \emptyset$;
while A ist keine Basis von $\mathcal{M}$ **do begin**
    $X \leftarrow \{x \in S \setminus A \mid A \cup \{x\} \in \mathcal{U}\}$;
    wähle $x_0 \in X$, so dass $w(x_0) = \min_{x \in X} w(x)$;
    $A \leftarrow A \cup \{x_0\}$;
end

Satz 4.11 *Sei $\mathcal{M} = (S, \mathcal{U})$ ein Matroid und $w : S \to \mathbb{R}$ eine Gewichtsfunktion. Dann findet der Greedy-Algorithmus 4.7 eine Basis minimalen Gewichtes.*

Beweis: Wir überlegen uns zunächst, dass der Algorithmus immer mit einer Basis stoppt. Dazu genügt es, sich zu überlegen, dass die Menge X nie leer sein kann. Dies folgt aber sofort aus der dritten Eigenschaft der Definition eines Matroids: Ist A keine Basis und B eine beliebige Basis, so gibt es ein $b \in B \setminus A$ mit $A \cup \{b\} \in \mathcal{U}$. Also gilt $b \in X$.

Die Optimalität des Algorithmus beweisen wir durch Widerspruch. Nehmen wir also an, es gäbe ein Matroid $(S, \mathcal{U})$ und eine Gewichtsfunktion $w : S \to \mathbb{R}$, für die der Greedy-Algorithmus keine minimale Basis findet. Sei $A = \{a_1, \ldots, a_k\}$ die Basis, die der Greedy-Algorithmus bestimmt. Da diese nach Annahme nicht optimal ist, gibt es eine andere Basis $B = \{b_1, \ldots, b_k\}$ mit $w(A) > w(B)$. Nehmen wir an, dass die Elemente von A in der Reihenfolge angeordnet sind, wie sie vom Greedy-Algorithmus zu A hinzugefügt wurden. Ohne Einschränkung dürfen wir auch annehmen, dass die

Elemente von B derart nummeriert sind, dass $w(b_1) \leq \ldots \leq w(b_k)$ gilt. Wegen $w(A) > w(B)$ muss es mindestens einen Index $1 \leq i \leq k$ geben mit $w(a_i) > w(b_i)$. Wir setzen

$$
\begin{aligned}
A' &= \{a_1, \ldots, a_{i-1}\}, \qquad \text{und} \\
B' &= \{b_1, \ldots, b_{i-1}, b_i\}.
\end{aligned}
$$

Da A' und B' beides unabhängige Mengen sind, muss es wegen $|B'| > |A'|$ und der Eigenschaft 3 der Definition eines Matroids ein $x \in B' \setminus A'$ geben mit $A' \cup \{x\} \in \mathcal{U}$. Nach Wahl von i und der Definition von B' folgt daraus aber $w(x) \leq w(b_i) < w(a_i)$. Dies würde aber bedeuten, dass der Greedy-Algorithmus x statt a_i gewählt hätte. $\qquad\square$

Man kann sogar zeigen, dass in gewisser Weise auch die Umkehrung von Satz 4.11 gilt, dass nämlich der Greedy-Algorithmus nur für Matroide immer optimale Lösungen findet.

Satz 4.12 *Sei S eine endliche Menge und $\mathcal{U} \subseteq \mathcal{P}(S)$ eine Familie von Teilmengen von S, die die ersten beiden Bedingungen aus Definition 4.8 erfüllt. Dann gilt: Bestimmt der Greedy-Algorithmus für jede Gewichtsfunktion $w : S \to \mathbb{R}$ eine inklusionsmaximale unabhängige Menge minimalen Gewichtes, so ist $(S, \mathcal{U})$ ein Matroid.*

Beweis: Übungsaufgabe 4.33. $\qquad\square$

4.2 Rekursionsgleichungen

Bei der Analyse von Algorithmen sind wir bislang wiederholt auf Funktionen der Form

$$
T(n) = T(\lfloor n/2 \rfloor) + T(\lceil n/2 \rceil) \text{ für } n \geq 2 \quad \text{und} \quad T(1) = 1
$$

oder

$$
F(n) = F(n-1) + F(n-2) \text{ für } n \geq 2 \quad \text{und} \quad F(1) = 1, F(0) = 0
$$

gestoßen. Also auf Funktionen, bei denen in der Definition von $T(n)$ die Funktion auch auf der rechten Seite vorkam, wobei sie aber nur auf Argumente kleiner als n, also zum Beispiel $T(\lfloor n/2 \rfloor)$ oder $T(n-1)$ angewendet wurde. Solche Definitionen nennt man *rekursiv*. Damit rekursive Funktionen wohldefiniert sind, müssen die *Anfangswerte* der Rekursion, im Beispiel sind dies die Werte $T(1) = 1$ bzw. $F(1) = 1$ und $F(0) = 0$, so definiert sein, dass jede rekursive Auswertung der Funktion nach endlich vielen Schritten stoppt. In einem solchen Fall ist es daher insbesondere nicht schwer, einen Algorithmus anzugeben, der den Funktionswert für jedes feste n rekursiv berechnet. Um allerdings aus einer rekursiven Definition einer Funktion $T(n)$ eine aussagekräftige Interpretation über die Laufzeit eines Algorithmus ableiten zu können, ist es erforderlich für $T(n)$ einen *geschlossenen Ausdruck* anzugeben. Darunter versteht man einen Ausdruck für $T(n)$, der zwar den Parameter n enthält, nicht aber die Funktion T selbst oder Summen- oder Produktzeichen $\sum$ bzw. $\prod$. Den Prozess, eine Rekursionsgleichung für $T(n)$ in einen geschlossenen Ausdruck umzuwandeln, nennt man *Lösen* der Rekursionsgleichung. Bis jetzt konnten wir aus rekursiven Definitionen nur in einigen Ausnahmefällen und mit erheblicher Mühe einen geschlossenen Ausdruck ableiten. Ziel dieses Kapitels ist es, allgemeine Sätze und Methoden kennen zu lernen, mit denen man Rekursionsgleichungen lösen kann.

4.2.1 Lineare Rekursionen

In der Mathematik gehören lineare Gleichungen zu den einfachsten Gleichungen. Bei Rekursionsgleichungen stellen die so genannten linearen Rekursionsgleichungen ebenfalls einen wichtigen Spezialfall dar.

Definition 4.13 *Eine* Rekursionsgleichung *der Form*

$$x_n = a_1 x_{n-1} + \cdots + a_k x_{n-k} + b_k \quad \textit{für alle } n \geq k$$

mit den Anfangsbedingungen

$$x_i = b_i \quad \textit{für alle } i = 0 \ldots, k-1$$

heißt lineare Rekursionsgleichung k-ter Ordnung. *Gilt* $b_k = 0$, *so sprechen wir von einer* homogenen linearen Rekursionsgleichung. *Ansonsten nennen wir die Rekursionsgleichung* inhomogen.

Die einfachsten Rekursionsgleichungen sind die linearen homogenen Rekursionsgleichungen erster Ordnung. Dies sind genau die Gleichungen der Form

$$x_n = a x_{n-1} \quad \text{für } n \geq 1 \text{ und der Anfangsbedingung } x_0 = b_0.$$

Man sieht leicht, dass diese Gleichung die Lösung $x_n = b_0 a^n$ hat.

BEISPIEL 4.14 Wer kennt sie nicht, die Geschichte des Erfinders des Schachspiels, der sich, bescheiden wir er ist, von seinem König als Belohnung nichts anderes wünscht als die Anzahl Reiskörner die auf dem 64ten Feld zu liegen kommen, wenn man auf das erste Feld ein Reiskorn legt, auf das zweite Feld zwei, auf das dritte Feld vier, auf das vierte acht, usw. — Wie viele Reiskörner stehen dem Erfinder zu? Die Anzahl x_n der Reiskörner auf dem $(n+1)$-ten Feld ist gegeben durch die Rekursionsgleichung $x_n = 2 \cdot x_{n-1}$ für $n \geq 1$ und $x_0 = 1$, die die Lösung $x_n = 2^n$ hat. Der bescheidene Erfinder wünschte sich also nichts weiter als 2^{63}, etwa 9.2 Trillionen, Reiskörner.

Für inhomogene Rekursionsgleichungen erster Ordnung fällt das Herleiten der Lösung andererseits schon etwas schwerer. Man kann die Lösung aber immer noch einfach angeben.

Satz 4.15 *Sei eine inhomogene, lineare Rekursion ersten Grades gegeben:*

$$x_n = ax_{n-1} + b_1 \quad \text{für } n \geq 1 \text{ und } x_0 = b_0,$$

wobei a, b_0 und b_1 beliebige Konstanten sind. Dann hat die Lösung der Rekursionsgleichung die Form

$$x_n = \begin{cases} b_0 a^n + b_1 \frac{a^n - 1}{a - 1}, & \text{wenn } a \neq 1, \\ b_0 + n b_1, & \text{wenn } a = 1. \end{cases}$$

Beweis: Wir beweisen den Satz durch Induktion über n. Einfaches Einsetzen zeigt, dass der Satz für $n = 0$ gilt. Um die Gültigkeit des Induktionsschrittes von $n-1$ nach n nachzuweisen, unterscheiden wir die beiden Fälle $a \neq 1$ und $a = 1$. Für $a \neq 1$ gilt:

$$x_n = ax_{n-1} + b_1 = a \cdot (b_0 a^{n-1} + b_1 \tfrac{a^{n-1}-1}{a-1}) + b_1 = b_0 a^n + b_1 \tfrac{a^n - 1}{a-1}.$$

Für $a = 1$ rechnet man die Gültigkeit der Behauptung ebenso leicht nach:

$$x_n = x_{n-1} + b_1 = (b_0 + (n-1)b_1) + b_1 = b_0 + n b_1. \qquad \square$$

BEISPIEL 4.16 Auf ein Bankkonto werden am Ersten eines jeden Monats DM 250 eingezahlt. Am Ende eines jeden Monats wird das vorhandene Geld mit 0,5% verzinst. Nach wie vielen Jahren ist man Millionär? — Wir stellen eine Rekursionsgleichung auf. Mit a_n bezeichnen wir den nach n Monaten vorhandenen Betrag. Dann gilt $a_0 = 0$, $a_n = (1 + \frac{0,5}{100})(a_{n-1} + 250) = 1{,}005 a_{n-1} + 251{,}25$ für $n \geq 1$. Aus Satz 4.15 erhalten wir die folgende explizite Darstellung für die a_n's:

$$a_n = 251{,}25 \cdot \frac{1{,}005^n - 1}{0{,}005} = 50250 \cdot (1{,}005^n - 1).$$

Millionär ist man, sobald $a_n \geq 10^6$, also $1{,}005^n \geq \frac{10^6}{50250} + 1 = 19{,}900498...$ Wir ziehen auf beiden Seiten den Logarithmus und erhalten $n \geq 609{,}47...$ Für die Million muss man also 50 Jahre und 10 Monate sparen. (Ein Verhandeln mit der Bank würde sich übrigens lohnen: eine Erhöhung des Zinssatzes von 0,5% auf 1,0% verkürzt die Wartezeit auf 31 Jahre und einen Monat.)

Wir wenden uns nun den linearen Rekursionen zweiten Grades zu. Der folgende Satz beschreibt die Lösungen homogener Gleichungen.

Satz 4.17 *Sei eine homogene, lineare Rekursion zweiten Grades gegeben:*

$$x_n = a_1 x_{n-1} + a_2 x_{n-2} \quad \textit{für alle } n \geq 2 \textit{ und } x_1 = b_1, x_0 = b_0,$$

wobei a_1 und a_2 nicht beide gleich Null sein sollen. Weiter seien α und β zwei reelle Lösungen der Gleichung $t^2 - a_1 t - a_2 = 0$ und

$$A := \begin{cases} \frac{b_1 - b_0 \beta}{\alpha - \beta}, & \textit{wenn } \alpha \neq \beta, \\ \frac{b_1 - \alpha b_0}{\alpha}, & \textit{wenn } \alpha = \beta, \end{cases} \qquad B := \begin{cases} \frac{b_1 - b_0 \alpha}{\alpha - \beta}, & \textit{wenn } \alpha \neq \beta, \\ b_0, & \textit{wenn } \alpha = \beta. \end{cases}$$

Dann gilt

$$x_n = \begin{cases} A\alpha^n - B\beta^n, & \textit{wenn } \alpha \neq \beta, \\ (An + B)\alpha^n, & \textit{wenn } \alpha = \beta. \end{cases}$$

Beweis: Analog zu Satz 4.15 lässt sich auch dieser Satz durch einfaches Nachrechnen per Induktion beweisen. Wir überlassen dies dem Leser als Übungsaufgabe 4.6 $\qquad \square$

BEISPIEL 4.18 Wir bestimmen die Anzahl Wörter x_n der Länge n über dem Alphabet $\{a, b\}$, die keine zwei aufeinander folgenden a's enthalten. Für $n = 1, 2$ gilt $x_1 = 2$ und $x_2 = 3$. Für $n \geq 3$ gilt $x_n = x_{n-1} + x_{n-2}$. Dies sieht man wie folgt ein: Wir unterscheiden die Wörter der Länge n nach ihrem letzten Buchstaben.

Ist dies ein b, so darf das vorangehende Teilwort ein beliebiges Wort der Länge $n-1$ sein, das keine zwei aufeinander folgende a's enthält (davon gibt es x_{n-1} viele). Ist das letzte Zeichen ein a, so muss unmittelbar davor ein b stehen. Das davor stehenden Teilwort kann dann wiederum ein beliebiges Wort der Länge $n - 2$ sein, das keine zwei aufeinander folgende a's enthält (davon gibt es x_{n-2} viele). Für $n \geq 3$ gilt daher die Rekursionsgleichung $x_n = x_{n-1} + x_{n-2}$. Definieren wir nun noch $x_0 := 1$, so erhalten wir $x_n = x_{n-1} + x_{n-2}$ für alle $n \geq 2$ und $x_1 = 2$, $x_0 = 1$. Diese Rekursionsgleichung kann man mit Hilfe von Satz 4.17 nun einfach lösen (vgl. Seite 152).

Fibonaccizahlen. Die Rekursionsgleichung aus Beispiel 4.18 ist uns, abgesehen von einer leichten Indexverschiebung, bereits in Lemma 4.3 begegnet. Die dadurch definierten Zahlen heißen *Fibonaccizahlen*, nach dem italienischen Kaufmann und Hobbymathematiker FIBONACCI (ca.1180-1228). Sie sind durch die Rekursionsgleichung

$$F_n = F_{n-1} + F_{n-2} \quad \text{für alle } n \geq 2 \text{ und } F_1 = 1, F_0 = 0$$

definiert. Die Fibonaccizahlen tauchen bei der Analyse zahlreicher Probleme der Mathematik und Informatik auf. Fibonacci führte sie ein, um damit die Vermehrung von Kaninchen zu modellieren. In leichter Abstraktion von der Wirklichkeit nahm er an, dass jedes Kaninchen ab seinem zweiten Lebensmonat jeden Monat ein weiteres Kaninchen zur Welt bringt. Nimmt man weiter an, dass Kaninchen keine natürlichen Feinde haben und unsterblich sind, so werden aus einem einzigen Kaninchen nach n Monaten bereits F_n Kaninchen entstanden sein. Weitere Anwendungsbeispiele der Fibonaccizahlen finden sich in den Übungsaufgaben zu diesem Kapitel.

Die Rekursionsgleichung der Fibonaccizahlen ist eine homogene lineare Rekursion zweiten Grades. Wir können also Satz 4.17 zur Lösung der Rekursion verwenden. Um ihn anzuwenden müssen wir die Lösungen α und β der Gleichung $t^2 - t - 1 = 0$ berechnen und dann in A und B einsetzen. Wir erhalten für α und β die Werte $\frac{1 \pm \sqrt{1+4}}{2} = \frac{1+\sqrt{5}}{2}$ und somit $A = \frac{1}{\sqrt{5}}$ und $B = \frac{1}{\sqrt{5}}$. Für die n-te Fibonaccizahl F_n gilt also

$$F_n = \frac{1}{\sqrt{5}} \left(\frac{1 + \sqrt{5}}{2} \right)^n - \frac{1}{\sqrt{5}} \left(\frac{1 - \sqrt{5}}{2} \right)^n. \tag{4.1}$$

Die beiden Zahlen $(1 \pm \sqrt{5})/2$ treten an vielen Stellen auf. Die Zahl $(1 + \sqrt{5})/2$ ist auch als *goldener Schnitt* (engl. *golden ratio*) bekannt. Diese Bezeichnung rührt von folgender Überlegung her. Betrachten wir ein Rechteck mit Seitenlängen r und $s \geq r$. Schneiden wir von diesem Rechteck ein Quadrat ab, so verbleibt ein Rechteck mit Seitenlängen r und $s - r$. Bestimmt man nun die Werte für r und s, für die beide Rechtecke genau die gleichen Seitenverhältnisse haben, also $s/r = r/(s - r)$, so erhält man genau $s/r = (1 + \sqrt{5})/2$.

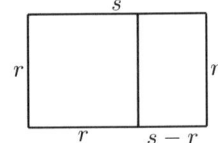

BEISPIEL 4.18 *(Fortsetzung)* Die x_n erfüllen fast die Rekursionsgleichung der Fibonaccizahlen, nur bei den Anfangswerten sind die Indizes gemäß $x_0 = F_2 = 1$ und $x_1 = F_3 = 2$ um zwei verschoben. Es gilt daher $x_n = F_{n+2}$. Nach dieser Beobachtung kann man eine explizite Darstellung für die x_n ebenfalls aus Gleichung (4.1) ablesen.

4.2.2 Das Master-Theorem

Bei der Analyse von Divide and Conquer Verfahren stößt man meist auf Rekursionen, die sich nicht als lineare Rekursionen formulieren lassen. So führte der Mergesort-Algorithmus beispielsweise zu der Rekursionsgleichung

$$C_n = C_{\lfloor n/2 \rfloor} + C_{\lceil n/2 \rceil} + n \quad \text{für alle } n > 1 \qquad \text{und} \quad C_1 = 0.$$

Löst man allgemein ein Problem der Größe n dadurch, dass man es in α Teilprobleme der Größe n/β aufteilt, so erhält man für die Laufzeit $T(n)$ eine Rekursion der Form

$$T(n) = \alpha \cdot T(n/\beta) + f(n),$$

wobei $f(n)$ die Summe der Laufzeiten für die Aufteilung in Teilprobleme während der Divide-Phase und dem Zusammensetzen der Lösungen der Teilprobleme zu einer Lösung des Gesamtproblems während des Conquer-Schritt ist. In konkreten Anwendungen wird die Rekursionsgleichung meist noch dadurch komplizierter, dass die Teilprobleme eine ganzzahlige Größe haben müssen. Man wird also um den Term n/β noch geeignet obere und/oder untere Gaußklammern einfügen müssen. Für eine asymptotische Laufzeitanalyse ist dies jedoch glücklicherweise unerheblich. Darüber hinaus kann man die Laufzeit sehr einfach aus den Werten für α und β und $f(n)$ ablesen. Die entsprechende Aussage ist in der angelsächsischen Literatur unter dem Namen *Master-Theorem* bekannt.

Satz 4.19 (Master-Theorem) *Seien* $\alpha \geq 1$, $\beta > 1$ *und* $C \geq 0$ *Konstanten und sei* $f(n)$ *eine positive Funktion. Weiter seien* $c_1(n), \ldots, c_\alpha(n)$ *Funktionen mit* $|c_i(n)| \leq C$ *für alle* $1 \leq i \leq \alpha$ *und* $n \in \mathbb{N}$. *Ist dann* $T(n)$ *eine Funktion mit* $T(1) = 0$, *die für* $n \geq 1$ *die Rekursionsgleichung*

$$T(n) = T(n/\beta + c_1(n)) + \cdots + T(n/\beta + c_\alpha(n)) + f(n)$$

erfüllt, dann gilt

$$T(n) = \begin{cases} \Theta(n^{\log_\beta \alpha}), & \text{falls } f(n) = O(n^{\log_\beta \alpha - \varepsilon}) \text{ für ein } \varepsilon > 0, \\ \Theta(f(n) \log n), & \text{falls } f(n) = \Theta(n^{\log_\beta \alpha} (\log n)^\delta) \text{ für ein } \delta > 0, \\ \Theta(f(n)), & \text{falls } f(n) = \Omega(n^{\log_\beta \alpha + \varepsilon}) \text{ für ein } \varepsilon > 0. \end{cases}$$

Der Beweis des Master-Theorems sprengt den Rahmen dieses Buches. Um jedoch zumindest die Beweisidee vorstellen zu können, beweisen wir eine vereinfachte Form, bei der das ursprüngliche Problem ebenfalls in α Teilprobleme der Größe n/β geteilt wird, allerdings ignorieren wir jetzt die

Ganzzahligkeit. Dazu fassen wir $T(n)$ nicht als Funktion auf den natürlichen Zahlen auf, sondern als reelle Funktion. Zusätzlich nehmen wir noch an, dass zum Berechnen der Lösung des ursprünglichen Problems aus den Teillösungen lineare Zeit benötigt wird.

Satz 4.20 *Wenn die Funktion T für $x \leq 1$ gleich 0 ist und wenn für $x > 1$ die Rekursion*

$$T(x) = \alpha T(x/\beta) + x$$

gilt, dann ist

$$T(x) = (1 + o(1)) \cdot \begin{cases} \frac{\beta}{\beta - \alpha} x, & \text{falls } \alpha < \beta, \\ x \log_\beta x, & \text{falls } \alpha = \beta, \\ \frac{\alpha}{\alpha - \beta} \left(\frac{\beta}{\alpha}\right)^{\{\log_\beta x\}} x^{\log_\beta \alpha}, & \text{falls } \alpha > \beta, \end{cases}$$

wobei $\{\log_\beta x\}$ den nicht-ganzzahligen Teil von $\log_\beta x$ bezeichne.

Beweis: Zuerst wenden wir die Rekursionsgleichung so oft an, bis wir die Anfangsbedingung erreichen. Wir haben also

$$\begin{aligned} T(x) &= x + \alpha T(x/\beta) \\ &= x + \alpha \frac{x}{\beta} + \alpha^2 T(x/\beta^2) \\ &= x + \alpha \frac{x}{\beta} + \alpha^2 \frac{x}{\beta^2} + \alpha^3 T(x/\beta^3) \\ &\vdots \\ &= x + \alpha \frac{x}{\beta} + \alpha^2 \frac{x}{\beta^2} + \cdots + \alpha^t \frac{x}{\beta^t} + \alpha^{t+1} T(x/\beta^{t+1}), \end{aligned}$$

wobei $t = \lfloor \log_\beta x \rfloor$. Ab diesem t können die Terme $T(x/\beta^{t+1})$ durch 0 ersetzt werden. Insgesamt erhalten wir also

$$T(x) = x \left(1 + \frac{\alpha}{\beta} + \cdots + \frac{\alpha^t}{\beta^t}\right). \tag{4.2}$$

Nun müssen wir drei Fälle unterscheiden: Je nachdem ob $\alpha < \beta$, $\alpha = \beta$ oder $\alpha > \beta$ gilt, verhält sich die Summe 4.2 nämlich unterschiedlich.
$\alpha < \beta$: In diesem Fall konvergiert die Summe $\sum_{k \geq 0} (\alpha/\beta)^k$ und wir erhalten daher für $T(x)$:

$$T(x) = (1 + o(1)) \cdot x \sum_{k \geq 0} \left(\frac{\alpha}{\beta}\right)^k = \frac{\beta}{\beta - \alpha} x.$$

$\alpha = \beta$: In diesem Fall ist jeder der Terme der Summe 4.2 gleich 1 und die Lösung ist deshalb

$$T(x) = x\left(\lfloor\log_\beta x\rfloor + 1\right) = (1 + o(1)) \cdot x\log_\beta x.$$

$\alpha > \beta$: In diesem Fall können wir nach Ausklammern des Terms $(\alpha/\beta)^t$ ähnlich vorgehen wie im ersten Fall. Wir erhalten daher

$$\begin{aligned}
T(x) &= x\left(\frac{\alpha}{\beta}\right)^t\left(1 + \frac{\beta}{\alpha} + \cdots + \frac{\beta^t}{\alpha^t}\right) \\
&= (1 + o(1)) \cdot x\frac{\alpha}{\alpha - \beta}\left(\frac{\alpha}{\beta}\right)^t.
\end{aligned}$$

Wenn wir nun $t = \lfloor\log_\beta x\rfloor = \log_\beta x - \{\log_\beta x\}$ einsetzen, so rechnet man leicht nach, dass der letzte Term gleich $\frac{\alpha}{\alpha - \beta}\left(\frac{\beta}{\alpha}\right)^{\{\log_\beta x\}} x^{\log_\beta \alpha}$ ist. $\qquad\square$

Analyse des Mergesort. Die Anzahl C_n der durchgeführten Vergleiche beim Sortieren von n Zahlen genügt der Rekursionsgleichung $C_n = C_{\lfloor n/2\rfloor} + C_{\lceil n/2\rceil} + n$. Wenden wir darauf Satz 4.19 an, erhalten wir $C_n = \Theta(n\log n)$. Satz 4.20 dürfen wir zwar in Anbetracht der Gaußklammern nicht unmittelbar anwenden, es sollte jedoch plausibel sein, dass man mit einigem technischen Aufwand den Beweis so modifizieren kann, dass er auch für die Mergesort-Rekursion anwendbar ist. Daraus ergibt sich dann $C_n = (1 + o(1)) \cdot n\log_2 n$, was dem in Satz 4.2 berechneten exakten Ergebnis schon sehr nahe kommt.

Algorithmen zur Multiplikation großer Zahlen. In Kapitel 3.4 haben wir zwei Divide and Conquer Verfahren zur Multiplikation kennen gelernt. Jedes der beiden Verfahren führte eine Multiplikation für n-stellige Zahlen auf Multiplikationen von $(n/2)$-stelligen Zahlen zurück, wobei das erste Verfahren jedoch vier und das zweite nur drei solcher Multiplikationen benötigte. Als Rekursionsgleichungen für die Laufzeit hatten wir daher erhalten:

$$T(n) = 4T(n/2) + cn \qquad \text{bzw.} \qquad T'(n) = 3T'(n/2) + dn.$$

Aus Satz 4.19 können wir jetzt sofort $T(n) = \Theta(n^{\log_2 4}) = \Theta(n^2)$ bzw. $T'(n) = \Theta(n^{\log_2 3}) = \Theta(n^{1,58\cdots})$ ablesen.

4.2.3 Erzeugende Funktionen

In Abschnitt 4.2.1 haben wir einige Sätze über Lösungen linearer Rekursionsgleichungen kennen gelernt. Allerdings waren dies wirklich nur *Sätze über Lösungen* und nicht *Sätze über das Finden von Lösungen*. Letzteren wollen wir uns in diesem Abschnitt zuwenden.

Rekursionsgleichungen beschreiben unendliche Folgen

$$(a_n)_{n \geq 0} = a_0, a_1, a_2, \ldots, a_k, \ldots.$$

Um mit solchen Folgen besser umgehen zu können, führen wir eine neue Schreibweise für Folgen ein, die so genannte *formale Potenzreihe* (engl. *formal power series*). Diese erhalten wir aus der unendlichen Folge, indem wir jedes a_k mit x^k multiplizieren und alle Terme aufaddieren. Aus einer Folge $(a_n)_{n \geq 0}$ wird in der neuen Schreibweise

$$a_0 + a_1 x + a_2 x^2 + \cdots + a_k x^k + \cdots.$$

Verwenden wir jetzt noch die Summenschreibweise, so wird aus der Folge $(a_n)_{n \geq 0}$ die formale Potenzreihe

$$A(x) := \sum_{n \geq 0} a_n x^n. \tag{4.3}$$

Diese Summe erinnert an ein Polynom mit unendlich vielen Koeffizienten oder auch an unendliche Reihen aus der Analysis. In der Analysis interpretiert man solche Reihen als Funktion von x und muss sicherstellen, dass die Reihe konvergiert. Entsprechend ist die Bestimmung des Konvergenzbereichs in der Analysis ein zentrales Thema bei der Behandlung von unendlichen Reihen. — Wir werden uns hier mit Konvergenzfragen nicht weiter beschäftigen, sondern die Summen der Form 4.3 zunächst einfach als eine andere Schreibweise für die entsprechenden Folgen ansehen. Daher auch der Name *formale* Potenzreihe. Für diese formalen Reihen werden wir Addition, Multiplikation, Division, Ableitung usw. definieren.

Um letztendlich dann jedoch die volle Mächtigkeit von formalen Potenzreihen nutzen zu können, kommt man um die Interpretation von (4.3) als Funktion von x doch nicht ganz herum und man nennt $A(x)$ daher auch die *erzeugende Funktion* (engl. *generating function*) der Folge $(a_n)_{n \geq 0}$. Die Interpretation als Funktion von x erlaubt uns die folgende Aussage:

> *Sind für zwei Folgen $(a_n)_{n \geq 0}$ und $(b_n)_{n \geq 0}$ ihre erzeugenden Funktionen $A(x)$ und $B(x)$ gleich, dann gilt $a_n = b_n$ für alle $n \in \mathbb{N}_0$.*

Aus der Analysis ist bekannt, dass es für die Gültigkeit dieser Aussage genügt zu zeigen, dass es ein beliebig kleines $\varepsilon > 0$ gibt mit $A(x) = B(x)$ für alle $x \in [0, \varepsilon]$. Für uns bedeutet dies, dass wir lediglich die Konvergenz unserer formalen Potenzreihen für *genügend kleine* x sicherstellen müssen. Betrachten wir dazu die Reihe $\sum_{n \geq 0} a_n x^n$ mit $0 \leq a_n \leq C^n$ für eine Konstante $C > 0$. Dann konvergiert die Reihe für alle $0 \leq x < C^{-1}$. Mit anderen Worten, jede formale Potenzreihe $\sum_{n \geq 0} a_n x^n$, für die es eine Konstante $C > 0$ mit $0 \leq a_n \leq C^n$ gibt, kann man als erzeugende Funktion interpretieren. Für alle Beispiele, die wir in diesem Kapitel betrachten werden, wird diese Bedingung erfüllt sein.

Addition von Potenzreihen. Aus zwei Folgen $(a_n)_{n \geq 0}$ und $(b_n)_{n \geq 0}$ können wir eine neue Folge $(c_n)_{n \geq 0}$ bilden, deren Glieder aus der Summe der entsprechenden Glieder der Folgen $(a_n)_{n \geq 0}$ und $(b_n)_{n \geq 0}$ bestehen, also

$$c_k = a_k + b_k \quad \text{für alle } k \geq 0.$$

Die formale Potenzreihe von $(c_n)_{n \geq 0}$ hat also die Form

$$\begin{aligned}
\sum_{n \geq 0} c_n x^n &= \sum_{n \geq 0} (a_n + b_n)\, x^n \\
&= \sum_{n \geq 0} a_n x^n + \sum_{n \geq 0} b_n x^n.
\end{aligned}$$

Die Potenzreihe für $(c_n)_{n \geq 0}$ ist also einfach die Summe der Potenzreihen für $(a_n)_{n \geq 0}$ und $(b_n)_{n \geq 0}$.

Produkt von Potenzreihen. Nachdem wir erfolgreich die Summe zweier Potenzreihen definiert haben, werden wir uns nun überlegen, welcher Operation auf den Folgen das Produkt von zwei Potenzreihen entspricht. Seien $\sum_{n \geq 0} a_n x^n$ und $\sum_{n \geq 0} b_n x^n$ die Potenzreihen der Folgen $(a_n)_{n \geq 0}$ und $(b_n)_{n \geq 0}$. Multipliziert man die beiden Reihen aus und sortiert man die entstehenden Summanden nach den Potenzen von x, so erhält man

$$\left(\sum_{n \geq 0} a_n x^n \right) \cdot \left(\sum_{n \geq 0} b_n x^n \right) = \sum_{n \geq 0} \left(\sum_{k=0}^{n} a_k b_{n-k} \right) x^n.$$

Das Produkt der Potenzreihen für $(a_n)_{n \geq 0}$ und $(b_n)_{n \geq 0}$ ist also die Potenzreihe der Folge

$$(c_n)_{n \geq 0}, \quad \text{wobei } c_n = \sum_{k=0}^{n} a_k b_{n-k} \text{ für alle } n \geq 0.$$

Diese Folge bezeichnet man auch als *Faltung* oder *Konvolution* (engl. *convolution*) der beiden Folgen $(a_n)_{n \geq 0}$ und $(b_n)_{n \geq 0}$.

Verschieben von Folgengliedern. Aus einer Folge $(a_n)_{n \geq 0}$ kann man neue Folgen erzeugen, indem man die Folgeglieder nach rechts oder nach links verschiebt. Bei einem Verschieben nach rechts um m Stellen wird aus

$$a_0, a_1, a_2, \ldots$$

die Folge

$$\underbrace{0, 0, \ldots, 0}_{m\text{-mal}}, a_0, a_1, a_2, \ldots. \tag{4.4}$$

In der Potenzreihe der neuen Folge sind also die m ersten Folgeglieder gleich Null. Das erste Folgeglied, das nicht verschwindet, ist a_0 und a_0 ist das m-te Glied der neuen Folge. Die formale Potenzreihe der um m Stellen nach rechts verschobenen Folge ist also gleich

$$a_0 x^m + a_1 x^{m+1} + \cdots = x^m \sum_{n \geq 0} a_n x^n = \sum_{n \geq m} a_{n-m} x^n.$$

Das Verschieben nach rechts um m Stellen einer Folge entspricht somit der Multiplikation mit x^m in der Sprache der formalen Potenzreihen.

BEISPIEL 4.21   Zieht man von der Folge $1, 1, 1, \ldots$, die nur aus Einsen besteht, eine um m verschobene Kopie dieser Folge ab, so ergibt sich die Folge

$$\underbrace{1, 1, \ldots, 1}_{m \text{ mal}}, 0, 0, 0, \ldots.$$

In der Sprache der formalen Potenzreihen lässt sich dies auch wie folgt schreiben:

$$\sum_{n=0}^{m-1} x^n = \sum_{n \geq 0} x^n - x^m \sum_{n \geq 0} x^n = (1 - x^m) \cdot \sum_{n \geq 0} x^n. \tag{4.5}$$

Betrachten wir nun das Verschieben nach links. Wenn eine Folge um m Stellen nach links verschoben wird, löschen wir einfach die m ersten Folgeglieder. Aus

$$a_0, a_1, \ldots, a_m, a_{m+1}, \ldots$$

wird also die Folge

$$a_m, a_{m+1}, \ldots$$

und die Potenzreihe der um m Stellen nach links verschobenen Folge ist daher gleich

$$\frac{\left(\sum_{n \geq 0} a_n x^n \right) - a_0 - a_1 x - \ldots - a_{m-1} x^{m-1}}{x^m}.$$

Inversion von Potenzreihen. Wir haben oben gesehen, dass die Faltung von Folgen der Multiplikation der Potenzreihen entspricht. Wir werden uns nun überlegen, wann zu einer Potenzreihe $(a_n)_{n\geq0}$ eine inverse Potenzreihe existiert. Unter der *inversen Potenzreihe* versteht man eine Potenzreihe, deren Produkt mit $(a_n)_{n\geq0}$ die Folge $1, 0, 0, 0, \ldots$ ergibt.

Satz 4.22 *Zu einer formalen Potenzreihe $\sum_{n\geq0} a_n x^n$ existiert genau dann eine inverse Potenzreihe $\sum_{n\geq0} b_n x^n$, wenn $a_0 \neq 0$.*

Beweis: Für das Produkt der beiden Potenzreihen gilt

$$\left(\sum_{n\geq0} a_n x^n\right) \cdot \left(\sum_{n\geq0} b_n x^n\right) = \sum_{n\geq0} \left(\sum_{k=0}^{n} a_k b_{n-k}\right) x^n.$$

Da alle Terme der rechten Seite bis auf den ersten gleich Null sein müssen und der erste gleich 1 sein muss, folgt:

1. $a_0 b_0 = 1$ und

2. $\sum_{k=0}^{n} a_k b_{n-k} = 0$ für alle $n \geq 1$.

Aus der ersten Bedingung folgt, dass $b_0 = 1/a_0$ sein muss. Dies ist nur möglich, wenn $a_0 \neq 0$. Damit ist der erste Teil des Satzes bewiesen. Jetzt müssen wir noch zeigen, dass es für $a_0 \neq 0$ die Potenzreihe $\sum_{n\geq0} b_n x^n$ auch wirklich gibt. Dazu lösen wir die Gleichungen aus der zweiten Bedingung auf. Wir erhalten, dass für alle $n \geq 1$ gelten muss:

$$b_n = -\frac{1}{a_0} \sum_{k=1}^{n} a_k b_{n-k}.$$

Da hier auf der rechten Seite nur die Werte $b_0, \ldots, b_{n-1}$ vorkommen, ist damit die Existenz der inversen Potenzreihe $\sum_{n\geq0} b_n x^n$ gezeigt. $\quad\square$

Die Ableitung einer formalen Potenzreihe. In der Praxis tritt häufig das folgende Problem auf: Gegeben ist eine Folge

$$a_1, 2a_2, 3a_3, 4a_4, \ldots, ka_k, \ldots.$$

Was ist die erzeugende Funktion der Folge? Um diese Frage zu beantworten, betrachten wir die formale Potenzreihe der Folge. Sie hat die Form

$$\sum_{n\geq0} (n+1)a_{n+1} x^n.$$

Diese formale Potenzreihe entsteht aber aus der Potenzreihe $\sum_{n\geq 0} a_n x^n$, wenn jeder Term nach x abgeleitet wird, denn

$$\frac{\mathrm{d}}{\mathrm{d}x}\Big(\sum_{n\geq 0}(a_n x^n)\Big) = \sum_{n\geq 1} n a_n x^{n-1} = \sum_{n\geq 0}(n+1)a_{n+1}x^n.$$

Wenn die Potenzreihen konvergieren, können wir also die Ableitung der erzeugenden Funktion als Operation auf den Folgen verstehen: aus der Folge $a_0, a_1, a_2, \ldots, a_k, \ldots$ entsteht die Folge $a_1, 2a_2, \ldots, k a_k, \ldots$.

Die geometrische Reihe. Unter der *geometrischen Reihe* versteht man die Potenzreihe $A(x) = \sum_{n\geq 0} x^n$. Wie sieht die erzeugende Funktion $A(x)$ aus? Dazu berechnen wir zunächst die zur geometrischen Reihe inverse Potenzreihe, also die Reihe $B(x) = \sum_{n\geq 0} b_k x^n$, so dass $A(x) \cdot B(x) = 1$. Nach Satz 4.22 existiert diese Reihe und man rechnet nach, dass $b_0 = 1$, $b_1 = -1$ und $b_3 = b_4 = \cdots = 0$ gilt. Mit anderen Worten, es gilt $B(x) = 1 - x$ und somit auch

$$(1-x)\cdot\sum_{n\geq 0} x^n = 1.$$

Die geometrische Reihe $A(x) = \sum_{n\geq 0} x^n$ ist also gleich der Funktion

$$A(x) = \frac{1}{1-x}.$$

BEISPIEL 4.23 Mit Hilfe von Formel (4.5) aus Beispiel 4.21 lässt sich daraus auch sofort die bekannte Formel für endliche geometrische Reihen ableiten:

$$\sum_{n=0}^{m} x^n = \frac{1-x^{m+1}}{1-x}.$$

Betrachten wir nun noch die Ableitungen der geometrischen Reihe. Als Ableitung der formalen Potenzreihe ergibt sich die Reihe $\sum_{n\geq 1} n x^{n-1}$. Die Ableitung der Funktion $1/(1-x)$ ist $1/(1-x)^2$. Wir erhalten also

$$\sum_{n\geq 1} n x^{n-1} = \frac{1}{(1-x)^2}. \tag{4.6}$$

Die erzeugende Funktion der Reihe $1, 2, 3, \ldots$ ist also $1/(1-x)^2$.

Leiten wir beide Seiten von (4.6) nochmals ab, so ergibt sich $\sum_{n\geq 2} n(n-1)x^{n-2} = 2/(1-x)^3$. Die allgemeine Formel für die k-te Ableitung ist schnell erraten und per Induktion verifiziert. Wir geben hier nur das Ergebnis an. Für alle natürlichen Zahlen k gilt:

$$\sum_{n \geq k} n(n-1) \cdot \ldots \cdot (n-k+1) x^{n-k} = \frac{k!}{(1-x)^{k+1}}.$$

Teilt man beide Seiten durch $k!$, so kann man dies unter Verwendung der Binomialkoeffizienten und Indexverschiebung auch wie folgt schreiben:

$$\sum_{n \geq 0} \binom{n+k}{k} x^n = \frac{1}{(1-x)^{k+1}}. \tag{4.7}$$

Bestimmung der Koeffizienten. Erzeugende Funktionen kann man im Prinzip wie ganz normale Funktionen behandeln. Kann man aber auch umgekehrt eine Funktion $F(x)$ als erzeugende Funktion betrachten? Oder, anders formuliert, gibt es zu einer Funktion $F(x)$ eine Folge $(f_n)_{n \geq 0}$ mit $F(x) = \sum_{n \geq 0} f_n x^n$? Eine vollständige Beantwortung dieser Frage würde uns weit in die Analysis hineinführen. Wir wollen es daher an dieser Stelle bei der folgenden Beobachtung belassen. Falls es zu $F(x)$ eine Potenzreihe gibt, dann kann man diese durch die Taylor-Entwicklung um die Null beschreiben:

$$F(x) = \sum_{k=0}^{\infty} \frac{F^{(k)}(0)}{k!} x^k, \tag{4.8}$$

wobei $F^{(k)}(0)$ gleich dem Wert der k-ten Ableitung von F an der Stelle 0 ist. Das n-te Folgenglied f_n ist also durch $F^{(n)}(0)/n!$ gegeben.

BEISPIEL 4.24 Mit Hilfe der Taylor-Entwicklung können wir leicht die Folge bestimmen, die die Funktion e^x als erzeugende Funktion hat. Da alle Ableitungen von e^x wieder e^x ergeben, erhalten wir mit Gleichung (4.8)

$$e^x = 1 + x + \frac{x^2}{2!} + \frac{x^3}{3!} + \cdots$$

und somit die Folge $1, 1, 1/2!, 1/3!, \ldots$.

BEISPIEL 4.25 Betrachten wir die Funktion $H(x) = \frac{1}{1-x} \ln \frac{1}{1-x}$. Per Induktion rechnet man leicht nach, dass für alle $k \geq 1$ gilt

$$H^{(k)}(x) = \frac{k! \cdot \ln \frac{1}{1-x}}{(1-x)^{k+1}} + \frac{k! \cdot H_k}{(1-x)^{k+1}}.$$

Setzen wir dies in Gleichung (4.8) ein, so sehen wir, dass $H(x)$ genau die erzeugende Funktion der harmonischen Zahlen ist: $H(x) = \sum_{n \geq 1} H_n x^n$.

Verallgemeinerte Binomialkoeffizienten. Mit Hilfe der Taylor-Entwicklung kann man eine Verallgemeinerung der Binomialkoeffizienten $\binom{n}{k}$ herleiten, in der der Ausdruck $\binom{y}{k}$ auch für reelle y eine Bedeutung hat. Die Idee ist die folgende. Für natürliche Zahlen n gilt

$$(1 + x)^n = \sum_{k=0}^{n} \binom{n}{k} x^k. \tag{4.9}$$

Wir betrachten nun die Funktion $(1 + x)^r$, wobei r eine beliebige reelle Zahl ist. Da für alle $k > 0$ die k-te Ableitung (nach x) von $(1 + x)^r$ gleich

$$r(r - 1)(r - 2) \cdots (r - k + 1)(1 + x)^{r-k}$$

ist, folgt aus der Taylorreihe (4.8):

$$(1 + x)^r = 1 + \sum_{k \geq 1} \frac{r(r - 1)(r - 2) \cdots (r - k + 1)}{k!} x^k.$$

Definieren wir daher für alle $r \in \mathbb{R}$:

$$\binom{r}{0} = 1 \quad \text{und} \quad \binom{r}{k} = \frac{r(r - 1)(r - 2) \cdots (r - k + 1)}{k!} \quad \text{für } k \in \mathbb{N},$$

so erhalten wir die folgende natürliche Verallgemeinerung der binomischen Formel (4.9) für reelle Zahlen:

$$(1 + x)^y = \sum_{k \geq 0} \binom{y}{k} x^k. \tag{4.10}$$

In der Tabelle 4.1 sind die wichtigsten formalen Potenzreihen und erzeugenden Funktionen noch einmal zusammengefasst.

Geldwechsel.   Ein sehr schönes Beispiel für die Anwendung von Potenzreihen stammt von dem ungarischen Mathematiker GEORGE PÓLYA (1887–1985). Er bestimmte mit Hilfe von formalen Potenzreihen die Anzahl Möglichkeiten einen Betrag von n Cent mit 1, 5 und 10 Centmünzen herauszugeben. Dazu betrachten wir zunächst nur die 1 Centmünzen und definieren eine Folge $(a_n)_{n \in \mathbb{N}}$, wobei das k-te Folgenglied a_k die Anzahl Möglichkeiten angeben soll, k Cent mit 1 Centmünzen herauszugeben. Da wir annehmen wollen, dass wir beliebig viele 1 Centmünzen besitzen und dass diese Münzen nicht unterscheidbar sind, erhalten wir die Folge

$$1, 1, 1, 1, \ldots,$$

denn jeder beliebige Betrag kann natürlich auf genau eine Weise mit 1 Centmünzen herausgegeben werden.

Betrachten wir nun, wie viele Möglichkeiten es gibt, einen beliebigen Betrag mit 5 Centmünzen herauszugeben und kodieren wir diese Anzahl in einer Folge $(b_n)_{n \geq 0}$, wobei hier das k-te Folgenglied b_k die Anzahl Möglichkeiten

Tabelle 4.1: Formale Potenzreihen und ihre erzeugenden Funktionen

a_n	Folge	Potenzreihe	erzeugende Funktion
1	$1, 1, 1, \ldots$	$\sum_{n \geq 0} x^n$	$\frac{1}{1-x}$
n	$0, 1, 2, 3, \ldots,$	$\sum_{n \geq 0} n x^n$	$\frac{x}{(1-x)^2}$
a^n	$1, a, a^2, a^3, \ldots$	$\sum_{n \geq 0} (ax)^n$	$\frac{1}{1-ax}$
n^2	$0, 1, 4, 9, \ldots$	$\sum_{n \geq 0} n^2 x^n$	$\frac{x(1+x)}{(1-x)^3}$
$\binom{r}{n}$	$1, r, \binom{r}{2}, \binom{r}{3}, \ldots$	$\sum_{n \geq 0} \binom{r}{n} x^n$	$(1+x)^r$
$\binom{r}{n}$	$1, r+1, \binom{r+2}{2}, \binom{r+3}{3}, \ldots$	$\sum_{n \geq 0} \binom{r+n}{n} x^n$	$\frac{1}{(1-x)^{r+1}}$
$\frac{1}{n}$	$0, 1, \frac{1}{2}, \frac{1}{3}, \frac{1}{4}, \ldots$	$\sum_{n \geq 1} \frac{1}{n} x^n$	$\ln \frac{1}{1-x}$
$\frac{1}{n!}$	$1, 1, \frac{1}{2}, \frac{1}{6}, \frac{1}{24}, \ldots$	$\sum_{n \geq 0} \frac{1}{n!} x^n$	e^x
H_n	$0, 1, \frac{3}{2}, \frac{11}{6}, \frac{25}{12}, \ldots$	$\sum_{n \geq 1} H_n x^n$	$\frac{1}{1-x} \cdot \ln \frac{1}{1-x}$

angeben soll, k Cents mit 5 Centmünzen herauszugeben. Wir erhalten die Folge

$$1, 0, 0, 0, 0, 1, 0, 0, 0, 0, 1, \ldots.$$

Die formalen Potenzreihen der Folgen $(a_n)_{n \geq 0}$ und $(b_n)_{n \geq 0}$ sind

$$A(x) := \sum_{n \geq 0} x^n \quad \text{und} \quad B(x) := \sum_{n \geq 0} x^{5n},$$

und man überlegt sich leicht, dass die entsprechende Potenzreihe für die 10 Centmünzen

$$C(x) := \sum_{n \geq 0} x^{10n}$$

sein muss.

Wenn wir nun einen bestimmten Betrag, sagen wir n Cents mit 1 und 5 Centmünzen herausgeben möchten, können wir dies tun, indem wir k ($0 \leq k \leq n$) Cents mit 1 Centmünzen und $n - k$ Cents mit 5 Centmünzen herausgeben. Es gibt also

$$\sum_{k=0}^{n} a_k b_{n-k}$$

Möglichkeiten n Cents mit 1 und 5 Centmünzen herauszugeben. Die Anzahl Möglichkeiten ist also durch die Faltung der Folgen $(a_n)_{n \geq 0}$ und $(b_n)_{n \geq 0}$ gegeben und die formale Potenzreihe durch das Produkt $A(x) \cdot B(x)$. Die Anzahl Möglichkeiten n Cents zu wechseln ist also gleich dem Koeffizienten von x^n in $A(x) \cdot B(x)$.

Wenn wir nun noch die 10 Centstücke erlauben, um den Betrag herauszugeben, so erhalten wir mit genau denselben Überlegungen, dass die entsprechende formale Potenzreihe durch das Produkt $A(x) \cdot B(x) \cdot C(x)$ gegeben ist, und die Anzahl Möglichkeiten n Cents zu wechseln ist gleich dem Koeffizienten von x^n in

$$A(x) \cdot B(x) \cdot C(x) = \frac{1}{1-x} \cdot \frac{1}{1-x^5} \cdot \frac{1}{1-x^{10}}.$$

4.2.4   Lösen von Rekursionen

Bis jetzt haben wir die formalen Potenzreihen nur als andere Schreibweise für Folgen kennen gelernt. Weil es uns formale Potenzreihen aber ermöglichen, eine Folge von Zahlen $(a_n)_{n \geq 0}$ als ein Ganzes zu behandeln, stellen sie zugleich ein mächtiges Hilfsmittel zur Lösung von Rekursionen dar. Wir betrachten dies zunächst an einem ganz einfachen Beispiel: der Rekursionsgleichung $a_n = a_{n-1} + 1$ für $n \geq 1$ und $a_0 = 1$. Für die erzeugende Funktion gilt dann:

$$\begin{aligned} A(x) &= \sum_{n \geq 0} a_n x^n = a_0 + \sum_{n \geq 1} (a_{n-1} + 1) x^n \\ &= 1 + x \sum_{n \geq 1} a_{n-1} x^{n-1} + \sum_{n \geq 1} x^n \\ &= x \sum_{n \geq 0} a_n x^n + 1 + \sum_{n \geq 1} x^n. \end{aligned}$$

Die erste Summe auf der rechten Seite ist wieder genau $A(x)$, die zweite entspricht, zusammen mit der vorangehenden Konstanten 1, genau der geometrische Reihe. Wir erhalten daher:

$$A(x) = x \cdot A(x) + \frac{1}{1-x}.$$

Löst man diese Gleichung nach $A(x)$ auf, so ergibt sich

$$A(x) = \frac{1}{(1-x)^2}.$$

Von der Funktion $1/(1-x)^2$ haben wir bereits auf Seite 160 gesehen, dass sie genau der Ableitung der geometrischen Reihe entspricht. Es gilt also

$$\sum_{n \geq 0} a_n x^n = A(x) = \sum_{n \geq 1} n x^{n-1} = \sum_{n \geq 0} (n+1) x^n.$$

Durch Koeffizientenvergleich ergibt sich damit $a_n = n + 1$ für alle $n \geq 1$.

Auf den ersten Blick mag es einem Leser eher zweifelhaft erscheinen, dass dieser Ansatz auch nur entfernt sinnvoll sein soll. Wir haben hier mit viel technischem Aufwand eine Rekursionsgleichung gelöst, für die man die richtige Lösung auch sofort hätte raten können, um sie dann per Induktion zu verifizieren. — Das allerdings ist genau der wesentliche Unterschied zu der Lösungsmethode mit Hilfe erzeugender Funktionen: Hier mussten wir die Lösung nicht zunächst *raten*, sondern wir haben sie *berechnet*. Mit anderen Worten, den Ansatz über erzeugende Funktionen kann man auch bei Rekursionsgleichungen verwenden, denen man die Lösung nicht sofort ansehen kann. Dies ist die eigentliche Stärke der erzeugenden Funktionen. Wir formulieren die im obigen Beispiel gesehene Vorgehensweise dazu nochmals schematisch.

1. Schritt: Aufstellen der erzeugenden Funktion $A(x) = \sum_{n \geq 0} a_n x^n$.
2. Schritt: Umformen der rechten Seite, so dass Anfangswerte und Rekursionsgleichung eingesetzt werden können.
3. Schritt: Weiter umformen, bis auf der rechten Seite die noch vorhandenen unendlichen Summen (und mit ihnen alle Vorkommen von Folgengliedern a_n) durch $A(x)$ ersetzt werden können.
4. Schritt: Auflösen der erhaltenen Gleichung nach $A(x)$. Dadurch erhält man eine Gleichung der Form $A(x) = f(x)$, wobei $f(x)$ eine, hoffentlich einfache, Funktion ist.
5. Schritt: Umschreiben der Funktion $f(x)$ als formale Potenzreihe. Zum Beispiel durch Partialbruchzerlegung und/oder durch Nachschlagen in der Tabelle 4.1.
6. Schritt: Ablesen der expliziten Darstellung für die a_n durch Koeffizientenvergleich.

Die Mächtigkeit dieses Ansatzes werden wir im Folgenden anhand einiger Beispiele demonstrieren. Wir beginnen mit den Fibonaccizahlen. Für diese haben wir eine explizite Darstellung zwar schon als Korollar von Satz 4.17 erhalten. Der ein oder andere Leser mag sich allerdings bereits gefragt haben, wie man auf die in Satz 4.17 angegebene Lösung kommen soll. Dies sollte im Folgenden klar werden.

Fibonaccizahlen.   Die Folge der Fibonaccizahlen $(F_n)_{n\geq 0}$ ist durch die Rekursion

$$F_{n+2} = F_{n+1} + F_n \quad \text{für alle } n \geq 0, \qquad F_1 = 1, F_0 = 0$$

gegeben. Wir lösen die Rekursion durch Anwendung des obigen Schemas.

1. Schritt. Aufstellen der erzeugenden Funktion:

$$F(x) = \sum_{n\geq 0} F_n x^n. \tag{4.11}$$

2. Schritt. Anwendung der Rekursionsgleichung. Hierzu zerlegen wir die Summe in Summanden, auf die wir die Anfangswerte anwenden können, und eine unendliche Summe, für die wir die Rekursionsbedingung anwenden können:

$$
\begin{aligned}
F(x) &=& F_0 + F_1 x + \sum_{n\geq 2} F_n x^n &=& x + \sum_{n\geq 0} F_{n+2} x^{n+2} \\
&=& x + \sum_{n\geq 0} (F_{n+1} + F_n) x^{n+2}.
\end{aligned}
$$

3. Schritt. Umformen der rechten Seite, so dass die unendlichen Summen durch $F(x)$ ersetzt werden können.

$$
\begin{aligned}
F(x) &=& x + \sum_{n\geq 0} F_{n+1} x^{n+2} + \sum_{n\geq 0} F_n x^{n+2} \\
&=& x + x \sum_{n\geq 0} F_{n+1} x^{n+1} + x^2 \sum_{n\geq 0} F_n x^n \\
&=& x + x \sum_{n\geq 1} F_n x^n + x^2 F(x) \\
&=& x + x(F(x) - F_0) + x^2 F(x) &=& x + xF(x) + x^2 F(x).
\end{aligned}
$$

4. Schritt. Auflösen nach $F(x)$:

$$F(x) = \frac{x}{1 - x - x^2}.$$

5. Schritt. Ersetzen der neuen rechten Seite durch eine formale Potenzreihe. Für $\frac{x}{1-x-x^2}$ finden wir leider in der Tabelle 4.1 keinen Eintrag. Allerdings hilft uns hier der aus Kapitel 3 bekannte Ansatz der Partialbruchzerlegung. Denn wenn $F(x)$ die Form $\frac{A}{1-\alpha x} + \frac{B}{1-\beta x}$ hätte, dann würde folgen:

$$F(x) = A \sum_{n\geq 0} (\alpha x)^n + B \sum_{n\geq 0} (\beta x)^n \tag{4.12}$$

Zur Bestimmung der Partialbruchzerlegung machen wir den Ansatz

$$\frac{x}{1 - x - x^2} \stackrel{!}{=} \frac{A}{1 - \alpha x} + \frac{B}{1 - \beta x}.$$

Wir erhalten die beiden Gleichungen

$$(1 - \alpha x)(1 - \beta x) = 1 - x - x^2$$
$$\text{und} \qquad A(1 - \beta x) + B(1 - \alpha x) = x.$$

Aus der ersten Gleichung folgt durch Koeffizientenvergleich, dass $\alpha + \beta = 1$ und $\alpha \cdot \beta = -1$ sein muss. Auflösen nach α führt zur quadratischen Gleichung $\alpha^2 - \alpha - 1 = 0$. Mit der aus der Schule bekannten Formel für quadratische Gleichungen erhält man daraus

$$\alpha = \frac{1 + \sqrt{5}}{2} \quad \text{und} \quad \beta = \frac{1 - \sqrt{5}}{2}.$$

Wenn wir nun noch A und B gemäß der zweiten Gleichung berechnen, finden wir $A = 1/\sqrt{5}$ und $B = -1/\sqrt{5}$ und wir erhalten durch Einsetzen in (4.12):

$$F(x) = \sum_{n \geq 0} \left[\frac{1}{\sqrt{5}} \left(\frac{1 + \sqrt{5}}{2} \right)^n - \frac{1}{\sqrt{5}} \left(\frac{1 - \sqrt{5}}{2} \right)^n \right] x^n \qquad (4.13)$$

6. Schritt. Wir vergleichen die Koeffizienten von x^n in der Darstellung von $F(x)$ aus (4.11) mit der aus (4.13) und erhalten das schon aus Gleichung (4.1) bekannte Ergebnis:

$$F_n = \frac{1}{\sqrt{5}} \left(\frac{1 + \sqrt{5}}{2} \right)^n - \frac{1}{\sqrt{5}} \left(\frac{1 - \sqrt{5}}{2} \right)^n.$$

Lineare Rekursionsgleichungen. Wir betrachten eine homogene lineare Rekursionsgleichung k-ten Grades:

$$a_n = c_1 a_{n-1} + \cdots + c_k a_{n-k} \quad \text{für } n \geq k \text{ und } a_i = b_i \text{ für } i = 0 \ldots, k - 1.$$

Diese können wir ebenfalls gemäß des auf Seite 165 formulierten Prinzips lösen. Die Vorgehensweise ist dabei ganz analog zu der eben vorgeführten Bestimmung der Fibonaccizahlen (was nicht weiter verwunderlich ist, denn diese sind ja durch eine homogene lineare Rekursionsgleichung 2-ten Grades definiert). Wir werden hier daher auf die ausführliche Angabe aller Zwischenschritte verzichten.

1. Schritt. Aufstellen der erzeugenden Funktion:

$$A(x) = \sum_{n \geq 0} a_n x^n.$$

2. und 3. Schritt. Anwendung der Rekursionsgleichung:

$$A(x) = b_0 + b_1 x + \cdot + b_{k-1} x^{k-1} + c_1 x \left(A(x) - \sum_{i=0}^{k-2} a_i x^i \right) +$$

$$c_2 x^2 \left(A(x) - \sum_{i=0}^{k-3} a_i x^i \right) + \ldots + c_{k-1} x^{k-1} (A(x) - a_0) + c_k x^k A(x).$$

4. Schritt. Auflösen nach $A(x)$:

$$A(x) = \frac{d_0 + d_1 x + \cdot + d_{k-1} x^{k-1}}{1 - c_1 x - c_2 x^2 - \ldots - c_k x^k}, \quad \text{für geeignete } d_0, \ldots, d_{k-1}.$$

5. Schritt. Umschreiben der rechten Seite. Dazu bestimmt man zunächst die Nullstellen (und ihre Vielfachheiten) des Nennerpolynoms. Gemäß Satz 3.26 ist dies zumindest in $\mathbb{C}$ immer möglich. Sei also

$$1 - c_1 x - c_2 x^2 - \ldots - c_k x^k = (1 - \alpha_1 x)^{m_1} \cdot \ldots \cdot (1 - \alpha_r x)^{m_r} \text{ mit } \sum_{i=1}^{r} m_i = k.$$

Partialbruchzerlegung gemäß Satz 3.30 führt dann zu der Darstellung

$$A(x) = \frac{b_0 + b_1 x + \cdot + b_{k-1} x^{k-1}}{1 - c_1 x - c_2 x^2 - \ldots - c_k x^k} = \sum_{i=1}^{r} \frac{g_i(x)}{(1 - \alpha_i x)^{m_i}},$$

wobei der Grad der Polynome $g_i(x)$ jeweils höchstens $m_i - 1$ ist. Die Reihenentwicklung für $1/(1 - \alpha_i x)^{m_i}$ kann man aus Tabelle 4.1 ablesen. Bezeichnen wir nun noch die Koeffizienten der Polynome $g_i(x)$ mit g_{ij}, also $g_i(x) = \sum_{j=0}^{m_i-1} g_{ij} x^j$, so erhalten wir die Darstellung

$$A(x) = \sum_{i=1}^{r} \sum_{j=0}^{m_i-1} g_{ij} \sum_{n \geq 0} \binom{n + m_i - 1}{n} \alpha_i^n x^{n+j},$$

aus der man im 6. und letzten Schritt eine explizite Formel für die a_n unmittelbar ablesen kann.

BEISPIEL 4.26 Wir betrachten die Rekursionsgleichung $a_n = 5a_{n-1} - 7a_{n-2} + 3a_{n-3}$ mit den Anfangsbedingungen $a_0 = 1$, $a_1 = 5$ und $a_2 = 19$. Für die erzeugende Funktion erhält man

$$A(x) = \frac{1 + 5x + 19x^2 + 5x(-5x - 1) - 7x^2(-1)}{1 - 5x + 7x^2 - 3x^3} = \frac{1 + x^2}{1 - 5x + 7x^2 - 3x^3}.$$

Bestimmung der Nullstellen des Nennerpolynoms führt zu der Darstellung $1 - 5x + 7x^2 - 3x^3 = (1 - x)^2(1 - 3x)$. Die Partialbruchzerlegung von $A(x)$ können wir daher aus Beispiel 3.31 ablesen und gleich die geometrische Reihe und ihre Ableitung einsetzen:

$$A(x) = \frac{\frac{1}{2}x - \frac{3}{2}}{(1-x)^2} + \frac{\frac{5}{2}}{1 - 3x} = \frac{1}{2}(x - 3) \sum_{n \geq 1} n x^{n-1} + \frac{5}{2} \sum_{n \geq 0} 3^n x^n$$

$$= 1 + 5x + \sum_{n \geq 2} \left(\frac{1}{2}n - \frac{3}{2}(n + 1) + \frac{5}{2} 3^n \right) x^n.$$

Damit ergibt sich die folgende explizite Darstellung: $a_n = \frac{5}{2} 3^n - n - \frac{3}{2}$ für alle $n \geq 2$.

Catalanzahlen. Als nächstes stellen wir uns die Aufgabe, Zeichenketten zu zählen, die nur aus korrekt geklammerten linken und rechten Klammern bestehen. Korrekt geklammerte Zeichenketten nennen wir *legal*. Legale Zeichenketten sind zum Beispiel (( )) und ( ) (( )), während die Zeichenkette ((( ))) ( ) nicht legal ist. Damit eine Zeichenkette legal ist, muss an jeder Stelle der Zeichenkette die Anzahl der bis zu dieser Stelle vorkommenden öffnenden Klammern größer oder gleich der Anzahl der bis zu dieser Stelle vorkommenden schließenden Klammern sein.

Wie viele legale Klammerausdrücke der Länge m gibt es? Es ist klar, dass m gerade sein muss, denn für jede öffnende Klammer, muss es genau eine schließende Klammer geben. Es genügt also, wenn wir uns überlegen wie viele legale Zeichenketten mit $n = m/2$ öffnenden Klammern existieren. Diese Anzahl bezeichnen wir mit C_n. Außerdem setzen wir $C_0 := 1$, da wir das leere Wort auch als legal ansehen wollen.

Wenn wir C_n für kleine Zahlen n berechnen, kommen wir zu folgendem Ergebnis:

$$C_1 = 1: \quad ( )$$
$$C_2 = 2: \quad ( ) ( ) , (( ))$$
$$C_3 = 5: \quad ( ) ( ) ( ) , ( ) (( )) , (( ) ( )) , (( )) ( ) , ((( )))$$

Für größere n erscheint eine explizite Berechnung der C_n schwierig. Eine Rekursionsgleichung ist allerdings schnell gefunden.

Lemma 4.27 *Für die Anzahl der legalen Klammerausdrücke mit n öffnenden Klammern C_n gilt für alle $n \geq 1$*

$$C_n = \sum_{k=1}^{n} C_{k-1} C_{n-k}.$$

Beweis: Wir überlegen uns, wie eine legale Zeichenkette mit n öffnenden Klammern konstruiert werden kann. Dazu fassen wir in der Menge A_k alle legalen Zeichenketten mit n öffnenden Klammern zusammen, deren erste Klammer an der Position $2k$ geschlossen wird. Die Menge A_k enthält also die Zeichenketten der Form

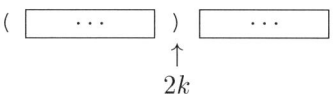

wobei im ersten Rechteck eine beliebige legale Zeichenkette mit $k - 1$ öffnenden Klammern stehen muss und im zweiten Rechteck eine mit $n - k$ öffnenden Klammern. Die Anzahl der legalen Zeichenketten in A_k ist also gleich $C_{k-1}C_{n-k}$, und da die A_k eine Partition der Menge der legalen Zeichenketten mit n öffnenden Klammern bilden, gilt

$$C_n = |\bigcup_{k=1}^{n} A_k| = \sum_{k=1}^{n} |A_k| = \sum_{k=1}^{n} C_{k-1}C_{n-k}. \qquad \square$$

Mit Hilfe dieses Lemmas können wir nun C_n berechnen.

Satz 4.28 *Die erzeugende Funktion $C(x) = \sum_{n \geq 0} C_n x^n$ der legalen Zeichenketten erfüllt die Gleichung*

$$C(x) = xC(x)^2 + 1$$

und es gilt

$$C_n = \frac{1}{n+1}\binom{2n}{n}.$$

Beweis: Wir gehen wieder gemäß des auf Seite 165 formulierten allgemeinen Prinzips vor, wobei wir allerdings diesmal auf die explizite Angabe der einzelnen Schritte verzichten. Nach Lemma 4.27 gilt für alle $n \geq 1$

$$C_n = \sum_{k=1}^{n} C_{k-1}C_{n-k}.$$

Durch Multiplizieren mit x^n und Aufsummieren erhalten wir

$$\sum_{n \geq 1} C_n x^n = \sum_{n \geq 1} \left(\sum_{k=1}^{n} C_{k-1}C_{n-k} \right) x^n.$$

Da $C(x) = \sum_{n \geq 0} C_n x^n$ und $C_0 = 1$ sind, steht auf der linken Seite $C(x) - 1$. Für den Ausdruck auf der rechten Seite gilt:

$$\begin{aligned}
\sum_{n \geq 1} \left(\sum_{k=1}^{n} C_{k-1}C_{n-k} \right) x^n &= x \sum_{n \geq 1} \left(\sum_{k=1}^{n} C_{k-1}C_{n-k} \right) x^{n-1} \\
&= x \sum_{n \geq 0} \left(\sum_{k=1}^{n+1} C_{k-1}C_{n+1-k} \right) x^n \\
&= x \sum_{n \geq 0} \left(\sum_{k=0}^{n} C_k C_{n-k} \right) x^n.
\end{aligned}$$

Bis auf den vorangestellten Faktor x sollte der letzte Term dem Leser bekannt vorkommen: Es ist dies genau das Produkt der Potenzreihe $C(x)$ mit sich selbst. Insgesamt erhalten wir daher die Gleichung

$$C(x) - 1 = xC(x)^2, \tag{4.14}$$

womit die erste Behauptung des Satzes bewiesen wäre. Nun müssen wir noch den Koeffizienten von x^n in $C(x)$ bestimmen. Dazu lösen wir die quadratische Gleichung (4.14) nach $C(x)$ auf und erhalten

$$C(x) = \frac{1 \pm \sqrt{1 - 4x}}{2x}.$$

Um heraus zu finden, welche der beiden Lösungen die richtige ist, betrachten wir den Grenzwert für $x \to 0$. Die Lösung mit dem „+" konvergiert dann gegen unendlich. Da dies der Anfangsbedingung $C_0 = 0$ widerspricht, kann diese Lösung nicht richtig sein. Also gilt

$$C(x) = \frac{1 - \sqrt{1 - 4x}}{2x}.$$

Multiplizieren wir beide Seiten mit x, so erhalten wir

$$xC(x) = \frac{1}{2} - \frac{1}{2}(1 - 4x)^{1/2}.$$

Nun können wir die verallgemeinerte Binomische Formel (4.10) auf die rechte Seite anwenden:

$$xC(x) = \frac{1}{2} - \frac{1}{2}\sum_{k \geq 0}\binom{1/2}{k}(-4x)^k.$$

Schreiben wir nun die linke Seite als Summe und verwenden, dass der erste Term der Summe auf der rechten Seite gleich 1 ist, so folgt daraus

$$\sum_{n \geq 0} C_n x^{n+1} = -\frac{1}{2}\sum_{k \geq 1}\binom{1/2}{k}(-4x)^k.$$

Durch Koeffizientenvergleich können wir daraus den Wert von C_n ablesen. C_n entspricht dem Koeffizienten von x^{n+1} in der rechten Potenzreihe:

$$\begin{aligned}
C_n &= -\frac{1}{2}\binom{1/2}{n+1}(-4)^{n+1} \\
&= -\frac{1}{2}\frac{\frac{1}{2}(\frac{1}{2}-1)(\frac{1}{2}-2)\cdots(\frac{1}{2}-n)}{(n+1)!}(-4)^{n+1}
\end{aligned}$$

Zur weiteren Vereinfachung kürzen wir zunächst den Vorfaktor zusammen mit dem ersten Faktor des Zählers gegen eine -4. Die übrigen Faktoren des Zählers multiplizieren wir jeweils mit -2, dadurch wird aus einem $(\frac{1}{2} - i)$ der Faktor $(2i - 1)$. Insgesamt haben wir dann n-mal mit -2 multipliziert, im Nenner taucht somit der Faktor $(-2)^n$ auf, der sich aber mit dem verbliebenen $(-4)^n$ kürzen lässt. Wir erhalten somit

$$
\begin{aligned}
C_n &= \frac{1 \cdot 3 \cdot 5 \cdots (2n-1) \cdot 2^n}{(n+1)!} \\
&= \frac{1}{n+1} \frac{1 \cdot 3 \cdot 5 \cdots (2n-1)}{n!} \frac{2 \cdot 4 \cdot 6 \cdots 2n}{1 \cdot 2 \cdot 3 \cdots n} \\
&= \frac{1}{n+1} \binom{2n}{n}.
\end{aligned}
$$

$\square$

Die Zahlen C_n werden *Catalanzahlen* genannt, nach dem belgischen Mathematiker EUGÈNE CATALAN (1814–1894). Die Catalanzahlen zählen nicht nur die Anzahl legaler Klammerausdrücke. Sie tauchen darüber hinaus auch im Zusammenhang mit zahlreichen weiteren kombinatorischen Strukturen auf. Einige davon finden sich in den Übungsaufgaben zu diesem Kapitel.

Quicksort.   Mit dem Mergesort-Algorithmus haben wir in Abschnitt 4.1.1 bereits ein Sortierverfahren kennen gelernt. Durch Lösung der entsprechenden Rekursionsgleichungen haben wir auch gesehen, dass Mergesort ein asymptotisch effizientes Sortierverfahren ist: er benötigt im schlimmsten Fall etwa $n \log_2 n$ Vergleiche. In der Praxis hat sich allerdings ein anderes Sortierverfahren besser bewährt: der so genannte *Quicksort*. Hier geht man wie folgt vor. Zunächst wählt man sich nach gewissen Regeln ein spezielles Element der n zu sortierenden Elemente aus. Übliche Verfahren sind beispielsweise immer das erste Element zu wählen oder ein Element zufällig zu wählen. Dieses Element ist das so genannte *Pivotelement*. Man vergleicht es mit allen anderen Elementen des Feldes und partitioniert das Feld auf diese Weise in Elemente, die kleiner als das Pivotelement sind und solche, die größer sind. Dazu benötigt man $n-1$ Vergleiche. Für eine effiziente Implementierung verwendet man meist den schon beim Mergesort verwendeten Trick, das zu sortierende Feld links und rechts von einem Elemente einzurahmen, das kleiner bzw. größer als alle zu sortierende Elemente sind. Damit benötigt man dann zwar $n+1$ Vergleiche, aber insgesamt immer noch lediglich Aufwand $O(n)$ für die Partitionierung. Nun sortiert man die beiden Teilfelder rekursiv weiter.

Man überlegt sich leicht, dass Quicksort im schlimmsten Fall $\Omega(n^2)$ Vergleiche benötigt. Dies tritt beispielsweise dann ein, wenn in jedem Partitionierungsschritt eines der beiden Teilfelder leer ist. Im Durchschnitt sollten die beiden Teilfelder allerdings etwa gleich groß sein. Ist das Pivotelement das i-te größte Element, so haben die beiden rekursiv zu sortierenden Teilfelder die Größe $i-1$ und $n-i$. Bezeichnet man daher mit Q_n die Anzahl Vergleiche zwischen den zu sortierenden Elementen, so beschreibt die Rekursionsgleichung

$$
Q_n = n + 1 + \frac{1}{n} \sum_{i=1}^{n} (Q_{i-1} + Q_{n-i}) = n + 1 + \frac{2}{n} \sum_{i=1}^{n} Q_{i-1} \quad \text{für } n \geq 1, \ Q_1 = 0
$$

das durchschnittliche Verhalten des Quicksorts. Um daraus eine explizite Aussage ableiten zu können, werden wir die Rekursionsgleichung nun mit Hilfe der erzeugenden Funktion $Q(x) = \sum_{n \geq 0} Q_n x^n$ lösen. Dazu betrachten wir zunächst die Ableitung.

$$
\begin{aligned}
Q'(x) &= \sum_{n \geq 1} n Q_n x^{n-1} = \sum_{n \geq 1} \left(n(n+1) + 2 \sum_{i=1}^{n} Q_{i-1} \right) x^{n-1} \\
&= \sum_{n \geq 2} (n-1) n x^{n-2} + 2 \cdot \sum_{n \geq 0} \sum_{i=0}^{n} Q_i x^n.
\end{aligned}
$$

Die erste Summe der rechten Seite ist die zweifache Ableitung der geometrischen Reihe, die zweite Summe ist das Produkt von $Q(x)$ mit der geometrischen Reihe. Wir erhalten also

$$
Q'(x) = \frac{2}{(1-x)^3} + \frac{2Q(x)}{1-x}.
$$

Die Lösung dieser Differentialgleichung ist

$$
Q(x) = \frac{2}{(1-x)^2} \ln \frac{1}{1-x}.
$$

Diese Funktion sieht sehr ähnlich aus, wie die für die erzeugende Funktion $H(x)$ für die harmonischen Zahlen, die wir in Beispiel 4.25 hergeleitet haben. Der einzige Unterschied ist der führende Faktor und der Exponent von $(1-x)^2$. Letzterer entsteht aber genau durch Ableiten von $H(x)$:

$$
H'(x) = \frac{1}{(1-x)^2} \ln \frac{1}{1-x} + \frac{2}{(1-x)^2}.
$$

Wir erhalten daher

$$
\begin{aligned}
Q(x) &= 2H'(x) - \frac{2}{(1-x)^2} = 2 \sum_{n \geq 1} n H_n x^{n-1} - 2 \sum_{n \geq 1} n x^{n-1} \\
&= \sum_{n \geq 0} \left(2(n+1)(H_{n+1} - 1) \right) x^n.
\end{aligned}
$$

Durch Koeffizientenvergleich ergibt sich daraus:

Satz 4.29 *Der Quicksort-Algorithmus benötigt zum Sortieren von n Zahlen im Durchschnitt genau* $2(n+1)(H_{n+1} - 1)$ *Vergleiche.* □

Übungsaufgaben

4.1 Wie viele perfekte Matchings hat ein $2 \times n$-Gitter?

4.2 Es seien n Scheiben mit verschiedenen Durchmessern so zu einem Turm aufgestapelt, dass die Scheiben von unten nach oben immer kleiner werden. Der Turm soll nun auf einen zweiten Platz umgeschichtet werden, wobei stets nur die oberste Scheibe eines Turms umgeschichtet werden darf. Es steht eine Zwischenablage zur Verfügung. Für Startplatz des Turms, Zwischenablage und Endplatz gilt: Die dort abgelegten Scheiben müssen stets so angeordnet sein, dass der Durchmesser von unten nach oben immer abnimmt. Geben Sie ein Verfahren an, das diese als Türme von Hanoi bekannte Aufgabe in weniger als 2^n Schritten löst.

4.3⁻ Bestimmen Sie eine Rekursion für die Anzahl der Wörter der Länge n über dem Alphabet 0, 1, 2, die keine zwei aufeinander folgenden Nullen enthalten.

4.4⁻ Bestimmen Sie eine explizite Darstellung für die Rekursion aus der Aufgabe 4.3.

4.5 Bestimmen Sie eine Rekursion für die Anzahl aller Teilmengen von $[n]$, die keine drei aufeinander folgenden Zahlen enthalten.

4.6 Beweisen Sie Satz 4.17.

4.7 Lösen Sie die Rekursionsgleichung $a_n = ba_{n-1} + cd^{n-1}$ für $n \geq 1$ und $a_0 = 0$.

4.8⁻ n schwarze Stühle stehen in einer Reihe nebeneinander. Bestimmen Sie die Anzahl a_n der Möglichkeiten, einige der Stühle so rot einzufärben, dass keine zwei roten Stühle nebeneinander stehen.

4.9 In einem Kreis stehen n schwarze Stühle. Bestimmen Sie die Anzahl b_n der Möglichkeiten, einige der Stühle so rot einzufärben, dass keine zwei roten Stühle nebeneinander stehen.

4.10 n schwarze Stühle stehen in einer Reihe nebeneinander. Bestimmen Sie die Anzahl $c_{n,k}$ der Möglichkeiten, genau k der Stühle so rot einzufärben, dass keine zwei roten Stühle nebeneinander stehen.

4.11 In einem Kreis stehen n schwarze Stühle. Bestimmen Sie die Anzahl $d_{n,k}$ der Möglichkeiten, genau k der Stühle so rot einzufärben, dass keine zwei roten Stühle nebeneinander stehen.

4.12⁺ Lösen Sie die unter dem Namen *Problème des ménages* bekannte Aufgabe, bei der nach der Anzahl Möglichkeiten gefragt wird, um n Ehepaare so an einem runden Tisch zu platzieren, dass weder zwei Männer noch zwei Frauen noch ein Ehepaar nebeneinander sitzt.

4.13 Die *Lukaszahlen* sind definiert durch $L_n = L_{n-1} + L_{n-2}$ für $n \geq 2$ und $L_1 = 1, L_0 = 2$. Zeigen Sie, dass $L_n = F_{n-1} + F_{n+1}$ und geben Sie eine explizite Darstellung für L_n an.

4.14 Berechnen Sie die Anzahl x_n der Wörter der Länge n über dem Alphabet $0, 1, 2$, die eine gerade Anzahl Nullen enthalten.

4.15 Bestimmen Sie die Anzahl y_n der Wörter der Länge n über dem Alphabet a, b, c, die eine gerade Anzahl a's und eine ungerade Anzahl b's enthalten.

4.16 Unter einer Münzenpyramide verstehen wir ein mehrzeiliges Arrangement gleichartiger Münzen derart, dass jede Münze einer Reihe genau zwei Münzen der tiefergelegenen Nachbarreihe berührt. Jede Münzenreihe sei zusammenhängend. Leiten Sie eine Rekursion für die Anzahl der Münzpyramiden f_n mit n Münzen in der untersten Reihe her, und ermitteln Sie eine explizite Darstellung.

4.17 Zeigen Sie mit Hilfe geeigneter erzeugender Funktionen die Identität

$$\sum_{k=0}^{n} \binom{n}{k}^2 = \binom{2n}{n}.$$

4.18⁻ Sei

$$G(x) = \sum_{n \geq 0} a_n \frac{x^n}{n!}$$

die zur Folge $(a_n)_{n \geq 0}$ gehörige so genannte *exponentielle erzeugende Funktion*. Zeigen Sie, dass für die Ableitung $G'(x)$ gilt:

$$G'(x) = \sum_{n \geq 0} a_{n+1} \frac{x^n}{n!},$$

dass also für exponentielle erzeugende Funktion Differentiation der Verschiebung des Summationsindex um 1 entspricht.

4.19 Zeigen Sie, dass für die exponentielle erzeugende Funktion (siehe vorige Aufgabe) der Rekursion $a_n = \sum_{k=0}^{n} \binom{n}{k} \frac{a_k}{2^k}$, $a_0 = 1$ gilt: $A(x) = e^{2x}$. Leiten Sie daraus eine explizite Darstellung für die a_n's ab.

4.20 Lösen Sie die Rekursion $a_{2n} = a_{2n-1} + a_{2n-2}$, $a_{2n+1} = a_{2n-1} + a_{2n-2} + 1$, für $n \geq 1$ und $a_1 = 1, a_0 = 0$.

4.21 Eine Menge $A \subseteq [n]$ heißt *minimumsbeschränkt*, wenn für alle $a \in A$ gilt: $a \geq |A|$. Bestimmen Sie die Anzahl aller minimumsbeschränkten Teilmengen von $[n]$.

4.22 Sei t_n die Anzahl der Partitionen eines regulären n-Ecks (die Ecken sind nummeriert!), $n \geq 3$, durch sich gegenseitig nicht schneidende Diagonalen in Dreiecke. Ermitteln Sie eine Rekursion für t_n.

4.23⁺ Beweisen Sie: Die Anzahl derjenigen natürlichen Zahlen, deren Quersumme gleich n ist und die nur aus Ziffern 1, 3 und 4 bestehen, ist für jedes gerade n eine Quadratzahl.

4.24 Betrachten Sie die folgende Modifikation von Beispiel 4.16. Statt monatlich einen konstanten Betrag einzuzahlen, erhöhen Sie den einzuzahlenden Betrag monatlich um $0{,}1\%$, wobei Sie im ersten Monat mit DM 250 beginnen. Wielange müssen Sie jetzt sparen, bis Sie dem Club der Millionäre angehören? Was ändert sich, wenn Sie Ihre Sparquote monatlich statt um $0{,}1\%$ um 1% erhöhen?

4.25 Bestimmen Sie die geschlossene Form der erzeugenden Funktion $G(x)$ der Rekursion $g_n = 4g_{n-1} - 4g_{n-2} + 2^n$, $g_0 = 0$, $g_1 = 2$ und geben Sie eine geschlossene Form für g_n an.

4.26 Bestimmen Sie die Anzahl verschiedener Suchbäume S_n für die Knotenmenge $V = [n]$.

4.27 Bestimmen Sie die erzeugende Funktion $A_k(x)$ für die Stirlingzahlen $S_{n,k}$.

4.28$^+$ Geben Sie eine nicht-rekursive Darstellung für die Stirlingzahlen $S_{n,k}$ an. (Hinweis: Verwenden Sie Aufgabe 4.27!)

4.29$^-$ Sei $T(n,k)$ die im Beweis von Satz 4.4 definierte Funktion. Zeigen Sie, dass die Folge $T(n,0), \ldots, T(n,n)$ für jedes n unimodal ist.

4.30 Zeigen Sie, dass die Anzahl rekursiver Aufrufe bei der Berechnung von BINOMIAL-2$(2n,k)$ für alle $1 \leq k \leq n$ kleiner als 4^n ist. (Hinweis: Verwenden Sie Aufgabe 4.29.)

4.31 Seien $x = x_1, \ldots, x_r$ und $y = y_1, \ldots, y_s$ zwei Folgen. Eine Folge $z = z_1, \ldots, z_t$ heißt *Teilfolge* von x, wenn eine Folge von Indizes $i_1 < i_2 < \ldots < i_t$ existiert, so dass $z_j = x_{i_j}$ für $1 \leq j \leq t$. Eine *längste gemeinsame Teilfolge* von x und y ist eine Folge z maximaler Länge, die eine Teilfolge von x und von y ist. Zum Beispiel ist $2, 3, 2, 1$ die längste gemeinsame Teilfolge von $x = 1, 2, 3, 2, 4, 1, 2$ und $y = 2, 4, 3, 1, 2, 1$. Verwenden Sie dynamische Programmierung, um eine längste gemeinsame Teilfolge für zwei Folgen x und y zu bestimmen.

4.32 Vor einer Kinokasse warten $2n$ Leute. Der Eintritt kostet 5 Euro. Genau die Hälfte der Leute wollen mit einem 5-Euro-Schein bezahlen, die übrigen mit einem 10-Euro-Schein. Der Kassierer hat zu Beginn kein Geld. Bestimmen Sie die Anzahl Anordnungen der $2n$ Leute in der Schlange, für die der Kassierer *jeder* Person, die mit einem 10-Euro-Schein bezahlt, korrekt herausgeben kann.

4.33$^+$ Beweisen Sie Satz 4.12.

4.34 Zeigen Sie, dass die Variante von Algorithmus 4.7, in der x_0 durch $w(x_0) = \max_{x \in X} w(x)$ bestimmt wird, für jedes Matroid (S, I) und Gewichtsfunktion $w : S \to \mathbb{R}$ eine Basis A mit *maximalem* Gewicht findet.

4.35 Beweisen Sie Satz 4.7 unter Verwendung von Satz 4.11.

5

Algebraische Strukturen

Um 780 nach Christus wurde in Bagdad Abu Ja'far Muhammad ibn Musa Al-Khowarizmi geboren. Al-Khowarizmi arbeitete unter dem Kalifen Al-Mamum an der Akademie „Haus der Weisheit". Er war einer der ersten, die versuchten, die axiomatische Denkweise der griechischen Mathematik mit der algorithmischeren Hindu-Mathematik zu verbinden; das Wort „Algorithmus" entstand aus seinem Namen. Der Titel seines Buches „Hisab al-jabr w'al-muqabala" führte zum Wort „Algebra".

Algebraische Strukturen sind jedem Leser wohlbekannt, wenn auch vielleicht nur unbewusst. Mit reellen Zahlen können wir rechnen, wie wir es gewohnt sind, da diese eine spezielle algebraische Struktur, einen so genannten *Körper*, bilden. Mit Hilfe algebraischer Umformungen kann man die Lösungen einer quadratischen Gleichung $ax^2 + bx + c = 0$ explizit bestimmen, dies führt zu der bereits aus der Schule bestens bekannten Formel $x_{1/2} = (-b \pm \sqrt{b^2 - 4ac})/(2a)$. Aus algorithmischer Sicht ist diese Formel ungemein hilfreich: Lösungen quadratischer Gleichungen kann man damit ohne große Schwierigkeiten von Hand ausrechnen. Für das Lösen kubischer Gleichungen benötigt man andererseits meist schon einen Computer.

In der Informatik spielen algebraische Strukturen jedoch nicht nur beim Umgang mit Zahlen eine wichtige Rolle. Aufgabe einer Datenbank ist das Verwalten und schnelle Finden von Informationen. Dazu muss man zum einen die Informationen in einer geeigneten Form speichern und zum anderen Möglichkeiten schaffen, auf die gesuchte Information gezielt und effizient zuzugreifen. Bewährt hat sich hier die von EDGAR F. CODD (*1923) eingeführte Relationenalgebra. Die zu speichernden Informationen werden hier durch mehrstellige Relationen auf den zugrunde liegenden Objekten modelliert. Aus den gespeicherten Relationen können mit Hilfe vordefinierter Operatoren neue Relationen generiert werden und auf diese Weise gezielte Anfragen an die Datenbank gestellt werden. Algebraische Umformungen auf den vom Benutzer eingegebenen Anfragen erlauben einen optimierten Zugriff auf die Datenbank und können die Antwortzeiten oft beträchtlich reduzieren.

In diesem Kapitel werden wir die axiomatischen Grundlagen für verschiedene algebraische Strukturen legen und uns danach einige dieser Strukturen im Detail ansehen. Abschließend werfen wir dann noch einen Blick in die Kodierungstheorie, um zu sehen, wie die zuvor eingeführten Begriffe und Methoden in einem handelsüblichen CD-Spieler zum Einsatz kommen.

5.1   Grundbegriffe und Beispiele

Eine algebraische Struktur besteht aus einer (endlichen oder unendlichen) Menge und auf ihr definierten Operatoren.

Definition 5.1 *Eine (universelle) Algebra* $\langle S, f_1, \ldots, f_t \rangle$ *(engl. universal algebra) besteht aus einer nichtleeren Trägermenge S und Operatoren $f_1, \ldots, f_t$ auf S. Ein* **Operator** *(engl. operation) ist eine Abbildung $f : S^m \to S$. Die Konstante $m \in \mathbb{N}$ nennt man die* **Stelligkeit** *(engl. arity) des Operators. Zweistellige Operatoren nennt man auch* **Verknüpfungen** *(engl. binary operation).*

BEISPIEL 5.2   Ein aus den Informatik-Einführungsvorlesungen bekanntes Beispiel einer Algebra bildet die *boolesche Algebra* $\langle \{T, F\}, \vee, \wedge, \neg \rangle$, wobei $\vee$ und $\wedge$ Verknüpfungen sind und $\neg$ ein einstelliger Operator ist:

$\vee$	T	F
T	T	T
F	T	F

$\wedge$	T	F
T	T	F
F	F	F

$$\neg T := F$$
$$\neg F := T$$

BEISPIEL 5.3   Mit den üblichen arithmetischen Operationen wie Addition und Multiplikation kann man recht unterschiedliche Algebren definieren. Beispielsweise sind $\langle \mathbb{N}, + \rangle$, $\langle \mathbb{Z}, \cdot \rangle$ oder auch $\langle \mathbb{N}, +, \cdot \rangle$ Algebren. Die Wahl der Menge S kann hier also ziemlich beliebig erfolgen. Man muss lediglich darauf achten, dass die betrachtete Operation auf der Menge S abgeschlossen ist (dass also das Ergebnis der Operation immer ein Element von S ist). Setzt man beispielsweise $S := \{x \in \mathbb{N} \mid x \text{ ist Quadratzahl}\}$ so ist zwar $\langle S, \cdot \rangle$ eine Algebra, nicht aber $\langle S, + \rangle$ (denn die Summe von $4 = 2^2$ und $9 = 3^2$ ist keine Quadratzahl).

BEISPIEL 5.4 Sei Σ ein endliches Alphabet. Bezeichnet man mit Σ^* die Menge aller (endlichen) Wörter über Σ und mit $\circ$ den Operator *Konkatenation*, der aus zwei Wörtern x und y ein neues erzeugt, indem y an x angehängt wird, also $x \circ y = xy$, so ist $\langle \Sigma^*, \circ \rangle$ eine Algebra.

BEISPIEL 5.5 Sei U eine beliebige Menge. Bezeichnet man mit $F(U)$ die Menge der Funktionen über U, also $F(U) := \{f \mid f : U \to U\}$, und mit $\circ$ die *Komposition* von Funktionen, also $(f \circ g)(x) := f(g(x))$ für alle $x \in U$, so ist $\langle F(U), \circ \rangle$ eine Algebra.

Neutrale Elemente. $1 \cdot x = x$. Bezüglich der Multiplikation spielt die Eins eine ganz spezielle Rolle, denn eine Multiplikation mit Eins ändert nichts am Wert von x. Man sagt daher, die Eins ist ein neutrales Element der Multiplikation. Allgemein sind neutrale Elemente wie folgt definiert:

Definition 5.6 *Sei $\langle S, \circ \rangle$ eine Algebra mit einem zweistelligen Operator $\circ$. Ein Element $e \in S$ heißt* linksneutrales Element *für den Operator $\circ$, falls*

$$e \circ a = a \qquad \text{für alle } a \in S.$$

Gilt stattdessen $a \circ e = a$ für alle $a \in S$, so nennt man e ein rechtsneutrales Element*. Ein Element e heißt* neutrales Element*, falls e sowohl ein linksneutrales als auch ein rechtsneutrales Element ist.*

Das folgende Beispiel zeigt, dass nicht jede Algebra ein neutrales Element enthalten muss.

BEISPIEL 5.7 Betrachten wir die Algebra $\langle \{b, c\}, \circ \rangle$ wobei $\circ$ definiert ist durch

$\circ$	b	c
b	b	b
c	c	c

Dann gilt: b und c sind rechtsneutrale Elemente, ein linksneutrales Element gibt es nicht. (Man beachte: Verknüpfungstabellen sind so zu lesen, dass das Element der Zeile mit dem der Spalte verknüpft wird. In diesem Beispiel gilt also: $b \circ c = b$, aber $c \circ b = c$.)

Eine Algebra kann andererseits nie mehr als ein neutrales Element enthalten:

Lemma 5.8 *Sei $\langle S, \circ \rangle$ eine Algebra mit einer zweistelligen Verknüpfung $\circ$. Dann gilt: Ist c ein linksneutrales Element und d ein rechtsneutrales Element, so ist $c = d$. Insbesondere gilt: Jede Algebra $\langle S, \circ \rangle$ mit einer zweistelligen Verknüpfung $\circ$ enthält höchstens ein neutrales Element.*

Beweis: Da c ein linksneutrales Element ist, gilt $c \circ d = d$. Da d ein rechts-neutrales Element ist, gilt andererseits auch $c \circ d = c$. Zusammen folgt also $d = c \circ d = c$. Die Eindeutigkeit des neutralen Elementes folgt daraus ganz einfach: Gäbe es zwei neutrale Elemente, sagen wir e und f, so wäre ins-besondere e ein linksneutrales Element und f ein rechtsneutrales Element. Aus dem eben Bewiesenen folgt daher $e = f$. $\square$

BEISPIEL 5.9   Wir betrachten nochmals die in den Beispielen 5.3 – 5.5 eingeführten Algebren. Die neutralen Elemente der Addition bzw. Multiplikation sind 0 bzw. 1. In $\langle \Sigma^*, \circ \rangle$ ist das leere Wort, das üblicherweise mit ε bezeichnet wird, das neutrale Element. In $\langle F(U), \circ \rangle$ ist die Funktion id, die jedes Element auf sich selbst abbildet (d.h. $id(x) = x$ für alle $x \in U$), das neutrale Element.

Inverse Elemente.   Bezüglich der Addition und Multiplikation gibt es zu jedem Element $x \neq 0$ Elemente y und z, so dass $x + y$ das neutrale Element der Addition und $x \cdot z$ das neutrale Element der Multiplikation ergibt: Man setzt einfach $y = -x$ bzw. $z = 1/x$. Die Elemente y und z nennt man daher auch „inverse" Elemente von x bezüglich der Addition bzw. Multiplikation. Allgemein sind inverse Elemente wie folgt definiert:

Definition 5.10 *Sei $\langle S, \circ \rangle$ eine Algebra mit einem zweistelligen Operator $\circ$ und neutralem Element e. Ein Element $x \in S$ heißt* linksinverses Element *von $a \in S$, falls*

$$x \circ a = e.$$

Gilt stattdessen $a \circ x = e$, so nennt man x ein rechtsinverses Element *von a. Ein Element $x \in S$ heißt* inverses Element, *oder auch kurz* Inverses, *von a, falls x sowohl ein linksinverses als auch ein rechtsinverses Element von a ist.*

Nicht jedes Element muss ein Inverses haben. Betrachtet man beispielsweise die Algebra $\langle \mathbb{Z} \setminus \{0\}, \cdot \rangle$, so gibt es zu keinem Element ungleich ± 1 ein in-verses Element (denn das Inverse von x wäre ja $1/x$ und dies ist für $x \neq \pm 1$ nicht in $\mathbb{Z}$ enthalten). Man kann sich leicht ein Beispiel einer Algebra über-legen, für die es zu einem Element mehr als ein inverses Element gibt, vgl. Übungsaufgabe 5.1. Allerdings sind solche Algebren recht künstlich. Sobald die Verknüpfung assoziativ ist, kann es zu jedem Element nur noch höch-stens ein inverses Element geben. Eine Verknüpfung heißt *assoziativ*, falls

$$x \circ (y \circ z) = (x \circ y) \circ z$$

für alle x, y, z aus der Trägermenge S gilt.

Lemma 5.11 *Sei* $\langle S, \circ \rangle$ *eine Algebra mit einer assoziativen Verknüpfung* $\circ$ *und neutralem Element* e. *Dann gilt für jedes* $a \in S$: *Ist* x *ein linksinverses Element und* y *ein rechtsinverses Element von* a, *so ist* $x = y$. *Insbesondere gilt: Jedes Element* $a \in S$ *besitzt höchstens ein inverses Element.*

Beweis: Da e ein neutrales Element ist, gilt $y = e \circ y$ und $x \circ e = x$. Mit Hilfe des Assoziativgesetzes und der Annahme, dass x und y links- bzw. rechtsinverse Elemente von a sind, folgt

$$y = e \circ y = (x \circ a) \circ y = x \circ (a \circ y) = x \circ e = x. \qquad \square$$

BEISPIEL 5.12 Wir betrachten nochmals die in den Beispielen 5.4 – 5.5 eingeführten Algebren. In $\langle \Sigma^*, \circ \rangle$ gibt es nur zu dem leeren Wort ε ein inverses Element, denn durch Konkatenation werden Wörter ja länger, aber niemals kürzer. In $\langle F(U), \circ \rangle$ gilt: Eine Funktion $f \in F(U)$ hat genau dann ein rechtsinverses Element, wenn f surjektiv ist. Ein solches rechtsinverses Element ist jede Funktion g, so dass für alle $x \in U$ gilt:

$$g(x) \text{ wird von } f \text{ auf } x \text{ abgebildet, also } f(g(x)) = x.$$

Man beachte: es kann mehrere solche Funktionen g geben, jede ist dann ein rechtsinverses Element von f. Analog gilt: Eine Funktion $f \in F(U)$ hat genau dann ein linksinverses Element, wenn f injektiv ist. Ein solches linksinverses Element ist jede Funktion g, so dass für alle $x \in U$ gilt:

$$f(x) \text{ wird von } g \text{ auf } x \text{ abgebildet, also } g(f(x)) = x.$$

Durch Kombination der beide Aussagen erhält man: Eine Funktion $f \in F(U)$ hat genau dann ein inverses Element, wenn f bijektiv ist.

Unteralgebren. Für Funktionen $f : X \to Y$ kennt man den Begriff der „Restriktion". Ist $X' \subseteq X$ eine Teilmenge von X, so ist die Restriktion von f auf X' dadurch gegeben, dass man die Urbildmenge der Funktion f auf X' einschränkt. Betrachtet man andererseits eine Menge $Y' \subseteq Y$, so kann man den Bildbereich von f nur dann auf Y' einschränken, wenn $f(x) \in Y'$ für alle $x \in X$ gilt. Für Algebren gilt ähnliches: Schränkt man die Trägermenge S auf eine Teilmenge $S' \subseteq S$ ein, so entsteht dadurch genau dann wieder eine Algebra, wenn man durch Anwendung der Operatoren auf Elemente aus S' nur Elemente aus S' erhält.

Definition 5.13 *Sei* $\langle S, f_1, \ldots, f_t \rangle$ *eine Algebra. Eine nichtleere Teilmenge* $S' \subseteq S$ *erzeugt eine* Unteralgebra *(engl.* subalgebra*), falls* S' *unter den Operatoren* f_i *abgeschlossen (engl.* closed*) ist, d.h. falls die Anwendung eines Operatoren* f_i *auf Elemente in* S' *wieder ein Element aus* S' *ergibt. Formal:*

$$f_i(a_1, \ldots, a_{m_i}) \in S' \qquad \text{für alle } i = 1, \ldots, t \text{ und } a_1, \ldots, a_{m_i} \in S',$$

wobei m_i *die Stelligkeit von* f_i *sei.*

BEISPIEL 5.14 $\langle \mathbb{N}_0, + \rangle$ ist eine Unteralgebra von $\langle \mathbb{Z}, + \rangle$. Ebenso ist $\langle \{0, 1\}, \cdot \rangle$ eine Unteralgebra von $\langle \mathbb{N}_0, \cdot \rangle$. Hingegen ist $\langle \{0, 1\}, + \rangle$ keine Unteralgebra von $\langle \mathbb{N}_0, + \rangle$, da die Addition in $\{0, 1\}$ nicht abgeschlossen ist: $1 + 1 = 2 \notin \{0, 1\}$.

Morphismen. Betrachten wir die beiden Algebren $\langle \mathbb{Z}_2, \cdot_2 \rangle$ und $\langle \{F, T\}, \wedge \rangle$. Auf den ersten Blick scheinen diese Algebren sehr unterschiedlich zu sein: Die erste ist durch eine arithmetische Operation definiert, während die zweite die Konjunktion der beiden booleschen Werte T(RUE) und F(ALSE) modelliert. Betrachtet man allerdings ihre Verknüpfungstafeln

$\cdot_2$	0	1
0	0	0
1	0	1

und

$\wedge$	F	T
F	F	F
T	F	T

so erkennt man, dass die Algebren eigentlich doch sehr ähnlich sind. Sie unterscheiden sich lediglich durch ihre Bezeichnungen. Man sagt daher auch, dass die beiden Algebren *isomorph* sind.

Um den Isomorphie-Begriff für Algebren allgemein einführen zu können, benötigen wir zunächst noch eine Definition.

Definition 5.15 *Die* Signatur *(engl.* type*) einer Algebra besteht aus der Liste der Stelligkeiten ihrer Operatoren.*

BEISPIEL 5.16 Die in Beispiel 5.2 eingeführte boolesche Algebra $\langle \{T, F\}, \vee, \wedge, \neg \rangle$ hat die Signatur $(2, 2, 1)$. Dies gilt auch für die so genannte Potenzmengenalgebra $\langle \mathcal{P}(U), \cup, \cap, \overline{} \rangle$ einer Menge U, in der die Operationen $\cup$ und $\cap$ die Vereinigung bzw. den Schnitt zweier Mengen und $\overline{}$ das Komplement einer Menge bezeichnet. Die Tatsache, dass die Trägermengen unterschiedliche Kardinalitäten haben, ist unwesentlich. Für die Signatur kommt es nur auf die Stelligkeiten der Operatoren an.

Definition 5.17 *Seien $A = \langle S, f_1, \ldots, f_t \rangle$ und $\tilde{A} = \langle \tilde{S}, \tilde{f}_1, \ldots, \tilde{f}_t \rangle$ zwei Algebren, die die gleiche Signatur haben. Eine Abbildung $h : S \to \tilde{S}$ heißt (Algebra-) Homomorphismus von A nach $\tilde{A}$, falls für alle $i = 1, \ldots, t$ die Operatoren f_i und $\tilde{f}_i$ mit h vertauschbar sind, also*

$$\tilde{f}_i(h(a_1), \ldots, h(a_{m_i})) = h(f_i(a_1, \ldots, a_{m_i})) \qquad \text{für alle } a_1, \ldots, a_{m_i} \in S$$

gilt, wobei m_i die Stelligkeit von f_i und $\tilde{f}_i$ sei.

Graphisch kann man diese Vertauschbarkeitseigenschaft wie folgt darstellen:

$$S^{m_i} \xrightarrow{f_i} S$$
$$\downarrow h \qquad\quad \downarrow h$$
$$\tilde{S}^{m_i} \xrightarrow{\tilde{f}_i} \tilde{S}$$

Die Vertauschbarkeit bedeutet, dass man zum gleichen Ergebnis kommt, unabhängig davon, ob man im Diagramm „oben herum" oder „unten herum" läuft.

Einfache Beispiele für Homomorphismen erhält man, wenn man als Funktion h die Identität wählt. Dadurch kann man „kleinere" Algebren in „größere" einbetten. Formal ausgedrückt bedeutet dies: Für jede Unteralgebra bildet die Identität einen Homomorphismus in die Ausgangsalgebra.

BEISPIEL 5.18 Für die Algebren $A = \langle \mathbb{N}, + \rangle$ und $\tilde{A} = \langle \mathbb{Z}, + \rangle$ bildet die Abbildung

$$h : \mathbb{N} \to \mathbb{Z}$$
$$n \mapsto n$$

einen Homomorphismus von A nach $\tilde{A}$.

Interessantere Homomorphismen erhält man, wenn man nichttriviale Abbildungen betrachtet:

BEISPIEL 5.19 Für $A = \langle \mathbb{N}, + \rangle$ und $\tilde{A} = \langle \mathbb{Z}_m, +_m \rangle$ (wobei $+_m$ die Addition modulo m bezeichne) bildet die Abbildung

$$h : \mathbb{N} \to \mathbb{Z}_m$$
$$n \mapsto n \bmod m$$

für alle $m \in \mathbb{N}$ einen Homomorphismus von A nach $\tilde{A}$.

BEISPIEL 5.20 Für ein Alphabet Σ bezeichnen wir wie üblich mit Σ^* die Menge aller (endlichen) Wörter über Σ und mit $\circ$ die Konkatenation zweier Wörter. Dann ist $A = \langle \Sigma^*, \circ \rangle$ eine Algebra und

$$h : \Sigma^* \to \mathbb{N}$$
$$w \mapsto |w|$$

ein Homomorphismus von A nach $\tilde{A} = \langle \mathbb{N}_0, + \rangle$ (wobei $|w|$ die Länge des Wortes w bezeichne).

Man beachte, dass ein Homomorphismus h nicht surjektiv sein muss. Nach der Definition eines Homomorphismus ist der Bildbereich $h(S)$ aber bezüglich aller Operatoren der Bildalgebra abgeschlossen. Es gilt daher:

Lemma 5.21 *Sei h Homomorphismus von einer Algebra $A = \langle S, f_1, \ldots, f_t \rangle$ nach $\tilde{A} = \langle \tilde{S}, \tilde{f}_1, \ldots, \tilde{f}_t \rangle$. Dann ist $\langle h(S), \tilde{f}_1, \ldots, \tilde{f}_t \rangle$ eine Unteralgebra von $\tilde{A}$.* ☐

Bijektive Homomorphismen haben besonders interessante Eigenschaften und erhalten daher einen eigenen Namen:

Definition 5.22 *Seien $A = \langle S, f_1, \ldots, f_t \rangle$ und $\tilde{A} = \langle \tilde{S}, \tilde{f}_1, \ldots, \tilde{f}_t \rangle$ zwei Algebren mit derselben Signatur. Eine Abbildung $h : S \to \tilde{S}$ heißt (Algebra-) Isomorphismus von A nach $\tilde{A}$, falls gilt:*

- *h ist ein Homomorphismus von A nach $\tilde{A}$ und*
- *h ist bijektiv.*

Zwei Algebren A und $\tilde{A}$ nennt man genau dann isomorph, *geschrieben $A \cong \tilde{A}$, falls es einen Isomorphismus von A nach $\tilde{A}$ gibt. Ein Isomorphismus einer Algebra A nach A heißt* Automorphismus.

BEISPIEL 5.23 Für $A = \langle \mathbb{N}, + \rangle$ und $\tilde{A} = \langle \{2a \mid a \in \mathbb{N}\}, + \rangle$ ist

$$h : \mathbb{N} \to \{2a \mid a \in \mathbb{N}\}$$
$$n \mapsto 2n$$

ein Isomorphismus von A nach $\tilde{A}$.

BEISPIEL 5.24 Für $A = \langle \mathbb{R}^+, \cdot \rangle$ und $\tilde{A} = \langle \mathbb{R}, + \rangle$ ist

$$h : \mathbb{R}^+ \to \mathbb{R}$$
$$x \mapsto \log x$$

ebenfalls ein Isomorphismus von A nach $\tilde{A}$, denn für die Logarithmusfunktion gilt $\log(x \cdot y) = \log(x) + \log(y)$ für alle $x, y \in \mathbb{R}^+$.

BEISPIEL 5.25 Für die Algebra $\langle \mathbb{Z}_3, +_3 \rangle$ mit Trägermenge $\mathbb{Z}_3 = \{0, 1, 2\}$ und der Addition modulo 3 wird durch

$$h(0) = 0, \quad h(1) = 2, \quad h(2) = 1$$

ein Automorphismus definiert. Für $\langle \mathbb{Z}_5^*, \cdot_5 \rangle$ stellt

$$h(1) = 1, \quad h(2) = 3, \quad h(3) = 2, \quad h(4) = 4$$

ebenfalls einen Automorphismus dar.

Lemma 5.26 *Ein Algebra-Isomorphismus h zwischen zwei Algebren $A = \langle S, \circ \rangle$ und $\tilde{A} = \langle \tilde{S}, \tilde{\circ} \rangle$ bildet neutrale Elemente auf neutrale Elemente und inverse Elemente auf inverse Elemente ab.*

Beweis: Angenommen e ist ein rechtsneutrales Element für $\circ$. Dann gilt für alle $b \in \tilde{S}$:

$$b \,\tilde{\circ}\, h(e) = h(h^{-1}(b)) \,\tilde{\circ}\, h(e) = h(h^{-1}(b) \circ e) = h(h^{-1}(b)) = b.$$

$h(e)$ ist also ein rechtsneutrales Element bezüglich der Verknüpfung $\tilde{\circ}$.

Die Argumentation für linksneutrale Elemente sowie für links- und rechts-inverse Elemente ist analog.   □

Lemma 5.27 *Ist h ein Isomorphismus der Algebra A in die Algebra $\tilde{A}$, so gibt es auch einen Isomorphismus von $\tilde{A}$ nach A.*

Beweis: Man rechnet leicht nach, dass h^{-1}, die Umkehrabbildung von h, der gesuchte Isomorphismus ist.   □

Wichtige Algebren.   Die Definition einer Algebra ist sehr allgemein: An die Anzahl der Operatoren und ihre Eigenschaften werden keine Anforde-rungen gestellt. Erfüllen die Operatoren spezielle zusätzliche Anforderun-gen, so gibt man den entsprechenden Algebren eigene Namen. Einige wich-tige führen wir im Folgenden ein.

Wir betrachten zunächst Algebren mit genau einer zweistelligen Verknüp-fung, die verschiedene Eigenschaften erfüllt. In einem zweiten Schritt wer-den wir dann Algebren mit zwei und mehr Verknüpfungen einführen.

Definition 5.28 *Eine Algebra $A = \langle S, \circ \rangle$ mit einem zweistelligen Operator $\circ$ heißt* Halbgruppe *(engl. semigroup), falls $\circ$ assoziativ ist, also*

$$a \circ (b \circ c) = (a \circ b) \circ c \qquad \text{für alle } a, b, c \in S.$$

Definition 5.29 *Eine Algebra $A = \langle S, \circ \rangle$ mit einem zweistelligen Operator $\circ$ heißt* Monoid *(engl. monoid), falls*

M1. *$\circ$ assoziativ ist und*

M2. *es ein neutrales Element $e \in S$ gibt.*

Definition 5.30 *Eine Algebra* $A = \langle S, \circ \rangle$ *mit einem zweistelligen Operator* $\circ$ *heißt* Gruppe *(engl.* group*), falls*

G1. $\circ$ *assoziativ ist,*

G2. *es ein neutrales Element* $e \in S$ *gibt und*

G3. *jedes Element* $a \in S$ *ein inverses Element besitzt.*

Man beachte, dass in obigen Definitionen nicht verlangt wurde, dass die Verknüpfung $\circ$ kommutativ ist. Ist sie es dennoch, so nennt man die entsprechende Struktur abelsch.

Definition 5.31 *Eine Halbgruppe (ein Monoid, eine Gruppe) heißt* abelsch *(engl.* abelian*), falls*

$$a \circ b = b \circ a \qquad \text{für alle } a, b \in S$$

gilt, die Verknüpfung $\circ$ *also* kommutativ *ist.*

Bevor wir uns der Definition von Algebren mit mehreren Verknüpfungen zuwenden, wollen wir uns zunächst überlegen, dass die eben eingeführten Definitionen im Allgemeinen zu verschiedenen Strukturen führen. Zunächst überlegen wir uns, dass nicht jede Algebra mit einem zweistelligen Operator $\circ$ auch eine Halbgruppe ist:

BEISPIEL 5.32   Eine Algebra mit einer nicht assoziativen Verknüpfung ist

$\circ$	a	b
a	b	a
b	b	b

Hier ist $(a \circ b) \circ a = a \circ a = b$, während $a \circ (b \circ a) = a \circ b = a$ ist.

Auch für die übrigen eingeführten Begriffe gibt es einfache Beispiele, die zeigen, dass die eingeführten Strukturen im Allgemeinen verschieden mächtig sind:

BEISPIEL 5.33   Wir betrachten die drei Algebren $\langle \mathbb{N}, + \rangle$, $\langle \mathbb{N}_0, + \rangle$ und $\langle \mathbb{Z}, + \rangle$. $\langle \mathbb{N}, + \rangle$ ist offenbar eine Halbgruppe, aber kein Monoid (bezüglich der Addition fehlt in $\mathbb{N}$ das neutrale Element). Dieses ist in $\langle \mathbb{N}_0, + \rangle$ vorhanden. D.h. $\langle \mathbb{N}_0, + \rangle$ ist ein Monoid, aber keine Gruppe (bezüglich der Addition hat in $\mathbb{N}_0$ nur die Null ein inverses Element). $\langle \mathbb{Z}, + \rangle$ ist dann schließlich eine Gruppe: die Null ist das neutrale Element und jedes Element x hat mit $-x$ auch ein inverses Element.

Die in Beispiel 5.33 betrachteten Algebren sind alle abelsch. Es gibt jedoch auch nicht abelsche Algebren.

BEISPIEL 5.34 Sei Σ ein endliches Alphabet und Σ^* die Menge alle Wörter über Σ. Bezeichnen wir wie in Beispiel 5.4 mit $\circ$ die Verkettung zweier Wörter, dann bildet $\langle \Sigma^*, \circ \rangle$ ein nicht abelsches Monoid, das so genannte *freie Monoid* über Σ, aber keine Gruppe: Das neutrale Element ist das leere Wort und nur dieses hat auch ein inverses Element (sich selbst). Betrachtet man statt Σ^* lediglich die Menge der nicht leeren Worte Σ^+, so erhält man eine nicht abelsche Halbgruppe, die kein Monoid ist.

BEISPIEL 5.35 Bezeichnen wir mit S die Menge alle invertierbaren 2×2 Matrizen über $\mathbb{R}$, also

$$S = \left\{ \begin{pmatrix} a & b \\ c & d \end{pmatrix} \ \Big| \ a, b, c, d \in \mathbb{R}, ad - bc \neq 0 \right\},$$

so bildet S mit der üblichen Matrizenmultiplikation eine Gruppe (vgl. Aufgabe 5.11). Diese Gruppe ist jedoch nicht abelsch, da beispielsweise gilt:

$$\begin{pmatrix} 1 & 2 \\ 0 & 1 \end{pmatrix} \cdot \begin{pmatrix} 1 & 0 \\ 2 & 1 \end{pmatrix} = \begin{pmatrix} 5 & 2 \\ 2 & 1 \end{pmatrix} \neq \begin{pmatrix} 1 & 2 \\ 2 & 5 \end{pmatrix} = \begin{pmatrix} 1 & 0 \\ 2 & 1 \end{pmatrix} \cdot \begin{pmatrix} 1 & 2 \\ 0 & 1 \end{pmatrix}.$$

Wir schließen diesen Abschnitt mit der Definition von einigen Algebren mit mehreren Operatoren.

Definition 5.36 *Eine Algebra* $A = \langle S, \oplus, \odot \rangle$ *mit zwei zweistelligen Operatoren* $\oplus$ *und* $\odot$ *heißt* Ring *(engl.* ring*), falls*

    R1. $\langle S, \oplus \rangle$ *eine abelsche Gruppe mit neutralem Element* $0 \in S$ *ist,*

    R2. $\langle S, \odot \rangle$ *ein Monoid mit neutralem Element* $1 \in S$ *ist und*

    R3. $a \odot (b \oplus c) = (a \odot b) \oplus (a \odot c)$ *für alle* $a, b, c \in S$,
          $(b \oplus c) \odot a = (b \odot a) \oplus (c \odot a)$ *für alle* $a, b, c \in S$,
          (man sagt: $\oplus$ *und* $\odot$ *sind* distributiv*).*

Definition 5.37 *Eine Algebra* $A = \langle S, \oplus, \odot \rangle$ *mit zwei zweistelligen Operatoren* $\oplus$ *und* $\odot$ *heißt* Körper *(engl.* field*), falls*

    K1. $\langle S, \oplus \rangle$ *eine abelsche Gruppe mit neutralem Element* $0 \in S$ *ist,*

    K2. $\langle S \setminus \{0\}, \odot \rangle$ *eine abelsche Gruppe mit neutralem Element* $1 \in S$ *ist und*

    K3. $a \odot (b \oplus c) = (a \odot b) \oplus (a \odot c)$ *für alle* $a, b, c \in S$.

Verzichtet man auf die Existenz von inversen Elementen bezüglich der Addition und der Multiplikation und fordert stattdessen die Existenz eines

„Negations"-Operators, so erhält man die so genannten booleschen Algebren, benannt nach dem englischen Mathematiker und Logiker GEORGE BOOLE (1815–1864).

Definition 5.38 *Eine Algebra* $A = \langle S, \oplus, \odot, \neg \rangle$ *mit zwei zweistelligen Operatoren* $\oplus$ *und* $\odot$ *und einem einstelligen Operator* $\neg$ *heißt* boolesche Algebra, *falls*

B1. $\langle S, \oplus \rangle$ *ein abelsches Monoid mit neutralem Element* $0 \in S$ *ist,*

B2. $\langle S, \odot \rangle$ *ein abelsches Monoid mit neutralem Element* $1 \in S$ *ist,*

B3. *für den Operator* $\neg$ *gilt:*
$$a \oplus (\neg a) = 1 \quad \textit{für alle } a \in S \textit{ und}$$
$$a \odot (\neg a) = 0 \quad \textit{für alle } a \in S$$

B4. *das Distributivgesetz gilt, d.h.*
$$a \odot (b \oplus c) = (a \odot b) \oplus (a \odot c) \quad \textit{für alle } a, b, c \in S \textit{ und}$$
$$a \oplus (b \odot c) = (a \oplus b) \odot (a \oplus c) \quad \textit{für alle } a, b, c \in S.$$

In den folgenden Abschnitten werden wir einige Eigenschaften von Gruppen, Körpern und booleschen Algebren genauer studieren. Wir beginnen mit den booleschen Algebren.

5.2 Boolesche Algebren

Ein einfaches Beispiel für eine boolesche Algebra ist uns bereits aus Beispiel 5.2 bekannt: $\langle \{T, F\}, \vee, \wedge, \neg \rangle$ bestehend aus den booleschen Werten T(RUE) und F(ALSE), der Und- und Oder-Verknüpfung und der Negation $\neg$. Ein anderes Beispiel erhält man ausgehend von einer beliebigen endlichen Menge U wie folgt. Wir betrachten $\mathcal{P}(U)$, d.h. die Menge aller Teilmengen von U. Dann sind Vereinigung und Schnitt zweistellige Operationen, die jeweils ein abelsches Monoid mit neutralem Element $\emptyset$ bzw. U bilden. Die Komplementbildung $\overline{}$, die jede Menge X auf ihr Komplement $\overline{X} := U \setminus X$ abbildet, ist eine einstellige Operation, die die Bedingung **B3** erfüllt. Da man auch leicht nachrechnet, dass das Distributivgesetz **B4** gilt, ist $\langle \mathcal{P}(U), \cup, \cap, \overline{} \rangle$ also ebenfalls eine boolesche Algebra. Man nennt sie die *Potenzmengenalgebra* der Menge U.

Als nächstes wollen wir einige Rechenregeln in booleschen Algebren festhalten.

Tabelle 5.1: Rechenregeln für boolesche Algebren

---

1. Idempotenz: $\quad a \oplus a = a, \quad a \odot a = a$

2. Einselement: $\quad a \oplus 1 = 1, \quad$ Nullelement: $\quad a \odot 0 = 0$

3. Absorption: $\quad a \oplus (a \odot b) = a, \quad a \odot (a \oplus b) = a$

4. Kürzen: $\quad (a \oplus b = a \oplus c) \wedge (\neg a \oplus b = \neg a \oplus c) \quad \Longleftrightarrow \quad b = c$

   $\qquad\qquad (a \odot b = a \odot c) \wedge (\neg a \odot b = \neg a \odot c) \quad \Longleftrightarrow \quad b = c$

5. Eindeutiges Komplement: $\quad a \oplus b = 1 \wedge a \odot b = 0 \quad \Longleftrightarrow \quad b = \neg a$

6. Involution: $\quad \neg(\neg a) = a$

7. Konstante: $\quad \neg 0 = 1, \qquad \neg 1 = 0$

8. De-Morgan-Regeln: $\quad \neg(a \oplus b) = \neg a \odot \neg b, \qquad \neg(a \odot b) = \neg a \oplus \neg b$

Satz 5.39 (*Eigenschaften boolescher Algebren*) *Für jede boolesche Algebra $A = \langle S, \oplus, \odot, \neg \rangle$ gelten für alle $a, b, c \in S$ die in Tabelle 5.1 aufgeführten Rechenregeln.*

Beweis: Wir beobachten zunächst, dass die im Satz genannten Eigenschaften paarweise durch Vertauschung von $\oplus$ mit $\odot$ und von 0 mit 1 auftreten. Man nennt solche Eigenschaften *dual*. Da auch die Axiome in der Definition einer booleschen Algebra unter Dualität abgeschlossen sind, genügt es, von jedem Paar dualer Eigenschaften eine der beiden Eigenschaften zu beweisen. Die jeweils dazu duale Eigenschaft ist dadurch automatisch ebenfalls bewiesen. Im Folgenden beweisen wir exemplarisch die Aussagen 1 bis 3.

1. Idempotenz:

$$a \overset{\text{B1}}{=} a \oplus 0 \overset{\text{B3}}{=} a \oplus (a \odot \neg a) \overset{\text{B4}}{=} (a \oplus a) \odot (a \oplus \neg a) \overset{\text{B3}}{=} (a \oplus a) \odot 1 \overset{\text{B2}}{=} a \oplus a$$

2. Einselement:

$$a \oplus 1 \overset{\text{B3}}{=} a \oplus (a \oplus \neg a) \overset{\text{B1}}{=} (a \oplus a) \oplus \neg a \overset{\text{1.}}{=} a \oplus \neg a \overset{\text{B3}}{=} 1$$

3. Absorption:

$$a \oplus (a \odot b) \overset{\text{B2}}{=} (a \odot 1) \oplus (a \odot b) \overset{\text{B4}}{=} a \odot (1 \oplus b) \overset{\text{2.}}{=} a \odot 1 \overset{\text{B2}}{=} a$$

Die Beweise der übrigen Aussagen seien dem Leser als Übungsaufgabe überlassen. $\qquad \square$

Lemma 5.40 *Sei* $A = \langle S, \oplus, \odot, \neg \rangle$ *eine boolesche Algebra und* $\preceq$ *eine Relation, die wie folgt definiert ist: Für zwei Elemente* $a, b \in S$ *gilt*

$$a \preceq b \quad \text{genau dann, wenn} \quad a \odot b = a.$$

Dann gilt: $\preceq$ *ist eine partielle Ordnung.*

Beweis: Wir müssen zeigen, dass die Relation $\preceq$ reflexiv, antisymmetrisch und transitiv ist.

Reflexivität: Zu zeigen ist, dass $a \preceq a$ für alle $a \in S$, also $a \odot a = a$ für alle $a \in S$. Letzteres folgt aber sofort aus dem Idempotenzgesetz (Satz 5.39).

Antisymmetrie: Sei $a \preceq b$ und $b \preceq a$, d.h. $a \odot b = a$ und $b \odot a = b$. Zu zeigen ist, dass daraus $a = b$ folgt. Unter Verwendung der Kommutativität des Operators $\odot$ sieht man dies in der Tat leicht ein:

$$a = a \odot b = b \odot a = b.$$

Transitivität: Sei $a \preceq b$ und $b \preceq c$, d.h. $a \odot b = a$ und $b \odot c = b$. Zu zeigen ist, dass dann auch $a \preceq c$ gilt. Dies folgt unmittelbar aus der Assoziativität des Operators $\odot$:

$$a \odot c = (a \odot b) \odot c = a \odot (b \odot c) = a \odot b = a. \qquad \square$$

BEISPIEL 5.41 Vergegenwärtigen wir uns, was die in Lemma 5.40 definierte partielle Ordnung für die Potenzmengenalgebra $\langle \mathcal{P}(U), \cup, \cap, \overline{} \rangle$ bedeutet. Die Operation $\odot$ entspricht hier dem Schnitt zweier Mengen. Die Bedingung $a \odot b = a$ entspricht also der Aussage $A \cap B = A$, wobei A, B zwei Teilmengen von U sind. Wann ist die Bedingung $A \cap B = A$ erfüllt? Offenbar genau dann, wenn A eine Teilmenge von B ist. Für die in Satz 5.40 definierte partielle Ordnung $\preceq$ gilt daher

$$A \preceq B \quad \Longleftrightarrow \quad A \subseteq B.$$

Was ist das kleinste Element in der gerade betrachteten partiellen Ordnung $\preceq$ auf der Potenzmengenalgebra $\langle \mathcal{P}(U), \cup, \cap, \overline{} \rangle$? Das ist die leere Menge, denn diese ist bekanntlich eine Teilmenge einer jeden anderen Teilmenge. Was ist dann aber ein „zweitkleinstes" Element? Diese Frage ist schon etwas schwieriger zu beantworten. *Ein* zweitkleinstes Element gibt es nicht, aber es gibt mehrere: Alle einelementigen Mengen haben die Eigenschaft, dass sie nur die leere Menge als echte Teilmenge enthalten. In der Sprache der booleschen Algebren nennt man diese „zweitkleinsten" Elemente *Atome*.

Definition 5.42 *Sei* $A = \langle S, \oplus, \odot, \neg \rangle$ *eine boolesche Algebra und* $\preceq$ *die partielle Ordnung aus Lemma 5.40. Ein Element* $a \in S$ *heißt* Atom, *falls* $a \neq 0$ *und*

$$b \preceq a \implies b = a \quad \text{für alle } b \in S \setminus \{0\}.$$

Lemma 5.43 *Sei $A = \langle S, \oplus, \odot, \neg \rangle$ eine boolesche Algebra mit einer endlichen Trägermenge S. Dann gilt:*

1. *a Atom $\implies a \odot b = a$ oder $a \odot b = 0$ für alle $b \in S$,*

2. *a und b Atome mit $a \neq b \implies a \odot b = 0$,*

3. *zu jedem Element $b \in S \setminus \{0\}$ gibt es ein Atom a mit $a \preceq b$.*

Beweis: Sei a ein Atom und b ein beliebiges Element in S. Bezeichnen wir das Produkt von a und b mit $c := a \odot b$, so gilt:

$$c \odot a = (a \odot b) \odot a \overset{\text{B2}}{=} (a \odot a) \odot b \overset{5.39}{=} a \odot b = c,$$

Also $c \preceq a$. Da a ein Atom ist, kann dies nur für $c = a$ und $c = 0$ gelten. Womit die erste Behauptung bewiesen ist. Die zweite folgt ebenfalls daraus, da hier der Fall $c = a$ nicht möglich ist (dann wäre $a \preceq b$ und nach der Definition eines Atoms also $b = a$.).

Die dritte Eigenschaft sieht man wie folgt. Sei b ein beliebiges Element aus $S \setminus \{0\}$. Falls b bereits ein Atom ist, so ist nichts zu zeigen. Ansonsten muss es (nach der Definition eines Atoms) ein Element $b_1 \in S \setminus \{0\}$ geben mit $b_1 \preceq b$ und $b_1 \neq b$. Nun wiederholen wir das Argument für b_1 statt b und erhalten: entweder ist b_1 Atom (und damit das gesuchte Atom $\preceq b$) oder es gibt ein Element $b_2 \in S \setminus \{0\}$ mit $b_2 \preceq b_1$ und $b_2 \neq b_1$ Machen wir nun mit b_2 weiter erhalten wir ein Element b_3 und dann ein Element b_4, usw. Insgesamt erhalten wir also eine Folge

$$b =: b_0 \succeq b_1 \succeq b_2 \succeq b_3 \succeq b_4 \succeq \ldots,$$

wobei für alle $i = 1, 2, \ldots$ gilt $b_i \notin \{b_0, \ldots, b_{i-1}\}$. Da S nur endlich viele verschiedene Elemente enthält, muss diese Folge bei einem b_k abbrechen, welches dann das gesuchte Atom darstellt. $\qquad\square$

In einer Potenzmengenalgebra sind die Atome genau die einelementigen Mengen. Und da man jede Menge als Vereinigung von einelementigen Mengen schreiben kann (und die Vereinigung von Mengen der Operation $\oplus$ in einer allgemeinen booleschen Algebra entspricht), kann man also sagen, dass man in der Potenzmengenalgebra jedes Element der Trägermenge (d.h. jede Teilmenge von U) als „Summe" von Atomen darstellen kann. Diese Eigenschaft gilt analog sogar für jede endliche boolesche Algebra.

Satz 5.44 (Darstellungssatz) *Sei $\langle S, \oplus, \odot, \neg \rangle$ eine boolesche Algebra mit einer endlichen Trägermenge S. Dann lässt sich jedes Element $x \in S$, $x \neq 0$ in eindeutiger (bis auf die Reihenfolge der Summanden) Weise als $\oplus$-Summe von Atomen schreiben:*

$$x = \bigoplus_{\substack{a \in S \\ a \text{ Atom} \\ a \odot x \neq 0}} a.$$

Beweis: Wir überlegen uns zunächst, dass die Behauptung für $x = 1$ gilt, also

$$1 = \bigoplus_{\substack{a \in S \\ a \text{ Atom}}} a \tag{5.1}$$

gilt. Um dies einzusehen betrachten wir

$$b := \neg \left(\bigoplus_{\substack{a \in S \\ a \text{ Atom}}} a \right) = \bigodot_{\substack{a \in S \\ a \text{ Atom}}} (\neg a)$$

(die Gültigkeit der zweiten Umformung folgt aus der De-Morgan-Regel, vgl. Satz 5.39). Falls $b \neq 0$ ist, so gibt es nach der Eigenschaft 3 von Lemma 5.43 ein Atom a_0 mit $a_0 \preceq b$, also mit $a_0 \odot b = a_0$. Wegen

$$a_0 \odot b = a_0 \odot \bigodot_{\substack{a \in S \\ a \text{ Atom}}} (\neg a) = (a_0 \odot (\neg a_0)) \odot \bigodot_{\substack{a \in S \\ a \text{ Atom} \\ a \neq a_0}} (\neg a) = 0 \odot \bigodot_{\substack{a \in S \\ a \text{ Atom} \\ a \neq a_0}} (\neg a) = 0$$

kann dies aber nicht sein. D.h. es muss $b = 0$ gelten und (5.1) ist somit bewiesen.

Sei nun x ein beliebiges Element aus S. Wir multiplizieren beide Seiten von (5.1) mit x und erhalten unter Verwendung des Distributivgesetzes und der Eigenschaft 1 von Lemma 5.43:

$$x = 1 \odot x = \left(\bigoplus_{\substack{a \in S \\ a \text{ Atom}}} a \right) \odot x = \bigoplus_{\substack{a \in S \\ a \text{ Atom}}} (a \odot x) = \bigoplus_{\substack{a \in S \\ a \text{ Atom} \\ a \odot x \neq 0}} a.$$

Zur Eindeutigkeit: Seien $S_1, S_2 \subseteq S$, $S_1 \neq S_2$ zwei Mengen von Atomen mit

$$x = \bigoplus_{a \in S_1} a = \bigoplus_{a \in S_2} a.$$

Ohne Einschränkung gibt es dann ein $a_0 \in S_1 \setminus S_2$. Wegen Eigenschaft 2 von Lemma 5.43 gilt dann $a_0 \odot a = 0$ für alle $a \in S_2$. Insbesondere also

$$a_0 \odot x = a_0 \odot \bigoplus_{a \in S_2} a \overset{\mathbf{B4}}{=} \bigoplus_{a \in S_2} (a_0 \odot a) = \bigoplus_{a \in S_2} 0 = 0.$$

Analog folgt wegen $a_0 \odot a_0 = a_0$:

$$a_0 \odot x = a_0 \odot \bigoplus_{a \in S_1} a \overset{\mathbf{B4}}{=} \bigoplus_{a \in S_1} (a_0 \odot a) = a_0 \oplus \bigoplus_{\substack{a \in S_1 \\ a \neq a_0}} 0 = a_0,$$

insgesamt also $a_0 = 0$, was im Widerspruch zur Annahme steht, dass a_0 ein Atom ist. □

Wegen der Eindeutigkeit der Darstellung jedes Elementes als Summe von Atomen erhält man sofort:

Korollar 5.45 *Jede endliche boolesche Algebra mit n Atomen enthält genau 2^n Elemente.* □

Zusätzlich folgt, dass es bis auf Isomorphie nur eine einzige boolesche Algebra mit n Atomen gibt:

Korollar 5.46 *Jede endliche boolesche Algebra $A = \langle S, \oplus, \odot, \neg \rangle$ mit n Atomen ist isomorph zur Potenzmengenalgebra*

$$\mathcal{P}_n := \langle \mathcal{P}([n]), \cup, \cap, \overline{} \rangle.$$

Beweis: Seien $a_1, \ldots, a_n$ die Atome von A. Betrachte die Abbildung

$$h: \quad \begin{array}{rcl} S & \to & \mathcal{P}([n]) \\ \bigoplus_{\substack{i \in I \\ a_i \text{ Atom}}} a_i & \mapsto & I, \end{array}$$

die jedem Element aus S die Menge der Indizes derjenigen Atome zuweist, die in der (nach Satz 5.44 eindeutigen) Darstellung des Elements vorkommen. Wir überlassen es dem Leser nachzuweisen, dass diese Abbildung wirklich ein Isomorphismus ist. □

5.3   Gruppen

Die Gruppentheorie stellt ein wichtiges Teilgebiet der Mathematik dar. Die vollständige Charakterisierung der so genannten endlichen einfachen Gruppen war ein über 150 Jahre währendes Projekt, das seit 1981 als abgeschlossen gilt, auch wenn die zugehörigen etwa 15.000 Seiten wohl kein einziger Mathematiker alle gelesen hat. Außerhalb der Mathematik spielen Gruppen vor allem in der Kristallographie und der Physik eine Rolle. Wir werden uns in diesem Abschnitt auf die Vorstellung einiger Beispiele und grundlegender Eigenschaften von Gruppen beschränken.

Für Gruppen bietet sich aus nahe liegenden Gründen die Bezeichnung G an. Wenn wir daher im Folgenden von einer Gruppe G sprechen, nehmen wir immer stillschweigend an, dass G die Trägermenge einer Algebra $\langle G, \circ \rangle$ ist, die eine Gruppe mit neutralem Element $e \in G$ bildet. Für jedes Element $a \in G$ bezeichnen wir sein Inverses mit a^{-1}.

5.3.1   Eigenschaften und Beispiele von Gruppen

Erinnern wir uns zunächst an Definition 5.30: Eine Gruppe ist eine Algebra mit einer Verknüpfung $\circ$, die assoziativ ist, ein neutrales Element besitzt und in der es zu jedem Element ein Inverses gibt.

Einfache Standardbeispiele für Gruppen erhält man mit der üblichen Addition und Multiplikation: $\langle \mathbb{Z}, + \rangle$, $\langle \mathbb{Q}, + \rangle$, $\langle \mathbb{R}, + \rangle$, $\langle \mathbb{Q} \setminus \{0\}, \cdot \rangle$ und $\langle \mathbb{R} \setminus \{0\}, \cdot \rangle$ sind jeweils Gruppen mit neutralem Element 0 (Addition) bzw. 1 (Multiplikation). Das Inverse eines Elementes a bezüglich der Addition ist $-a$, das Inverse bezüglich der Multiplikation ist $1/a$. Hieraus ergibt sich auch sofort, dass $\langle \mathbb{N}, + \rangle$ und $\langle \mathbb{Z}, \cdot \rangle$ keine Gruppe bilden, denn $\mathbb{N}$ bzw. $\mathbb{Z}$ sind bezüglich der Inversenbildung nicht abgeschlossen.

Etwas diffiziler wird es, wenn wir zur Addition bzw. Multiplikation modulo n übergehen, die wir im Folgenden immer mit $+_n$ bzw. $\cdot_n$ bezeichnen werden. Genauer:

$$a +_n b := (a + b) \bmod n \qquad \text{bzw.} \qquad a \cdot_n b := (a \cdot b) \bmod n.$$

Für die Addition modulo n bildet $\langle \mathbb{Z}_n, +_n \rangle$ eine Gruppe mit neutralem Element 0, in der das Inverse eines Elementes $a \neq 0$ durch $n - a$ gegeben ist. Hingegen ist $\langle \mathbb{Z}, +_n \rangle$ *keine* Gruppe. Dies erkennt man beispielsweise daran, dass es kein neutrales Element geben kann: Eine Zahl größer als n wird durch eine Addition modulo n immer auf eine Zahl kleiner als n abgebildet.

Betrachten wir nun noch die Multiplikation modulo n. Wegen $0 \cdot_n x = 0$ für alle x bildet $\mathbb{Z}_n$ bezüglich der Multiplikation sicherlich keine Gruppe. In

Frage käme hierfür höchstens $\mathbb{Z}_n \setminus \{0\}$. Wegen $1 \cdot_n x = x$ für alle x ist die 1 hier offenbar ein neutrales Element. Wie aber sieht es mit der Existenz von inversen Elementen aus? Dazu betrachten wir zunächst ein Beispiel:

BEISPIEL 5.47   Für $n = 6$ hat die Multiplikation modulo 6 für $\mathbb{Z}_6 \setminus \{0\}$ folgende Verknüpfungstafel:

$\cdot_6$	1	2	3	4	5
1	1	2	3	4	5
2	2	4	0	2	4
3	3	0	3	0	3
4	4	2	0	4	2
5	5	4	3	2	1

Man sieht: die Multiplikation ist in $\mathbb{Z}_6 \setminus \{0\}$ weder abgeschlossen noch hat jedes Element ein Inverses. Dies gilt ganz analog für jede zusammengesetze Zahl $n = p \cdot q$ mit $1 < p \le q < n$. Beispielsweise gilt hier $(p \cdot q) \bmod n = 0$. Eine Abgeschlossenheit bezüglich der Multiplikation kann man allerdings erreichen, wenn man zu einer Teilmenge von $\mathbb{Z}_n \setminus \{0\}$ übergeht. Wir setzen dazu wie in Kapitel 3, Seite 108

$$\mathbb{Z}_n^* := \{x \in \mathbb{Z}_n \setminus \{0\} \mid \mathrm{ggT}(x, n) = 1\}$$

als die Menge der zu n teilerfremden Zahlen. Dann gilt:

Satz 5.48 *Für alle $n \in \mathbb{N}$, $n \ge 2$, ist $\mathbb{Z}_n^*$ bezüglich der Multiplikation modulo n eine Gruppe.*

Beweis: Offenbar ist die 1 ein neutrales Element bezüglich der Multiplikation modulo n und $1 \in \mathbb{Z}_n^*$. Da die Multiplikation modulo n auch assoziativ ist, müssen wir lediglich zeigen, dass $\mathbb{Z}_n^*$ bezüglich der Multiplikation modulo n abgeschlossen ist und dass es zu jedem Element $a \in \mathbb{Z}_n^*$ ein Inverses gibt. Ersteres ist unmittelbar einsichtig, bleibt also letzteres zu zeigen. Hierfür wenden wir Satz 3.15 an. Dieser garantiert uns die Existenz eines $x \in \mathbb{Z}_n^*$ mit $ax \equiv 1 \pmod n$. Dieses x ist dann das gesuchte Inverse von a in $\mathbb{Z}_n^*$. $\square$

Aus der Kommutativität der Addition und Multiplikation ergibt sich, dass alle bislang betrachteten Gruppen abelsche Gruppen sind. Eines der Standardbeispiel für nicht abelsche Gruppen haben wir bereits in Beispiel 5.35 kennen gelernt. Ein weiteres sind die in Kapitel 1 auf Seite 15 beim Studium der Permutationen einer n-elementigen Menge bereits erwähnten *symmetrischen Gruppen* $\mathfrak{S}_n$. Die Elemente von $\mathfrak{S}_n$ sind die Permutationen der Menge $[n]$, die Verknüpfung $\circ$ entspricht der Hintereinanderausführung der entsprechenden Permutationen. D.h. $\pi \circ \sigma$ bezeichnet die Permutation ρ, für die $\pi(\sigma(i)) = \rho(i)$ für alle $i \in [n]$.

BEISPIEL 5.49 Für $n = 3$ enthält $\mathfrak{S}_3$ sechs Permutationen. Diese werden durch die Operation $\circ$ wie folgt miteinander verknüpft:

$\circ$	$(1)(2)(3)$	$(1)(2\ 3)$	$(1\ 2)(3)$	$(1\ 3)(2)$	$(1\ 2\ 3)$	$(1\ 3\ 2)$
$(1)(2)(3)$	$(1)(2)(3)$	$(1)(2\ 3)$	$(1\ 2)(3)$	$(1\ 3)(2)$	$(1\ 2\ 3)$	$(1\ 3\ 2)$
$(1)(2\ 3)$	$(1)(2\ 3)$	$(1)(2)(3)$	$(1\ 3\ 2)$	$(1\ 2\ 3)$	$(1\ 3)(2)$	$(1\ 2)(2)$
$(1\ 2)(3)$	$(1\ 2)(3)$	$(1\ 2\ 3)$	$(1)(2)(3)$	$(1\ 3\ 2)$	$(1)(2\ 3)$	$(1\ 3)(2)$
$(1\ 3)(2)$	$(1\ 3)(2)$	$(1\ 3\ 2)$	$(1\ 2\ 3)$	$(1)(2)(3)$	$(1\ 2)(3)$	$(1)(2\ 3)$
$(1\ 2\ 3)$	$(1\ 2\ 3)$	$(1\ 2)(3)$	$(1\ 3)(2)$	$(1)(2\ 3)$	$(1\ 3\ 2)$	$(1)(2)(3)$
$(1\ 3\ 2)$	$(1\ 3\ 2)$	$(1\ 3)(2)$	$(1)(2\ 3)$	$(1\ 2)(3)$	$(1)(2)(3)$	$(1\ 2\ 3)$

Für Gruppen kann man aus den Axiomen **G1 - G3** leicht einige Rechenregeln herleiten, die aus dem Umgang mit reellen Zahlen wohlbekannt sind.

Tabelle 5.2: Rechenregeln für Gruppen

1. Involutionsgesetz: $a = \left(a^{-1}\right)^{-1}$

2. Kürzungsregeln: $a \circ b = c \circ b \quad \Rightarrow \quad a = c$
   $b \circ a = b \circ c \quad \Rightarrow \quad a = c$

3. Eindeutige Lösbarkeit linearer Gleichungen:
   $a \circ x = b \quad \Longleftrightarrow \quad x = a^{-1} \circ b$
   $x \circ a = b \quad \Longleftrightarrow \quad x = b \circ a^{-1}$

4. Injektivität der Operation $\circ$:
   $a \neq b \quad \Longleftrightarrow \quad a \circ c \neq b \circ c \quad \Longleftrightarrow \quad c \circ a \neq c \circ b$

5. Surjektivität der Operation $\circ$:
   $\exists x : a \circ x = b \quad \text{und} \quad \exists y : y \circ a = b$

Satz 5.50 *Für jede Gruppe G gelten für alle a, b, c und $x, y \in G$ die in Tabelle 5.2 aufgeführten Rechenregeln.*

Beweis: Wir beweisen exemplarisch nur die 1. Eigenschaft. Die übrigen Identitäten seien dem Leser als Übungsaufgabe überlassen.

Bezeichnen wir mit $b := (a^{-1})^{-1}$ das Inverse von a^{-1}, so folgt aus den Gruppenaxiomen:

$$b \overset{\mathbf{G2}}{=} b \circ e \overset{\mathbf{G3}}{=} b \circ (a^{-1} \circ a) \overset{\mathbf{G1}}{=} \left(b \circ a^{-1}\right) \circ a \overset{\mathbf{G3}}{=} e \circ a \overset{\mathbf{G2}}{=} a. \qquad \square$$

Für eine Gruppe G führen wir die folgenden abkürzenden Schreibweisen für Verknüpfungen eines Elementes $a \in G$ mit sich selbst ein:

$$a^0 := e,$$

$$a^n := a \circ a^{n-1} \quad \text{und} \quad a^{-n} := \left(a^{-1}\right)^n \quad \text{für alle } n \in \mathbb{N}.$$

Man bezeichnet a^n auch als die *n-te Potenz* des Elementes a. Per Induktion folgt aus der Definition der Potenz eines Elementes leicht, dass für alle $m, n \in \mathbb{Z}$ und $a \in G$ gilt:

$$a^m \circ a^n = a^{m+n}, \quad \left(a^n\right)^m = a^{m \cdot n} \quad \text{und}$$

$$a^m = a^n \quad \Longleftrightarrow \quad a^{m-n} = e.$$

Diese Regeln werden wir im Folgenden des Öfteren anwenden.

Definition 5.51 *Sei G eine Gruppe. Die* Ordnung $\text{ord}(a)$ *eines Elementes* $a \in G$ *ist das minimale* $r \in \mathbb{N}$, *so dass*

$$a^r = e$$

Falls kein solches r *existiert, so setzt man* $\text{ord}(a) := \infty$.

BEISPIEL 5.52 In der Gruppe $\langle \mathbb{Z}, + \rangle$ der ganzen Zahlen mit der normalen Addition hat jedes von Null verschiedene Element die Ordnung unendlich. Schränkt man $\mathbb{Z}$ allerdings auf $\mathbb{Z}_m$ ein und geht zur Addition modulo m über, so hat nun jedes Element eine endliche Ordnung. Für $\langle \mathbb{Z}_{12}, +_{12} \rangle$ prüft man dies leicht nach:

a	0	1	2	3	4	5	6	7	8	9	10	11
$\text{ord}(a)$	1	12	6	4	3	12	2	12	3	4	6	12

Lemma 5.53 *Sei G eine endliche Gruppe. Dann hat jedes Element in G eine endliche Ordnung.*

Beweis: Wir betrachten ein beliebiges $a \in G$. Die Elemente

$$a^0, a^1, a^2, \ldots, a^{|G|}$$

sind alle in G enthalten. Da G aber nur $|G|$ viele verschiedene Elemente enthält, müssen nach dem Schubfachprinzip mindestens zwei dieser Elemente gleich sein. Wir wählen zwei spezielle solche Elemente. Genauer wählen wir k minimal, so dass

$$a^k = a^j \quad \text{für ein } 0 \le j \le k - 1.$$

Multiplizieren wir beide Seiten mit a^{-j}, so folgt:

$$a^{k-j} = a^0 = e.$$

Da k minimal gewählt wurde, kann dies nur für $j = 0$ gelten. D.h. $a^k = e$ und wegen der Minimalität von k daher auch $\text{ord}(a) = k$.   □

Wir stellen nun noch einige weitere Eigenschaften von Ordnungen zusammen.

Lemma 5.54 *Sei G eine Gruppe und $a \in G$ ein Element mit endlicher Ordnung $\text{ord}(a)$. Dann gilt:*

$$a^k = e \qquad \Longleftrightarrow \qquad \text{ord}(a) \mid k.$$

Beweis: Da $\text{ord}(a)$ die kleinste natürliche Zahl ℓ ist mit $a^\ell = e$, folgt aus $a^k = e$ sicherlich $k \geq \text{ord}(a)$. Es gibt daher Zahlen $r, s \in \mathbb{N}_0$ mit $k = s \cdot \text{ord}(a) + r$ und $0 \leq r < \text{ord}(a)$. Somit gilt:

$$e = a^k = a^{s \cdot \text{ord}(a) + r} = (\underbrace{a^{\text{ord}(a)}}_{= e})^s \circ a^r = e \circ a^r = a^r.$$

Da $r < \text{ord}(a)$ kann dies nur für $r = 0$ gelten. Wir haben also gezeigt, dass $\text{ord}(a) \mid k$ gilt. Die umgekehrte Richtung ist unmittelbar einsichtig: aus $\text{ord}(a) \mid k$ folgt

$$a^k = (\underbrace{a^{\text{ord}(a)}}_{= e})^{k/\text{ord}(a)} = e.$$ □

Lemma 5.55 *Sei G eine abelsche Gruppe und seien $a, b \in G$ zwei Elemente, deren Ordnungen endlich und teilerfremd sind. Dann gilt:*

$$\text{ord}(a \circ b) = \text{ord}(a) \cdot \text{ord}(b).$$

Beweis: Da G nach Voraussetzung abelsch ist, gilt

$$(a \circ b)^{\text{ord}(a) \cdot \text{ord}(b)} = (a^{\text{ord}(a)})^{\text{ord}(b)} \circ (b^{\text{ord}(b)})^{\text{ord}(a)} = e^{\text{ord}(b)} \circ e^{\text{ord}(a)} = e.$$

Aus Lemma 5.54 folgt daher

$$\text{ord}(a \circ b) \mid \text{ord}(a) \cdot \text{ord}(b). \qquad (5.2)$$

Angenommen, es gelte $\text{ord}(a \circ b) < \text{ord}(a) \cdot \text{ord}(b)$. Wegen (5.2) muss es daher eine Primzahl p geben, so dass

$$\operatorname{ord}(a \circ b) \mid \frac{\operatorname{ord}(a) \cdot \operatorname{ord}(b)}{p}. \tag{5.3}$$

Da $\operatorname{ord}(a)$ und $\operatorname{ord}(b)$ nach Voraussetzung teilerfremd sind, kann p nicht $\operatorname{ord}(a)$ und $\operatorname{ord}(b)$ teilen. Wir dürfen daher ohne Einschränkung annehmen, dass p zwar $\operatorname{ord}(a)$ teilt, nicht aber $\operatorname{ord}(b)$. Wegen (5.3) und Lemma 5.54 gilt somit

$$e = (a \circ b)^{\operatorname{ord}(a) \cdot \operatorname{ord}(b)/p} = a^{\operatorname{ord}(a) \cdot \operatorname{ord}(b)/p} \circ \underbrace{(b^{\operatorname{ord}(b)})^{\operatorname{ord}(a)/p}}_{= e} = a^{\operatorname{ord}(a) \cdot \operatorname{ord}(b)/p}.$$

Wiederum nach Lemma 5.54 muss daher gelten

$$\operatorname{ord}(a) \mid \frac{\operatorname{ord}(a) \cdot \operatorname{ord}(b)}{p}. \tag{5.4}$$

Da nach Wahl von p gilt $p \nmid \operatorname{ord}(b)$, impliziert (5.4), dass $\operatorname{ord}(a) \mid \operatorname{ord}(a)/p$, was aber nicht sein kann. Wir haben also die Annahme $\operatorname{ord}(a \circ b) < \operatorname{ord}(a) \cdot \operatorname{ord}(b)$ zum gewünschten Widerspruch geführt. □

Korollar 5.56 *Sei G eine endliche abelsche Gruppe und a ein Element mit maximaler Ordnung:*

$$ord(a) = \max\{ord(y) \mid y \in G\}.$$

Dann teilt die Ordnung eines jeden Elements die Ordnung von a:

$$ord(b) \mid ord(a) \qquad \text{für alle } b \in G.$$

Beweis: *(durch Widerspruch)* Nehmen wir an, b ist ein Element in G mit $\operatorname{ord}(b) \nmid \operatorname{ord}(a)$. Dann gibt es eine Primzahl p und eine Zahl $i \in \mathbb{N}_0$ mit

$$p^i \mid \operatorname{ord}(a), \qquad p^{i+1} \nmid \operatorname{ord}(a) \qquad \text{und} \qquad p^{i+1} \mid \operatorname{ord}(b).$$

Nun setzen wir $a' := a^{p^i}$ und $b' := b^{\operatorname{ord}(b)/p^{i+1}}$. Dann gilt $a', b' \in G$ und $(a')^k = a^{kp^i}$ und $(b')^k = b^{k \cdot \operatorname{ord}(b)/p^{i+1}}$. Aus Lemma 5.54 folgt daher $\operatorname{ord}(a') = \operatorname{ord}(a)/p^i$ und $\operatorname{ord}(b') = p^{i+1}$. Nach Wahl von p und i sind die Ordnungen von a' und b' daher teilerfremd und Lemma 5.55 garantiert uns, dass $a' \circ b'$ ein Element mit Ordnung $\operatorname{ord}(a') \cdot \operatorname{ord}(b') = p \cdot \operatorname{ord}(a)$ ist. Da a aber ein Element mit maximaler Ordnung ist, kann dies nicht sein. □

5.3.2 Untergruppen

Eine Unteralgebra einer Algebra ist eine Teilmenge der Trägermenge, die bezüglich der Operationen der Algebra abgeschlossen ist. Analog besteht eine Untergruppe einer Gruppe aus einer Teilmenge der Trägermenge, die bezüglich der Gruppenoperation ebenfalls eine Gruppe bildet.

Definition 5.57 *Eine Unteralgebra* $\langle H, \circ \rangle$ *einer Gruppe* $\langle G, \circ \rangle$ *heißt* Untergruppe *von G, falls* $\langle H, \circ \rangle$ *eine Gruppe ist.*

BEISPIEL 5.58   Bezüglich der Addition ist $\langle \mathbb{Z}, + \rangle$ eine Untergruppe von $\langle \mathbb{Q}, + \rangle$. Andererseits ist $\langle \mathbb{Z}_n, +_n \rangle$ *keine* Untergruppe von $\langle \mathbb{Z}, + \rangle$, da sich hier die Operationen unterscheiden: in $\langle \mathbb{Z}, + \rangle$ gilt beispielsweise $2 + 3 = 5$, während in $\langle \mathbb{Z}_5, +_5 \rangle$ gilt $2 +_5 3 = 0$.

Im Folgenden werden wir einige wichtige Eigenschaften von Untergruppen herleiten. Wir beginnen mit der Beobachtung, dass das neutrale Element einer Untergruppe mit dem der Gruppe übereinstimmen muss.

Lemma 5.59 *Ist G eine Gruppe und H eine Untergruppe von G, so sind die neutralen Elemente von G und H identisch.*

Beweis: Sei e_H das neutrale Element von H und e_G das neutrale Element von G. Da e_H ein neutrales Element in H ist, gilt $e_H \circ e_H = e_H$. Da e_G ein neutrales Element in G ist, gilt $e_G \circ e_H = e_H$. Zusammen folgt

$$e_H \circ e_H = e_G \circ e_H.$$

Multipliziert man beide Seiten von rechts mit dem Inversen von e_H in G, so erhält man $e_H = e_G$. $\qquad \square$

Nicht jede Unteralgebra einer Gruppe ist eine Untergruppe. Beispielsweise ist $\langle \mathbb{N}, + \rangle$ zwar eine Unteralgebra von $\langle \mathbb{Z}, + \rangle$, aber keine Untergruppe, da es in $\mathbb{N}$ bezüglich der Addition weder ein neutrales Element noch inverse Elemente gibt. Es gilt jedoch:

Lemma 5.60 *Jede Unteralgebra einer endlichen Gruppe ist eine Untergruppe.*

Beweis: Sei $\langle H, \circ \rangle$ eine Unteralgebra einer endlichen Gruppe G. Wir müssen zeigen, dass das neutrale Element e von G in H enthalten ist und dass es zu jedem Element $b \in H$ auch ein Inverses in H gibt.

Um dies einzusehen, betrachten wir ein beliebiges Element $b \in H$. Da $\langle H, \circ \rangle$ als Unteralgebra bezüglich der Verknüpfung $\circ$ abgeschlossen ist, wissen wir, dass

$$b^n \in H \qquad \text{für alle } n \in \mathbb{N}.$$

Nach Lemma 5.53 gilt andererseits, dass b eine endliche Ordnung hat. Sei daher $m := \mathrm{ord}(b)$. Dann folgt

$$e = b^m = b^{m-1} \circ b = b \circ b^{m-1},$$

d.h. b^{m-1} ist linkes und rechtes Inverses zu b und ist als Potenz von b daher ebenso wie $e = b^m$ in II enthalten. □

Lemma 5.61 *Ist G eine Gruppe und sind H und K zwei Untergruppen von G, so ist auch $H \cap K$ eine Untergruppe von G.*

Beweisskizze: Wir müssen zeigen, dass das neutrale Element e in $H \cap K$ enthalten ist, dass $H \cap K$ bezüglich der Gruppenoperation abgeschlossen ist, und dass es zu jedem Element $a \in H \cap K$ ein Inverses in $H \cap K$ gibt. Da H und K Untergruppen sind, gelten diese Eigenschaften jeweils für H und K und somit auch für $H \cap K$. □

Im Allgemeinen kann es zu einem Element a einer Gruppe G viele Untergruppen geben, die a enthalten. Es gibt aber immer eine eindeutig bestimmte kleinste Untergruppe, die a enthält. Dies kann man wie folgt einsehen: Jede Untergruppe, die a enthält, muss wegen der Abgeschlossenheitsbedingung auch alle Potenzen von a enthalten. Es genügt also zu zeigen, dass die Menge S_a aller Potenzen von a eine Untergruppe bildet.

Lemma 5.62 *Sei G eine Gruppe und $a \in G$ ein Element mit endlicher Ordnung ord(a). Dann ist*
$$S_a := \{e, a, a^2, \ldots, a^{ord(a)-1}\}$$
die kleinste Untergruppe von G, die a enthält.

Beweis: Nach obiger Vorbemerkung genügt es zu zeigen, dass S_a bezüglich der Gruppenoperation abgeschlossen ist und dass jedes Element in S_a ein Inverses hat. Beides sieht man leicht ein. Für a^i und a^j in S_a gilt

$$a^i \circ a^j = \begin{cases} a^{i+j} \in S_a & \text{falls } i+j \leq \operatorname{ord}(a) \\ \underbrace{a^{\operatorname{ord}(a)}}_{=\,e} \circ a^{i+j-\operatorname{ord}(a)} = a^{i+j-\operatorname{ord}(a)} \in S_a & \text{sonst.} \end{cases}$$

Zudem gilt für alle $1 \leq i \leq \operatorname{ord}(a)$:

$$e = a^{\operatorname{ord}(a)} = a^i \circ a^{\operatorname{ord}(a)-i},$$

d.h. $a^{\operatorname{ord}(a)-i}$ ist das Inverse von a^i. □

Nebenklassen. Zu einer gegeben Gruppe G und einer Untergruppe H kann man die Elemente von G in Klassen aufteilen, so dass alle Elemente einer Klasse eine bezüglich H ähnliche Eigenschaft haben. Wir illustrieren diese Idee zunächst an einem Beispiel.

BEISPIEL 5.63   Die Menge $5\mathbb{Z}$ aller durch 5 teilbaren ganzen Zahlen bildet eine Untergruppe der Gruppe $\langle\mathbb{Z},+\rangle$. Für jede Zahl $x \in \mathbb{Z}$ mit Rest 3 gilt $x - 3 \in 5\mathbb{Z}$. Partitioniert man daher die Menge der ganzen Zahlen in 5 Klassen R_i mit

$$R_i := \{x \in \mathbb{Z} \mid x \equiv i \pmod 5\} \qquad \text{für alle } i = 0, \ldots, 4,$$

so gilt $R_i = \{h + i \mid h \in 5\mathbb{Z}\}$.

Die Klassen R_i aus Beispiel 5.63 bezeichnet man üblicherweise als *Restklassen*. Für beliebige Gruppen G und Untergruppen H verwendet man andererseits den Begriff *Nebenklasse*.

Definition 5.64 *Sei H eine Untergruppe einer Gruppe G und sei b ein beliebiges Element in G. Dann heißt*

$$H \circ b = \left\{ h \circ b \mid h \in H \right\}$$

eine rechte Nebenklasse *(engl.* right coset*) von H in G und*

$$b \circ H = \left\{ b \circ h \mid h \in H \right\}$$

eine linke Nebenklasse *(engl.* left coset*) von H in G. Falls $H \circ b = b \circ H$ gilt, so bezeichnet man $H \circ b$ auch als* Nebenklasse *(engl.* coset*) von H in G.*

BEISPIEL 5.65   Wir betrachten die Gruppe $\langle Z_{12}, +_{12} \rangle$ mit der Addition modulo 12. $H = \{0, 3, 6, 9\}$ bildet hier eine Untergruppe mit 3 verschiedenen Nebenklassen:

$$
\begin{array}{ccccccccccc}
0 +_{12} H & = & 3 +_{12} H & = & 6 +_{12} H & = & 9 +_{12} H & = & \{0, 3, 6, 9\} & = & H, \\
1 +_{12} H & = & 4 +_{12} H & = & 7 +_{12} H & = & 10 +_{12} H & = & \{1, 4, 7, 10\}, & & \\
2 +_{12} H & = & 5 +_{12} H & = & 8 +_{12} H & = & 11 +_{12} H & = & \{2, 5, 8, 11\}. & &
\end{array}
$$

Da $\langle Z_{12}, +_{12} \rangle$ abelsch ist, ist jede linke Nebenklasse in obigem Beispiel auch eine rechte Nebenklasse. Für nicht abelsche Gruppen gilt dies im Allgemeinen jedoch nicht.

BEISPIEL 5.66   Wir betrachten die symmetrische Gruppe $\mathfrak{S}_3$ aller bijektiven Abbildungen der Menge [3]. Dann ist $H = \{(1)(2)(3), (1\,2)(3)\}$ eine Untergruppe und unter Verwendung der Verknüpfungstabelle aus Beispiel 5.49 kann man nachrechnen, dass H jeweils 3 verschiedene linke bzw. rechte Nebenklassen hat. Da $\mathfrak{S}_3$ nicht abelsch ist, sind die linken und rechten Nebenklassen hier nicht alle identisch. Beispielsweise gilt:

$$(1)(2\,3) \circ H = \{(1)(2\,3), (1\,3\,2)\} \neq \{(1)(2\,3), (1\,2\,3)\} = H \circ (1)(2\,3).$$

In obigen Beispielen haben die Nebenklassen die Eigenschaft, dass sie alle jeweils die gleiche Anzahl von Elemente enthalten und dass zwei Nebenklassen $a \circ H$ und $b \circ H$ entweder identisch sind oder kein einziges gemeinsames Element enthalten. Dies ist immer so:

Lemma 5.67 *Sei H eine Untergruppe von G. Dann gilt:*

a) $H \circ h = H$ *für alle $h \in H$.*

b) *Für $b, c \in G$ sind die Nebenklassen $H \circ b$ und $H \circ c$ entweder identisch oder disjunkt.*

c) *Ist H endlich, so gilt $|H \circ b| = |H|$ für alle $b \in G$.*

Für linke Nebenklassen gelten analoge Aussagen.

Beweis: a) Als Untergruppe ist H bezüglich der Operation $\circ$ abgeschlossen, woraus $H \circ h \subseteq H$ folgt. Aus der Untergruppeneigenschaft folgt ebenfalls, dass für jedes $h \in H$ auch h^{-1} in H enthalten ist. Daher gilt umgekehrt für jedes $h' \in H$ auch:

$$h' = h' \circ \underbrace{(h^{-1} \circ h)}_{= e} = \underbrace{(h' \circ h^{-1})}_{\in H} \circ h \in H \circ h.$$

b) Seien $b, c \in G$ mit $H \circ b \cap H \circ c \neq \emptyset$, etwa $h_1 \circ b = h_2 \circ c$. Dann ist

$$H \circ c = H \circ \underbrace{(h_2^{-1} \circ h_1 \circ b)}_{= c} = \underbrace{H \circ (h_2^{-1} \circ h_1)}_{= H} \circ b = H \circ b.$$

c) Da nach Definition $H \circ b = \{h \circ b \mid h \in H\}$ ist, gilt sicherlich $|H \circ b| \leq |H|$. Wir müssen daher nur zeigen, dass auch $|H \circ b| \geq |H|$ gilt. Nehmen wir an, das wäre nicht der Fall. Dann müsste es zwei Elemente $h_1, h_2 \in H$ geben mit $h_1 \neq h_2$, aber $h_1 \circ b = h_2 \circ b$. Dies widerspricht aber der Injektivität der Operation $\circ$ (vgl. Tabelle 5.2) und kann daher nicht sein. □

Korollar 5.68 *Sei H eine Untergruppe von G. Dann bildet die Menge der rechten (und ebenfalls die der linken) Nebenklassen von H eine Partition von G.*

Beweis: Wegen $e \in H$ und daher $b \in H \circ b$ für alle $b \in G$ gilt

$$G \subseteq \bigcup_{b \in G} H \circ b \subseteq G.$$

Die Nebenklassen überdecken also ganz G und da sie nach Lemma 5.67 entweder identisch oder disjunkt sind, bilden sie eine Partition von G. □

Definition 5.69 *Die Anzahl verschiedener Nebenklassen von H in G heißt der* Index *(engl.* index*) von H in G und wird abgekürzt mit* $\text{ind}_G(H)$ *oder auch nur kurz* $\text{ind}(H)$. *In manchen Büchern findet man auch die Bezeichnung* $[G : H]$.

Nach diesen Vorüberlegungen können wir nun sehr leicht eine Beziehung zwischen der Kardinalität einer Untergruppe und der der Gruppe herleiten. Der folgenden Satz ist nach JOSEPH-LOUIS LAGRANGE (1736–1813) benannt, einem der Väter der Gruppentheorie.

Satz 5.70 (Lagrange) *Sei G eine endliche Gruppe und H eine Untergruppe von G. Dann gilt $|G| = |H| \cdot \text{ind}(H)$. Insbesondere teilt die Kardinalität von H also die von G.*

Beweis: Nach Lemma 5.67 haben alle Nebenklassen von H die gleiche Kardinalität. Zusätzlich bilden die ($\text{ind}(H)$ vielen) verschiedenen Nebenklassen nach Korollar 5.68 eine Partition von G. Es muss also gelten: $|G| = |H| \cdot \text{ind}(H)$. □

Korollar 5.71 *Ist G eine endliche Gruppe, so teilt die Ordnung eines jeden Elements die Kardinalität der Gruppe.*

Beweis: Sei $a \in G$ beliebig. Nach Lemma 5.53 hat jedes Element einer endlichen Gruppe eine endliche Ordnung und nach Lemma 5.62 ist $S_a = \{a^i \mid i = 1, \dots, \text{ord}(a)\}$ eine Untergruppe der Kardinalität $\text{ord}(a)$. Nach dem Satz von Lagrange muss daher $\text{ord}(a)$ die Kardinalität von G teilen. □

Die Tatsache, dass die Menge der verschiedenen Nebenklassen eine Partition der Gruppenelemente bildet, hat neben dem Satz von Lagrange noch eine ganz andere Konsequenz: Sie erlaubt es uns, die Operation ∘ von der Gruppe auf die Menge der Nebenklassen zu übertragen. Anschaulich kann man sich dies so vorstellen, dass die Elemente der Untergruppe sozusagen aus der Gruppe „rausgekürzt" werden.

BEISPIEL 5.72 Wir betrachten die Gruppe $\mathbb{Z}$ mit der normalen Addition. Dann bildet die Menge $H = \{12k \mid k \in \mathbb{Z}\}$ aller Vielfachen von 12 eine Untergruppe. Die Nebenklassen von H sind $H + i$ mit $i \in \mathbb{Z}$, wobei

$$H + i = H + j \qquad \Longleftrightarrow \qquad j = i + 12k \text{ für ein } k \in \mathbb{Z}.$$

Die Menge der *verschiedenen* Nebenklassen ist daher durch $H + i$ mit $i \in \mathbb{Z}_{12}$ gegeben. Auf diesen Nebenklassen kann man nun eine neue Gruppe definieren: Die Elemente dieser Gruppe sind die Nebenklassen $H + i$ für $i \in \mathbb{Z}_{12}$, die Gruppenoperation $\circ$ ist gegeben durch

$$(H + i) \circ (H + j) = H + (i + j) \bmod 12.$$

Die so definierte Gruppe bezeichnet man als *Faktorgruppe* von $\mathbb{Z}$ nach H, geschrieben $\mathbb{Z}/H$. Man prüft leicht nach, dass sie isomorph zu der Gruppe $\mathbb{Z}_{12}$ mit der Addition modulo 12 ist. Formal ausgedrückt: $\langle \mathbb{Z}/H, \circ \rangle \cong \langle \mathbb{Z}_{12}, +_{12} \rangle$.

Um diese Begriffe auf beliebige Gruppen verallgemeinern zu können, benötigen wir zunächst noch eine Definition.

Definition 5.73 *Ist G eine Gruppe und H eine Untergruppe von G, so heißt H ein Normalteiler (engl.* normal subgroup*) von G, geschrieben $H \lhd G$, falls $H \circ g = g \circ H$ für alle $g \in G$.*

Ist G abelsch, so ist natürlich jede Untergruppe von G ein Normalteiler von G. Ähnlich wie in Beispiel 5.72 kann man zu jedem Normalteiler N eine Gruppe auf den Nebenklassen von N konstruieren.

Satz 5.74 *Ist G eine Gruppe und N ein Normalteiler von G, und bezeichnen wir mit G/N die Menge der verschiedenen Nebenklassen von N, dann induziert die Gruppenoperation $\circ$ gemäß*

$$(N \circ b) \,\tilde{\circ}\, (N \circ c) := N \circ (b \circ c) \tag{5.5}$$

auf G/N eine Gruppenstruktur. Man nennt G/N die Faktorgruppe *(engl.* factor group*) von N.*

Beweis: Bevor wir die Gruppeneigenschaften nachweisen, müssen wir uns zunächst überlegen, dass die Definition der Operation $\tilde{\circ}$ in (5.5) wohldefiniert ist. Wir müssen also zeigen, dass aus $N \circ b' = N \circ b$ und $N \circ c' = N \circ c$ auch $N \circ (b' \circ c') = N \circ (b \circ c)$ folgt. Dies sieht man leicht ein: Aus $b' = e \circ b' \in N \circ b' = N \circ b = b \circ N$ folgt, dass es ein $h \in N$ geben muss mit $b' = b \circ h$. Analog folgt aus $N \circ c' = N \circ c$ die Existenz eines $h' \in N$ mit $c' = h' \circ c$. Daher gilt:

$$
\begin{aligned}
N \circ (b' \circ c') &= N \circ ((b \circ h) \circ (h' \circ c)) = N \circ (b \circ ((h \circ h') \circ c)) \\
&= (N \circ b) \,\tilde{\circ}\, (N \circ (h \circ h') \circ c) = (N \circ b) \,\tilde{\circ}\, (N \circ c).
\end{aligned}
$$

Die Gültigkeit der Gruppenaxiome ist nun schnell nachgerechnet: Das Assoziativgesetz gilt in G/N, denn es gilt ja in G. Das neutrale Element in G/N ist $N \circ e$, denn es gilt $(N \circ b) \,\tilde{\circ}\, (N \circ e) = N \circ (b \circ e) = N \circ b$ für alle $b \in G$. Das Inverse eines Elementes $N \circ b$ ist $N \circ b^{-1}$, denn $(N \circ b) \,\tilde{\circ}\, (N \circ b^{-1}) = N \circ e$. $\square$

5.3.3 Zyklische Gruppen

In Lemma 5.62 haben wir gesehen, dass die Menge der Potenzen eines Elementes $a \in G$ eine Untergruppe S_a von G bildet. Im Allgemeinen wird S_a eine echte Untergruppe von G sein. Für manche Gruppen gilt allerdings, dass es Elemente gibt, für die S_a identisch mit G ist. Dies sind die so genannten zyklischen Gruppen. Diese haben eine besonders einfache Struktur.

Definition 5.75 *Eine Gruppe G heißt* zyklisch *(engl.* cyclic)*, wenn es ein $b \in G$ gibt, so dass*
$$G = \{b^i \mid i \in \mathbb{Z}\}.$$
Ein solches Element b nennt man erzeugendes Element *oder* Generator *(engl.* generator*) der Gruppe.*

BEISPIEL 5.76 $\langle \mathbb{Z}, + \rangle$ ist eine unendliche zyklische Gruppe, während $\langle \mathbb{Z}_n, +_n \rangle$ für jedes $n \in \mathbb{N}$ eine endliche zyklische Gruppe ist. In beiden Gruppen ist 1 ein erzeugendes Element.

Bis auf Isomorphie stellen die beiden Gruppen aus Beispiel 5.76 bereits alle zyklischen Gruppen dar. Es gilt nämlich:

Satz 5.77 *Sei G eine zyklische Gruppe. Falls G unendlich ist, so ist G isomorph zu $\langle \mathbb{Z}, + \rangle$. Ist andererseits $|G| = m$ mit $m \in \mathbb{N}$, so ist G isomorph zu $\langle \mathbb{Z}_m, +_m \rangle$.*

Beweis: Wir nehmen zunächst an, dass G unendlich ist. Da G nach Voraussetzung zyklisch ist, gibt es ein $b \in G$ mit $G = \{b^i \mid i \in \mathbb{Z}\}$. Betrachte die Abbildung

$$\begin{aligned} h\colon \mathbb{Z} &\rightarrow G \\ i &\mapsto b^i. \end{aligned}$$

Wir behaupten, dass h ein Isomorphismus ist. Unmittelbar klar ist, dass

$$h(i+j) = b^{i+j} = b^i \circ b^j = h(i) \circ h(j) \qquad \text{für alle } i, j \in \mathbb{Z},$$

h ist also mit den Gruppenoperationen vertauschbar. Bleibt zu zeigen, dass h bijektiv ist. Wegen $G = \{b^i \mid i \in \mathbb{Z}\}$ ist h offensichtlich surjektiv. Nehmen wir daher an, h wäre nicht injektiv. Dann gäbe es $i, j \in \mathbb{Z}$ mit $i > j$ und $b^i = b^j$ und also $b^{i-j} = e$. Da sich jedes $k \in \mathbb{Z}$ schreiben lässt als $k = t(i-j) + r$ für geeignete $t, r \in \mathbb{Z}$ mit $0 \leq r < i - j$, wäre dann $b^k = (b^{i-j})^t \circ b^r = e \circ b^r = b^r$ und somit $G \subseteq \{b^r \mid r \in \mathbb{Z}, 0 \leq r < i - j\}$, im Widerspruch zur Annahme, dass G unendlich ist.

Sei nun G endlich, also $|G| = m$ für ein $m \in \mathbb{N}$. Da G zyklisch ist, gibt es ein $b \in G$ mit $G = \{b^i \mid i = 0, \ldots, m - 1\}$. Betrachte nun die Abbildung

$$\begin{array}{rcl} h\colon \mathbb{Z}_m & \to & G \\ i & \mapsto & b^i. \end{array}$$

Ganz analog zu eben zeigt man wieder, dass h ein Isomorphismus ist. $\qquad\square$

BEISPIEL 5.78 Aus Satz 5.48 wissen wir, dass $\mathbb{Z}_5^*$ mit der Multiplikation modulo 5 eine Gruppe bildet. Man überlegt sich auch leicht, dass diese Gruppe zyklisch ist. Nach Satz 5.77 muss diese Gruppe daher isomorph sein zu $\langle \mathbb{Z}_4, +_4 \rangle$. Anhand der beiden Verknüpfungstabellen

$+_4$	0	1	2	3
0	0	1	2	3
1	1	2	3	0
2	2	3	0	1
3	3	0	1	2

$\cdot_5$	1	2	3	4
1	1	2	3	4
2	2	4	1	3
3	3	1	4	2
4	4	3	2	1

kann man leicht einsehen, dass

$$0 \mapsto 1, \quad 1 \mapsto 2, \quad 2 \mapsto 4, \quad 3 \mapsto 3$$

in der Tat einen Isomorphismus von $\langle \mathbb{Z}_4, +_4 \rangle$ nach $\langle \mathbb{Z}_5^*, \cdot_5 \rangle$ definiert.

Satz 5.79 *Jede Untergruppe einer zyklischen Gruppe ist zyklisch.*

Beweis: Wir beweisen den Satz hier nur für endliche Gruppen. Der Beweis für unendliche Gruppen sei dem Leser überlassen, vgl. Übungsaufgabe 5.26.

Sei H eine Untergruppe einer endlichen zyklischen Gruppe G und a ein Generator von G. Wir setzen

$$d := \min\{\mathrm{ggT}(m, n) \mid m, n \in \mathbb{N} \text{ und } a^m, a^n \in H\}.$$

Nach Satz 3.12 gibt es Zahlen $x, y \in \mathbb{Z}$ mit $mx + ny = d$. Wegen $a^m, a^n \in H$ gilt daher auch

$$a^d = (a^m)^x \circ (a^n)^y \in H.$$

Da a ein Generator von G ist, lässt sich jedes Element aus H als Potenz von a schreiben. Für jedes $a^k \in H$ gilt zudem nach Wahl von d, dass $\mathrm{ggT}(k, d) \geq d$, was impliziert, dass k ein Vielfaches von d ist. a^d ist also ein Generator von H. $\qquad\square$

Wir beenden unseren kurzen Ausflug in die Gruppentheorie mit den Beweisen für die Sätze 3.18 und 3.20 von Fermat bzw. Euler, die nun überraschend kurz ausfallen. Wir beginnen mit dem Satz von Euler. Die hilfreiche Beobachtung ist hier, dass für ein $a \in \mathbb{Z}_n$ die Aussage $a^k \equiv 1 \pmod{n}$ äquivalent ist zu der Aussage, dass in der Gruppe $\langle \mathbb{Z}_n^*, \cdot_n \rangle$ die k-te Potenz von a gleich 1 ist. Formuliert in der Sprache der Gruppentheorie lautet der Satz von Euler daher:

Satz 3.20 (Euler) *Für alle $n \in \mathbb{N}$ mit $n \geq 2$ gilt für die Gruppe $\langle \mathbb{Z}_n^*, \cdot_n \rangle$:*

$$a^{\varphi(n)} = 1 \qquad \text{für alle } a \in \mathbb{Z}_n^*.$$

Beweis: Betrachte ein beliebiges Element $a \in \mathbb{Z}_n^*$. Sei $k := \text{ord}(a)$ die Ordnung von a in $\mathbb{Z}_n^*$. Wir wissen aus Korollar 5.71, dass die Ordnung eines jeden Elementes die Kardinalität der Gruppe teilt, d.h. es gilt

$$k \mid \varphi(n).$$

Da k die Ordnung von a in der Gruppe $\langle \mathbb{Z}_n^*, \cdot_n \rangle$ ist, gilt $a^k = 1$ und daher auch

$$a^{\varphi(n)} = \left(a^k\right)^{\frac{\varphi(n)}{k}} = 1^{\frac{\varphi(n)}{k}} = 1. \qquad \square$$

Mit Hilfe des Satzes von Euler ist nun auch der Satz von Fermat schnell bewiesen.

Satz 3.18 („kleiner Fermat") *Für alle $n \in \mathbb{N}$ mit $n \geq 2$ gilt:*

$$n \text{ Primzahl} \quad \Longleftrightarrow \quad a^{n-1} \equiv 1 \pmod{n} \quad \text{für alle } a \in \mathbb{Z}_n \setminus \{0\}. \quad (5.6)$$

Beweis: Falls n eine Primzahl ist, dann gilt $\mathbb{Z}_n^* = \mathbb{Z}_n \setminus \{0\}$ und $\varphi(n) = n - 1$. Die Richtung von links nach rechts ist daher einfach ein Spezialfall von Eulers Satz 3.20. Um die umgekehrte Richtung einzusehen, betrachten wir einen beliebigen Teiler g von n. Nach Annahme (der rechten Seite) von (5.6) gilt $g^{n-1} \equiv 1 \pmod{n}$. Oder, anders ausgedrückt, es gibt $k, k' \in \mathbb{N}$, so dass $g^{n-1} - 1 = k \cdot n = k \cdot k' \cdot g$, wobei letzteres folgt, da g ein Teiler von n ist. Vergleicht man die linke und rechte Seite, so sieht man, dass diese Gleichungskette nur für $g = 1$ gelten kann. n besitzt also keinen von 1 verschiedenen Teiler und ist daher eine Primzahl. $\qquad \square$

5.4 Endliche Körper

Ein Körper besteht nach Definition 5.37 aus einer Menge K und zwei Verknüpfungen, einer Addition und einer Multiplikation. Die Addition bildet dabei eine Gruppe bezüglich K mit neutralem Element 0 und die Multiplikation eine Gruppe bezüglich $K \setminus \{0\}$ mit neutralem Element 1. Zusätzlich muss noch das Distributivgesetz **K3** gelten.

Beispiele für Körper sind wohlbekannt: Die Menge $\mathbb{Q}$ der rationalen Zahlen bildet einen Körper, ebenso die Menge $\mathbb{R}$ der reellen Zahlen und die der komplexen Zahlen $\mathbb{C}$. Genau genommen haben diese Strukturen bei der abstrakten Definition eines Körpers sozusagen Pate gestanden und sind der Grund für die Namensgebung der neutralen Elemente von Addition und Multiplikation. Wie wir sehen werden, gibt es aber auch noch andere Körper. Beispielsweise prüft man leicht nach, dass $\mathbb{Z}_2$ mit Addition und Multiplikation modulo 2 ebenfalls ein Körper ist.

Wir werden in diesem Abschnitt zunächst einige Beispiele und Eigenschaften von Körpern erarbeiten und uns dann mit der Konstruktion von endlichen Körpern beschäftigen. Diese werden vor allem bei Anwendungen in der Kodierungstheorie und Kryptographie verwendet. Beispielsweise muss jeder handelsübliche CD-Spieler zum Abspielen einer CD das Rechnen mit endlichen Körpern beherrschen.

In einem Körper müssen Addition und Multiplikation den Gesetzen **K1**, **K2** und **K3** genügen – sie müssen aber nicht notwendigerweise der üblichen Addition und/oder Multiplikation entsprechen. Um dies zu betonen, haben wir in Definition 5.37 die Addition als $\oplus$ und die Multiplikation als $\odot$ geschrieben. Zur Vereinfachung der Notation wollen wir für diesen Abschnitt aber die Vereinbarung treffen, dass wir Addition und Multiplikation in einem Körper K einfach mit $+$ und $\cdot$ statt mit $\oplus$ und $\odot$ bezeichnen. Wie bei der „normalen" Multiplikation üblich, werden wir auch in allgemeinen Körpern das Malzeichen bei der Multiplikation zuweilen weglassen, wenn aus dem Kontext klar ist, was gemeint ist (ab steht also für $a \cdot b$ bzw. $a \odot b$). Das Inverse eines Elementes a bezüglich der Addition bezeichnen wir mit $-a$, das bezüglich der Multiplikation mit a^{-1}.

5.4.1 Eigenschaften und Beispiele von Körpern

In jedem Körper K gelten bezüglich der Null Eigenschaften, die uns von den rationalen und reellen Zahlen bekannt sind:

Lemma 5.80 *In jedem Körper K gilt:*

$$a \cdot 0 = 0 \cdot a = 0 \qquad \text{für alle } a \in K.$$

Beweis: Es sei a ein beliebiges Element aus K. Dann folgt aus den Axiomen in der Definition eines Körpers:

$$0 + (a \cdot 0) \overset{\mathbf{K1/G2}}{=} a \cdot 0 \overset{\mathbf{K1/G2}}{=} a \cdot (0 + 0) \overset{\mathbf{K3}}{=} (a \cdot 0) + (a \cdot 0).$$

Aus der Kürzungsregel für Gruppen (vgl. Tabelle 5.2) folgt daraus unmittelbar die Behauptung.   □

Lemma 5.81 *In jedem Körper K gilt für alle $a, b \in K$:*

$$ab = 0 \qquad \Longrightarrow \qquad a = 0 \text{ oder } b = 0.$$

*(Man sagt: Körper sind **nullteilerfrei**.)*

Beweis: Angenommen $ab = 0$. Falls $a \neq 0$, so existiert ein multiplikatives Inverses a^{-1} von a. Unter Verwendung von Lemma 5.80 folgt damit:

$$b = 1 \cdot b = a^{-1}ab = a^{-1} \cdot 0 = 0.$$ □

Wie oben bereits erwähnt, gibt es auch Körper mit endlich vielen Elementen. Neben $\mathbb{Z}_2$ mit Addition und Multiplikation modulo 2 wären hier $\mathbb{Z}_n$ mit Addition und Multiplikation modulo n natürliche Kandidaten. Doch Vorsicht: diese sind im Allgemeinen *keine* Körper. Es gilt jedoch:

Satz 5.82 *Bezeichnet man mit $+_n$ und $\cdot_n$ die Addition bzw. Multiplikation modulo n, so gilt:*

$$\langle \mathbb{Z}_n, +_n, \cdot_n \rangle \text{ ist ein Körper} \qquad \Longleftrightarrow \qquad n \text{ ist Primzahl.}$$

Beweis: Offensichtlich erfüllen Addition und Multiplikation modulo n die Axiome **K1** und **K3**. Wie aber sieht es mit **K2** aus? Für die Beantwortung dieser Frage müssen wir uns lediglich an die Ergebnisse aus Abschnitt 5.3 erinnern. Dort hatten wir auf Seite 195 festgestellt, dass $\mathbb{Z}_n \setminus \{0\}$ sicherlich keine Gruppe ist, wenn n nichttriviale Teiler besitzt. Wenn n andererseits eine Primzahl ist, so folgt aus Satz 5.48, dass $\mathbb{Z}_n \setminus \{0\}$ bezüglich der Multiplikation modulo n eine Gruppe bildet.   □

Für endliche Körper hat die *multiplikative Gruppe* $K^* := K \setminus \{0\}$ eine besonders einfache Struktur.

Satz 5.83 *In jedem endlichen Körper K ist die multiplikative Gruppe K^* zyklisch, d.h. es gibt ein Element $a \in K^*$ mit $K^* = \{1, a, a^2, \ldots, a^{|K|-2}\}$.*

Beweis: Da K^* endlich ist, hat nach Lemma 5.53 jedes Element in K^* eine endliche Ordnung. Sei a ein Element in K^* mit maximaler Ordnung:

$$\mathrm{ord}(a) = \max\{\mathrm{ord}(b) \mid b \in K^*\}.$$

Wir müssen zeigen, dass $\mathrm{ord}(a) = |K| - 1$. Dazu betrachten wir das Polynom $x^{\mathrm{ord}(a)} - 1$. Offenbar hat dieses Polynom Grad $\mathrm{ord}(a)$. Da nach Korollar 5.56 gilt

$$\mathrm{ord}(b) \mid \mathrm{ord}(a) \qquad \text{für alle } b \in K^*,$$

ist wegen Lemma 5.54 jedes Element von K^* eine Nullstelle des Polynoms. Da ein Polynom vom Grad k nach Satz 3.26 höchstens k verschiedene Nullstellen haben kann, folgt daraus $\mathrm{ord}(a) \geq |K^*| = |K| - 1$. Da andererseits die Ordnung eines jeden Elements kleiner gleich der Kardinalität der Gruppe ist, folgt hieraus die gewünschte Gleichung $\mathrm{ord}(a) = |K| - 1$. $\qquad\square$

Definition 5.84 *Sei K ein endlicher Körper. Einen Generator der multiplikativen Gruppe $K^* = K \setminus \{0\}$ nennt man* primitives Element *(engl.* primitive element*).*

Beachte: Nach Satz 5.83 hat jeder endliche Körper mindestens ein primitives Element. Es kann jedoch auch mehrere primitive Elemente geben, wie das folgende Beispiel zeigt:

BEISPIEL 5.85   In $\mathbb{Z}_5^*$ sind sowohl 2 als auch 3 primitive Elemente:

$2^1 = 2$		$3^1 = 3$	
$2^2 = 4$		$3^2 = 4$	
$2^3 = 3$		$3^3 = 2$	
$2^4 = 1$		$3^4 = 1.$	

Nach Satz 5.82 ist $\mathbb{Z}_4$ mit Addition und Multiplikation modulo 4 kein Körper. Dies bedeutet allerdings *nicht*, dass es keinen Körper mit vier Elementen gibt. Einen solchen gibt es schon:

BEISPIEL 5.86   Setzt man $K = \{0, 1, a, b\}$ und definiert eine Addition und eine Multiplikation wie folgt

$\oplus$	0	1	a	b
0	0	1	a	b
1	1	0	b	a
a	a	b	0	1
b	b	a	1	0

$\odot$	0	1	a	b
0	0	0	0	0
1	0	1	a	b
a	0	a	b	1
b	0	b	1	a

so bildet $\langle K, \oplus, \odot \rangle$ einen Körper.

Dieses Beispiel wirft die Frage auf: Für welche n gibt es einen Körper mit n Elementen und wie findet man einen solchen? Diese Frage wollen wir als nächstes untersuchen.

5.4.2 Konstruktion von endlichen Körpern

Das essentielle Hilfsmittel für die Konstruktion von endlichen Körpern sind Polynome. — Diese auf den ersten Blick sicherlich überraschende Aussage wird im Laufe dieses Abschnittes verständlich werden.

Mit $K[x]$ hatten wir in Abschnitt 3.3.1 die Menge aller Polynome (in einer Variablen x) mit Koeffizienten in K bezeichnet. Also

$$K[x] := \left\{ \sum_{i=0}^{n} a_i x^i \mid n \in \mathbb{N}_0, a_i \in K \text{ und } a_n \neq 0 \text{ oder } n = 0 \right\}.$$

Man überzeugt sich leicht davon, dass $K[x]$ bezüglich der üblichen, in Abschnitt 3.3 definierten Addition und Multiplikation von Polynomen einen Ring bildet. In $K[x]$ gibt es allerdings bezüglich der Multiplikation im Allgemeinen kein Inverses, d.h. $K[x]$ ist kein Körper.

Insoweit entspricht die Situation von $K[x]$ genau der der ganzen Zahlen $\mathbb{Z}$: auch diese bilden bezüglich der üblichen Addition und Multiplikation einen Ring, aber keinen Körper. Aus den ganzen Zahlen konnten wir einen Körper gewinnen, indem wir für eine Primzahl p Addition und Multiplikation modulo p ausgeführt haben und von $\mathbb{Z}$ zu $\mathbb{Z}_p$ übergegangen sind. Für $K[x]$ werden wir ganz analog vorgehen. Dazu benötigen wir entsprechende Definitionen für „Primzahl" und „Teilbarkeit" in $K[x]$.

Den Begriff der Teilbarkeit von Polynomen haben wir in Abschnitt 3.3.1 auf Seite 113 bereits eingeführt. Dort hatten wir gesehen, dass jedes Polynom $\pi(x)$ die Menge $K[x]$ in Äquivalenzklassen partitioniert, für die

$$K[x]_{\pi(x)} := \{ f(x) \mid f(x) \in K[x], \mathrm{grad}(f) < \mathrm{grad}(\pi) \}$$

ein Repräsentantensystem ist. Die Addition und Multiplikation überträgt sich dann von $K[x]$ auf $K[x]_{\pi(x)}$ gemäß

$$f(x) +_{\pi(x)} g(x) := (f(x) + g(x)) \bmod \pi(x)$$

und

$$f(x) \cdot_{\pi(x)} g(x) := (f(x) \cdot g(x)) \bmod \pi(x).$$

BEISPIEL 5.87 Betrachten wir den Fall $K = \mathbb{Z}_3$ und $\pi(x) = x^2 + 1$. Der Grad von $\pi(x)$ ist 2, $\mathbb{Z}_3[x]_{\pi(x)}$ besteht also aus allen Polynomen in $\mathbb{Z}_3[x]$ mit Grad 0 oder 1:

$$\mathbb{Z}_3[x]_{\pi(x)} = \{0, 1, 2, x, x+1, x+2, 2x, 2x+1, 2x+2\}.$$

Für $K = \mathbb{Z}_2$ und $\pi(x) = x^2 + x + 1$ gilt analog

$$\mathbb{Z}_2[x]_{\pi(x)} = \{0, 1, x, x+1\}.$$

Für die Addition und Multiplikation modulo $\pi(x)$ ergeben sich hier die folgenden beiden Tabellen:

$+_{\pi(x)}$	0	1	x	$x+1$
0	0	1	x	$x+1$
1	1	0	$x+1$	x
x	x	$x+1$	0	1
$x+1$	$x+1$	x	1	0

$\cdot_{\pi(x)}$	0	1	x	$x+1$
0	0	0	0	0
1	0	1	x	$x+1$
x	0	x	$x+1$	1
$x+1$	0	$x+1$	1	x

Aus den Tabellen kann man unmittelbar ablesen, dass $\mathbb{Z}_2[x]_{\pi(x)}$ mit der Addition $+_{\pi(x)}$ und Multiplikation $\cdot_{\pi(x)}$ einen Körper bildet. Der Umweg über Polynome hat es uns also ermöglicht, einen Körper mit vier Elementen zu konstruieren. (Er entspricht übrigens genau dem aus Beispiel 5.86.) Dieser Ansatz funktioniert allerdings nicht immer, wie das folgende Beispiel zeigt:

BEISPIEL 5.88 Für $K = \mathbb{Z}_2$ und $\tau(x) = x^2 + 1$ gilt wieder

$$\mathbb{Z}_2[x]_{\tau(x)} = \{0, 1, x, x+1\}.$$

Für die Addition und Multiplikation modulo $\tau(x)$ ergeben sich aber nun die folgenden beiden Tabellen:

$+_{\tau(x)}$	0	1	x	$x+1$
0	0	1	x	$x+1$
1	1	0	$x+1$	x
x	x	$x+1$	0	1
$x+1$	$x+1$	x	1	0

$\cdot_{\tau(x)}$	0	1	x	$x+1$
0	0	0	0	0
1	0	1	x	$x+1$
x	0	x	1	$x+1$
$x+1$	0	$x+1$	$x+1$	0

Die Multiplikation $\cdot_{\tau(x)}$ bildet also für $\mathbb{Z}_2[x]_{\tau(x)} \setminus \{0\}$ keine Gruppe, was man daran erkennt, dass $(x+1) \cdot_{\tau(x)} (x+1)$ gleich 0 ist. In diesem Fall bildet daher $\mathbb{Z}_2[x]_{\tau(x)}$ mit der Addition und Multiplikation modulo $\tau(x)$ *keinen* Körper.

Was ist nun der Grund für das unterschiedliche Verhalten von $\pi(x)$ und $\tau(x)$ in Beispiel 5.87 und 5.88? Ganz einfach: Das Polynom $\tau(x)$ lässt sich als Produkt zweier Polynome mit Grad größer gleich Eins schreiben (in $\mathbb{Z}_2$ gilt $x^2 + 1 = (x+1)(x+1)$), während es für $\pi(x)$ solch eine Zerlegung nicht gibt.

Dies erinnert stark an Satz 5.82: $\langle \mathbb{Z}_n, +_n, \cdot_n \rangle$ ist genau dann ein Körper, wenn n eine Primzahl ist. Wir werden gleich sehen, dass in der Tat eine ähnliche Aussage auch für Polynome gilt. Um diese Aussage formulieren zu können, müssen wir lediglich noch den Begriff eines „Primpolynoms" geeignet definieren. Hierfür eignen sich die so genannten irreduziblen Polynome:

Definition 5.89 *Ein Polynom $\pi(x) \in K[x]$ mit $\pi(x) \neq 0$ heißt* irreduzibel *(engl.* irreducible*) über K, falls gilt:*

$$\pi(x) = f(x) \cdot g(x) \text{ mit } f(x), g(x) \in K[x] \implies grad(f) = 0 \text{ oder } grad(g) = 0.$$

(Mit anderen Worten: $\pi(x)$ ist genau dann irreduzibel, wenn es kein Polynom $f(x)$ in $K[x]$ gibt, das $\pi(x)$ teilt und für das $1 \leq grad(f) < grad(\pi)$ gilt.)

BEISPIEL 5.90   Das Polynom $x^2 + 1$ ist irreduzibel über $\mathbb{R}$. Beachte aber: über $\mathbb{C}$ ist dieses Polynom *reduzibel*, denn es gilt $x^2 + 1 = (x - i)(x + i)$. Analog gilt: das Polynom $x^2 + 1$ ist irreduzibel über $\mathbb{Z}_3$ (was man beispielsweise daran sehen kann, dass $x^2 + 1$ in $\mathbb{Z}_3$ keine Nullstelle hat), es ist aber reduzibel über $\mathbb{Z}_2$ (denn in $\mathbb{Z}_2[x]$ gilt: $x^2 + 1 = (x + 1)(x + 1)$).

Satz 5.91 *Sei K ein endlicher Körper und $\pi(x)$ ein Polynom in $K[x]$. Dann gilt:*

$$\langle K[x]_{\pi(x)}, +_{\pi(x)}, \cdot_{\pi(x)} \rangle \text{ ist ein Körper} \iff \pi(x) \text{ ist irreduzibel über } K[x].$$

Beweis: Dass $K[x]_{\pi(x)}$ kein Körper ist, wenn $\pi(x)$ nicht irreduzibel ist, also beispielsweise $\pi(x) = \pi_1(x) \cdot \pi_2(x)$, sieht man leicht daran, dass dann $\pi_1(x) \cdot_{\pi(x)} \pi_2(x) = 0$ gilt, obwohl $\pi_1(x) \neq 0$ und $\pi_2(x) \neq 0$, was im Widerspruch zur Nullteilerfreiheit aus Lemma 5.81 steht.

Der Nachweis, dass $\langle K[x]_{\pi(x)}, +_{\pi(x)} \rangle$ eine abelsche Gruppe ist, gelingt am einfachsten mit Hilfe von Satz 5.74: Setzen wir $G = K[x]$ und $H = \{t(x) \cdot \pi(x) \mid t(x) \in K[x]\}$, so ist $K[x]/H$ isomorph zu $\langle K[x]_{\pi(x)}, +_{\pi(x)} \rangle$. Die Überprüfung des Distributivgesetzes überlassen wir dem Leser. Bleibt also zu zeigen, dass $\langle K[x]_{\pi(x)} \setminus \{0\}, \cdot_{\pi(x)} \rangle$ eine abelsche Gruppe ist. Unmittelbar einsichtig ist, dass die Multiplikation $\cdot_{\pi(x)}$ assoziativ und kommutativ ist, und dass 1 das neutrale Element ist. Bleibt also zu zeigen, dass jedes von 0 verschiedene Polynom in $K[x]_{\pi(x)}$ ein multiplikatives Inverses hat. Dies zeigen wir in drei Schritten:

Zunächst überlegen wir uns, dass das Produkt von je zwei von 0 verschiedenen Polynomen nicht Null sein kann. Dazu nehmen wir an, dass $f(x), g(x) \in K[x]_{\pi(x)}$ zwei Polynome sind mit $f(x) \cdot_{\pi(x)} g(x) = 0$. Dies kann nur gelten, wenn $f(x) \cdot g(x)$ ein Vielfaches von $\pi(x)$ ist, also $f(x) \cdot g(x) = t(x) \cdot \pi(x)$ für ein $t(x) \in K[x]$. Da aber $\pi(x)$ nach Voraussetzung irreduzibel ist, impliziert dies, dass $\pi(x)$ ein Teiler von $f(x)$ oder von $g(x)$ ist. Da nach Definition von $K[x]_{\pi(x)}$ die beiden Polynome $f(x)$ und $g(x)$ aber einen echt kleineren Grad haben als $\pi(x)$, folgt daraus, dass $f(x) = 0$ oder $g(x) = 0$ gelten muss.

Als zweiten Schritt stellen wir fest, dass hieraus folgt, dass für alle $f(x)$, $g_1(x)$, $g_2(x) \in K[x]_{\pi(x)} \setminus \{0\}$ mit $g_1(x) \neq g_2(x)$ gilt

$$f(x) \cdot_{\pi(x)} g_1(x) \neq f(x) \cdot_{\pi(x)} g_2(x).$$

(Ansonsten wäre $f(x) \cdot (g_1(x) - g_2(x))$ ein Vielfaches von $\pi(x)$ und $\pi(x)$ müsste somit $g_1(x) - g_2(x)$ teilen, was nur für $g_1(x) = g_2(x)$ möglich ist.)

Nach diesen Vorüberlegungen können wir nun die Existenz eines multiplikativen Inversen für jedes von 0 verschiedene Element leicht nachweisen. Sei dazu $f(x) \in K[x]_{\pi(x)}$ beliebig. Betrachten wir die Abbildung

$$\Phi: \quad \begin{aligned} K[x]_{\pi(x)} \setminus \{0\} &\to K[x]_{\pi(x)} \setminus \{0\} \\ g(x) &\mapsto f(x) \cdot_{\pi(x)} g(x), \end{aligned}$$

so ist diese nach unseren Vorüberlegungen injektiv. Da $K[x]_{\pi(x)} \setminus \{0\}$ endlich ist, ist Φ daher auch bijektiv, d.h. es gibt ein Element, das auf 1 abgebildet wird. Dies ist das gesuchte Inverse von $f(x)$. □

Die Bedeutung von Satz 5.91 wird noch dadurch verstärkt, dass man zeigen kann, dass es für alle Primzahlen p und alle natürlichen Zahlen k auch wirklich ein irreduzibles Polynom $\pi(x)$ in $\mathbb{Z}_p[x]$ mit Grad k gibt. Zusammen mit Satz 5.91 folgt damit, dass es für alle Primzahlen p und alle natürlichen Zahlen k einen Körper mit p^k vielen Elementen gibt. Zudem kann man noch zeigen, dass es bis auf Isomorphie nur *einen* Körper mit p^k vielen Elementen gibt, und dass es endliche Körper *nur* für Kardinalitäten der Form p^k gibt.

Satz 5.92 *Für ein $n \in \mathbb{N}$ gibt es genau dann einen Körper mit n Elementen, wenn $n = p^k$ für eine Primzahl p und ein $k \in \mathbb{N}$. Sind K_1 und K_2 zwei endliche Körper mit $|K_1| = |K_2|$, so gilt $K_1 \cong K_2$.*

Die Theorie der endlichen Körper wurde maßgeblich von EVARISTE GALOIS (1811–1832) entwickelt. Man bezeichnet daher den (bis auf Isomorphie) eindeutigen endlichen Körper mit p^k vielen Elementen ihm zu Ehren oft als *Galoiskörper*, abgekürzt $GF(p^k)$ von engl. *Galois field*.

5.4.3 Effiziente Implementierung

In der Kodierungstheorie spielen Galoiskörper eine zentrale Rolle. Für eine effiziente Implementierung der dort entwickelten Kodierungsverfahren benötigt man daher effiziente Realisierungen der arithmetischen Operationen in $GF(p^k)$. In diesem Abschnitt wollen wir einige Verfahren hierfür vorstellen.

Für $k = 1$ ist $GF(p)$ isomorph zu $\langle \mathbb{Z}_p, +_p, \cdot_p \rangle$, d.h. die arithmetischen Operationen lassen sich durch Modulo-Berechnungen realisieren. Wir beschränken uns daher im Folgenden auf den Fall $k > 1$. Dann ist $GF(p^k)$ isomorph zu $\mathbb{Z}_p[x]_{\pi(x)}$, wobei $\pi(x)$ ein irreduzibles Polynom vom Grad k ist. Die Elemente in $\mathbb{Z}_p[x]_{\pi(x)}$ sind dann genau alle Polynome

$$\sum_{i=0}^{k-1} a_i x^i \qquad \text{mit } a_i \in \mathbb{Z}_p.$$

D.h. wir können die Elemente in $\mathbb{Z}_p[x]_{\pi(x)}$ in kanonischer Weise durch Zeichenketten $a_{k-1} a_{k-2} \cdots a_0$ mit $a_i \in \mathbb{Z}_p$ kodieren.

BEISPIEL 5.93 Wir illustrieren dies für $p = 2$, $k = 4$ und $\pi(x) = x^4 + x^3 + 1$:

$\mathbb{Z}_2[x]_{x^4+x^3+1}$	Kurzdarstellung
0	0000
1	0001
x	0010
$x + 1$	0011
x^2	0100
$x^2 + 1$	0101
$x^2 + x$	0110
$x^2 + x + 1$	0111
x^3	1000
$x^3 + 1$	1001
$x^3 + x$	1010
$x^3 + x + 1$	1011
$x^3 + x^2$	1100
$x^3 + x^2 + 1$	1101
$x^3 + x^2 + x$	1110
$x^3 + x^2 + x + 1$	1111

Die Realisierung einer Addition von zwei Polynomen $a(x)$ und $b(x)$, kodiert durch die Zeichenketten $a_{k-1} a_{k-2} \cdots a_0$ bzw. $b_{k-1} b_{k-2} \cdots b_0$ ist einfach:

$$a_{k-1} a_{k-2} \cdots a_0 + b_{k-1} b_{k-2} \cdots b_0 = c_{k-1} c_{k-2} \cdots c_0,$$

wobei

$$c_i = (a_i + b_i) \mod p,$$

denn die Summe zweier Polynome erhält man bekanntlich durch Addition der Koeffizienten. Besonders einfach und effizient lässt sich dies realisieren, wenn $p = 2$ ist. Dann sind $a_i, b_i \in \{0, 1\}$ und $(a_i + b_i) \mod 2$ entspricht genau einem **XOR** der beiden Bits a_i und b_i. Mit anderen Worten, speichert man die Zeichenketten $a_{k-1}a_{k-2} \cdots a_0$ in einem Wort, so lässt sich die Summe $a(x) + b(x)$ durch eine einzige **XOR**-Operation berechnen:

$$c_{k-1}c_{k-2} \cdots c_0 = (a_{k-1}a_{k-2} \cdots a_0) \text{ XOR } (b_{k-1}b_{k-2} \cdots b_0).$$

BEISPIEL 5.93 *(Fortsetzung)* Die Kurzdarstellungen für $a(x) = x^3 + x$ und $b(x) = x^3 + x^2 + 1$ lauten 1010 bzw. 1101. Wegen

$$(1010) \text{ XOR } (1101) = 0111$$

folgt daher:

$$a(x) +_{x^4+x^3+1} b(x) = x^2 + x + 1.$$

Wie sieht es mit der Multiplikation aus? Aus der Kenntnis der Koeffizienten a_i und b_i können wir mit einem der Verfahren aus Abschnitt 3.3.1 die Koeffizienten von $c(x) = a(x) \cdot b(x)$ ausrechnen. Anschließend müssen wir dann noch den Rest modulo $\pi(x)$ bestimmen. Alles in allem ist eine so durchgeführte Multiplikation relativ aufwendig.

Wir wollen uns daher noch zwei Möglichkeiten einer effizienteren Realisierung überlegen. Für die erste stellen wir zunächst fest, dass gilt

$$a(x) \cdot \sum_{i=0}^{k-1} b_i x^i = \big(\big(\big(a(x) \cdot b_{k-1} \cdot x + a(x) \cdot b_{k-2}\big) \dots \big) \cdot x + a(x)b_1\big) \cdot x + a(x) \cdot b_0.$$

Wir können die Multiplikation der Polynome $a(x)$ und $b(x)$ also auf k Additionen geeigneter Polynome zurückführen. (Beachte, dass eine Multiplikation mit x einfach einer Verschiebung der Koeffizienten entspricht!) Berücksichtigen müssen wir nun noch, dass wir das Ergebnis modulo $\pi(x)$ berechnen wollen. Auch das geht bei diesem Ansatz relativ einfach: Nach jeder Multiplikation mit x testen wir, ob der Grad des dadurch entstandenen Polynoms $\geq k$ ist. Falls ja, ziehen wir dann ein geeignetes Vielfaches von $\pi(x)$ ab, so dass der Grad wieder $\leq k - 1$ wird. Insgesamt haben wir die Multiplikation von $a(x)$ und $b(x)$ auf diese Weise auf $O(k)$ viele Additionen von Polynomen und Multiplikationen eines Polynoms mit einer Konstanten zurückgeführt. Besonders einfach wird dieses Verfahren wieder im Fall $p = 2$, da dann die Additionen wiederum durch **XOR**s realisiert werden können, die Multiplikation mit x einfach einem Shift nach links um ein Bit entspricht und die Produkte $b_i \cdot a(x)$ nur $a(x)$ selbst oder Null ergeben können.

BEISPIEL 5.93 *(Fortsetzung)* Die folgende Tabelle veranschaulicht dieses Vorgehen wiederum für $p = 2$, $k = 4$, $\pi(x) = x^4 + x^3 + 1$ und $a(x) = x^3 + x$ und $b(x) = x^3 + x^2 + 1$:

Aufgabe	Realisierung	Ergebnis
Berechne $a(x) \cdot b_3$	$b_3 = 1$, also $a \cdot b_3 = a$	01010
Multipliziere mit x	Shift nach links	10100
Berechne Rest mod $\pi(x)$	**XOR** mit $\pi = 11001$	01101
Addiere $a(x) \cdot b_2$	$b_2 = 1$, also **XOR** mit $a = 01010$	00111
Multipliziere mit x	Shift nach links	01110
Berechne Rest mod $\pi(x)$	führendes Bit = 0 $\Rightarrow$ Schritt entfällt	
Addiere $a(x) \cdot b_1$	$b_1 = 0$ $\Rightarrow$ Schritt entfällt	
Multipliziere mit x	Shift nach links	11100
Berechne Rest mod $\pi(x)$	**XOR** mit $\pi = 11001$	00101
Addiere $a(x) \cdot b_0$	$b_0 = 1$, also **XOR** mit $a = 01010$	01111

Aus der letzten Zeile können wir das Ergebnis ablesen:

$$a(x) \cdot_{x^4+x^3+1} b(x) = x^3 + x^2 + x + 1.$$

Für kleine k lässt sich die Multiplikation (unter Verwendung von etwas zusätzlichem Speicher) sogar noch schneller realisieren. Dazu erinnern wir uns, dass nach Satz 5.83 die multiplikative Gruppe eines jeden endlichen Körpers zyklisch ist. D.h. es gibt ein Element α, das diese Gruppe erzeugt. Oder anders ausgedrückt: Jedes Polynom $t(x) \in \mathbb{Z}_p[x]_{\pi(x)}$ entspricht einem α^{ℓ_t} für ein geeignetes (eindeutig bestimmtes) $0 \leq \ell_t \leq p^k - 2$. Mit Kenntnis der ℓ_a und ℓ_b (die sozusagen dem Logarithmus von $a(x)$ bzw. $b(x)$ zur Basis α entsprechen) kann man das Produkt zweier Polynome einfach berechnen:

$$a(x) \cdot_{\pi(x)} b(x) = \alpha^{\ell_a} \cdot \alpha^{\ell_b} = \alpha^{(\ell_a+\ell_b)\bmod p^k-1}.$$

D.h. speichert man in zwei Lookup-Tabellen die Zuordnung $t(x) \mapsto \ell_t$ einerseits und $\ell_t \mapsto t(x)$ andererseits, so reduziert sich die Multiplikation auf drei Lookups in den entsprechenden Tabellen und eine Addition modulo $p^k - 1$.

BEISPIEL 5.93 *(Fortsetzung)* Wir veranschaulichen dies wiederum für $p = 2$, $k = 4$, $\pi(x) = x^4 + x^3 + 1$. Als erstes benötigen wir ein primitives Element in $\mathbb{Z}_2[x]_{x^4+x^3+1}$. Ein solches ist $\alpha = x$. Die zugehörigen Lookup-Tabellen sind in Tabelle 5.3 dargestellt. Für das Produkt von $a(x) = x^3 + x$ und $b(x) = x^3 + x^2 + 1$ erhält man daher:

$$a(x) \cdot_{x^4+x^3+1} b(x) = \alpha^{\ell_a} \cdot \alpha^{\ell_b} = \alpha^{10} \cdot \alpha^{11} = \alpha^{21 \bmod 15} = \alpha^6 = x^3 + x^2 + x + 1,$$

was dem aus dem vorigen Beispiel bereits bekannten Ergebnis entspricht.

5.4.4 Ausblick: Wie speichert man Daten auf CDs?

Endliche Körper spielen sowohl in der Kryptographie als auch in der Kodierungstheorie eine wichtige Rolle. In diesem Abschnitt wollen wir dies

Tabelle 5.3: Lookup-Tabellen für $\mathbb{Z}_2[x]_{x^4+x^3+1}$ und x als primitiven Element.

l_t	$t(x)$
1	x
2	x^2
3	x^3
4	$x^3 + 1$
5	$x^3 + x + 1$
6	$x^3 + x^2 + x + 1$
7	$x^2 + x + 1$
8	$x^3 + x^2 + x$
9	$x^2 + 1$
10	$x^3 + x$
11	$x^3 + x^2 + 1$
12	$x + 1$
13	$x^2 + x$
14	$x^3 + x^2$
15	1

$t(x)$	l_t
1	15
x	1
$x + 1$	12
x^2	2
$x^2 + 1$	9
$x^2 + x$	13
$x^2 + x + 1$	7
x^3	3
$x^3 + 1$	4
$x^3 + x$	10
$x^3 + x + 1$	5
$x^3 + x^2$	14
$x^3 + x^2 + 1$	11
$x^3 + x^2 + x$	8
$x^3 + x^2 + x + 1$	6

am Beispiel der so genannten *Reed-Solomon-Kodes* illustrieren. Diese werden unter anderem zur Speicherung von Daten auf Compact Discs verwendet.

Aufgabe der Kodierungstheorie ist es, Verfahren zu entwerfen, die es erlauben, Daten auch dann (vollständig) zu rekonstruieren, wenn sich einzelne Fehler in den gespeicherten Datensatz eingeschlichen haben, wie dies beispielsweise durch Störungen in der Übertragung oder auch durch ein Staubkorn auf der CD geschehen kann. Dies ist natürlich nur dann möglich, wenn die gespeicherten Daten geeignete Zusatzinformationen enthalten.

Bei dem Reed-Solomon-Kodierungsverfahren $RS(s, k, t)$ geschieht dies wie folgt. (Die Werte s, k und t sind Parameter, die wir später geeignet festlegen werden.) Nehmen wir an, die zu speichernden Daten bestehen aus einer Folge von 0-1 Bits. Wir fassen jeweils s davon zu einem Datenblock zusammen:

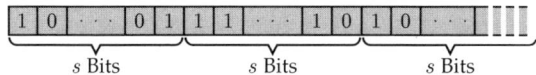

Aus jeweils k solchen Blöcken werden $k + 2t$ Blöcke erzeugt, die ebenfalls aus jeweils s Bits bestehen:

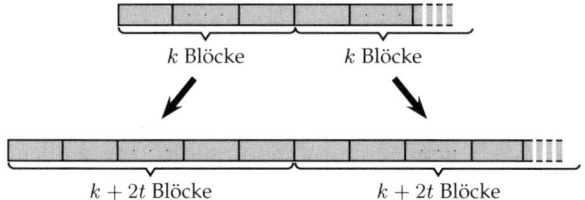

Den Parameter s kann man frei wählen. Die Werte k und t müssen dann so gewählt sein, dass gilt: $k + 2t \leq 2^s - 1$.

Wie bestimmt man nun die Blöcke dieser Kodierung? Hier kommen die endlichen Körper ins Spiel. Jeder Block kodiert in der üblichen Art und Weise eine Zahl aus $\{0, 1, \ldots, 2^s - 1\}$. Wir wissen andererseits, dass es zu jedem s einen (eindeutig bestimmten) endlichen Körper mit 2^s Elementen gibt, nämlich den Galoiskörper $GF(2^s)$. Fixieren wir eine beliebige bijektive Abbildung zwischen $\{0, 1, \ldots, 2^s - 1\}$ und den Elementen dieses Galoiskörpers, so können wir einen Block also auch als Element des Galoiskörpers $GF(2^s)$ auffassen. Davon wollen wir im Folgenden ausgehen. Mit anderen Worten, wir nehmen an, der zu speichernde Datensatz bestehe aus k Werten $c_1, \ldots, c_k \in GF(2^s)$:

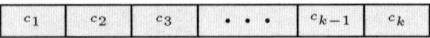

Der daraus erzeugte Datensatz sei

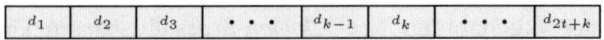

wobei die d_i ebenfalls Elemente aus $GF(2^s)$ sind. Für die Berechnung der d_i's verfährt man wie folgt. Wir setzen

$$g(x) := (x - \alpha) \cdot (x - \alpha^2) \cdot \ldots \cdot (x - \alpha^{2t}), \tag{5.7}$$

wobei α ein primitives Element in $GF(2^s)$ ist, das es nach Satz 5.83 sicherlich gibt. Weiter setzen wir

$$c(x) := \sum_{i=0}^{k-1} c_{i+1} x^i \tag{5.8}$$

und berechnen mit der üblichen Polynommultiplikation das Polynom

$$d(x) := g(x) \cdot c(x).$$

Da $g(x)$ ein Polynom vom Grad $2t$ ist und $c(x)$ Grad höchstens $k - 1$ hat, ist der Grad von $d(x)$ höchstens $2t + k - 1$. D.h. wir können $d(x)$ schreiben als

$$d(x) = \sum_{i=0}^{2t+k-1} d_{i+1} x^i.$$

Und genau diese Koeffizienten d_i von $d(x)$ ergeben den kodierten Datensatz.

Was haben wir dadurch erreicht? — Für die so erzeugte Kodierung gilt, dass man bis zu t der d_i's beliebig ändern kann und trotzdem alle d_i's noch eindeutig zurückgewinnen kann. Man sagt daher auch, dass dieses Verfahren *t-fehlerkorrigierend* ist. Werden $t + 1$ oder mehr der d_i's verändert, kann man die d_i's im Allgemeinen nicht mehr rekonstruieren. Falls allerdings höchstens $2t$ der d_i's verändert wurden, kann man zumindest noch erkennen, dass ein Übertragungsfehler vorliegt. Man sagt daher auch, das Verfahren ist *2t-fehlererkennend*.

Satz 5.94 *Für jedes $s \in \mathbb{N}$ und $k, t \in \mathbb{N}$ mit $k + 2t \leq 2^s - 1$ ist der Reed-Solomon-Kode $RS(s, k, t)$ t-fehlerkorrigierend und $2t$-fehlererkennend.*

Beweis: Nehmen wir an, der übertragene Datensatz besteht aus dem eigentlichen Datensatz $d_1, \ldots, d_{2t+k}$, wobei jedoch zu jedem Wert d_i noch ein Fehler e_i addiert wird. Die empfangene Nachricht besteht also aus

f_1	f_2	f_3	$\cdots$	f_{k-1}	f_k	$\cdots$	f_{2t+k}

wobei $f_i := d_i + e_i$ für alle $1 \leq i \leq 2t + k$. Wir setzen

$$e(x) := \sum_{i=0}^{2t+k-1} e_{i+1} x^i \quad \text{und} \quad f(x) := \sum_{i=0}^{2t+k-1} f_{i+1} x^i.$$

Dann gilt $f(x) = d(x) + e(x)$. Beachten wir nun noch, dass nach Konstruktion alle α^i, $1 \leq i \leq 2t$, Nullstellen von $d(x)$ sind, so folgt

$$f(\alpha^i) = e(\alpha^i) \qquad \text{für alle } 1 \leq i \leq 2t.$$

In Matrixform können wir dies wie folgt schreiben:

$$\begin{pmatrix} 1 & \alpha & \alpha^2 & \alpha^3 & \cdots & \alpha^{2t+k-1} \\ 1 & \alpha^2 & \alpha^4 & \alpha^6 & \cdots & \alpha^{2(2t+k-1)} \\ 1 & \alpha^3 & \alpha^6 & \alpha^9 & \cdots & \alpha^{3(2t+k-1)} \\ \vdots & \vdots & \vdots & \vdots & \ddots & \vdots \\ 1 & \alpha^{2t} & \alpha^{4t} & \alpha^{6t} & \cdots & \alpha^{2t(2t+k-1)} \end{pmatrix} \cdot \begin{pmatrix} e_1 \\ e_2 \\ e_3 \\ \vdots \\ e_{2t+k-1} \\ e_{2t+k} \end{pmatrix} = \begin{pmatrix} f(\alpha) \\ f(\alpha^2) \\ f(\alpha^3) \\ \vdots \\ f(\alpha^{2t}) \end{pmatrix}.$$

Nehmen wir nun an, dass nur r der e_i's ungleich Null sind, sagen wir e_{i_1}, $e_{i_2}, \ldots, e_{i_r}$. Dann können wir die obige Gleichung umschreiben zu

$$\begin{pmatrix} \alpha^{i_1-1} & \alpha^{i_2-1} & \cdots & \alpha^{i_r-1} \\ \alpha^{2(i_1-1)} & \alpha^{2(i_2-1)} & \cdots & \alpha^{2(i_r-1)} \\ \alpha^{3(i_1-1)} & \alpha^{3(i_2-1)} & \cdots & \alpha^{3(i_r-1)} \\ \vdots & \vdots & \ddots & \vdots \\ \alpha^{2t(i_1-1)} & \alpha^{2t(i_2-1)} & \cdots & \alpha^{2t(i_r-1)} \end{pmatrix} \cdot \begin{pmatrix} e_{i_1} \\ e_{i_2} \\ \vdots \\ e_{i_r} \end{pmatrix} = \begin{pmatrix} f(\alpha) \\ f(\alpha^2) \\ f(\alpha^3) \\ \vdots \\ f(\alpha^{2t}) \end{pmatrix}. \quad (5.9)$$

Was hilft uns dies? Aus der linearen Algebra wissen wir, dass für die Determinante der so genannten Vandermonde-Matrix gilt

$$\left| \begin{pmatrix} 1 & 1 & \cdots & 1 \\ x_1 & x_2 & \cdots & x_r \\ x_1^2 & x_2^2 & \cdots & x_r^2 \\ \vdots & \vdots & \ddots & \vdots \\ x_1^{r-1} & x_2^{r-1} & \cdots & x_r^{r-1} \end{pmatrix} \right| = \prod_{1 \leq i < j \leq r} (x_j - x_i).$$

Setzen wir $x_i = \alpha^{i_1 - 1}$, so folgt, dass die Matrix in Gleichung (5.9) vollen Spaltenrang hat, wenn immer die Anzahl r der Spalten kleiner gleich der Anzahl $2t$ der Zeilen ist. (Hier verwenden wir, dass α ein primitives Element in $GF(2^s)$ ist und dass daher $\alpha^j - \alpha^i \neq 0$ für alle $0 \leq i < j < 2t + k \leq 2^s - 1$.)

Nach diesen Vorüberlegungen folgen die Behauptungen des Satzes nun ganz einfach. Nehmen wir zunächst einmal an, dass $f(\alpha^i) = 0$ für alle $1 \leq i \leq 2t$. Dann sind entweder alle e_i's Null (die Übertragung ist also fehlerfrei) oder mindestens $2t + 1$ der e_i's verschieden von Null (d.h. es liegen an mindestens $2t + 1$ Stellen Übertragungsfehler vor). Einsehen kann man letztere Aussage wie folgt: Wenn alle $f(\alpha^i)$ Null sind, so ist offenbar $e_{i_j} \equiv 0$ eine Lösung von (5.9). Da wir aber wissen, dass die Matrix für $r \leq 2t$ vollen Spaltenrang hat, kann es keine zweite Lösung geben.

Übertragungsfehler, bei denen höchstens $2t$ der d_i's verändert wurden, kann man also dadurch erkennen, dass man nachprüft, ob $f(\alpha^i) = 0$ für alle $1 \leq i \leq 2t$ gilt. Wie aber korrigiert man Fehler? — Im Prinzip genauso. Nehmen wir einmal an, dass höchstens $r \leq t$ der d_i's gestört sind. Und nehmen wir zusätzlich für einen Moment noch an, dass wir die entsprechenden Positionen $i_1, \ldots, i_r$, an denen Übertragungsfehler vorliegen (für die also die Werte e_i ungleich Null sind), kennen würden. Löst man dann das Gleichungssystem (5.9) für diese Positionen $i_1, \ldots, i_r$, erhält man den Fehlervektor $(e_1, \ldots, e_{2t+k})$, den man von den empfangenen Daten $(f_1, \ldots, f_{2t+k})$ subtrahieren muss, um den „richtigen" Datensatz $(d_1, \ldots, d_{2t+k})$ zu rekonstruieren. Aber was tut man, wenn man die Positionen $i_1, \ldots, i_r$ nicht kennt? Eine einfache (wenn auch nicht besonders effiziente, mehr dazu weiter unten) Möglichkeit besteht darin, einfach alle r-Tupel möglicher Positionen $i_1, \ldots, i_r$ durchzuprobieren. Dies funktioniert, da sich für „falsche" Positionen $i'_1, \ldots, i'_{r'}$, $1 \leq r' \leq t$ das Gleichungssystem (5.9) nicht lösen lässt. (Falls doch, so hätte das entsprechende Gleichungssystem für $\{i_1, \ldots, i_r\} \cup \{i'_1, \ldots, i'_{r'}\}$ zwei verschiedene Lösungen, was wegen $r + r' \leq 2t$ nicht sein kann.) $\square$

Aus Satz 5.94 folgt nur, dass sich bei höchstens t Fehlern der kodierte Datensatz $(d_1, \ldots, d_{2t+k})$ wieder vollständig rekonstruieren lässt. Wie aber erhält man daraus die c_i's? Das ist im Prinzip jetzt ganz einfach. Aus den d_i's können wir das Polynom $d(x)$ berechnen. Teilen wir dieses durch das (uns bekannte) Generatorpolynom $g(x)$ aus (5.7), so erhalten wir das Polynom $c(x)$, dessen Koeffizienten gemäß (5.8) genau die gesuchten c_i's sind.

Welche Rolle spielt eigentlich der Parameter s? Der Vorteil von größeren Werten für s ist, dass dadurch so genannte *Fehlerbursts* (eine ganze Folge von falschen Bits, wie sie beispielsweise durch ein Staubkorn auf der CD erzeugt werden) mit wesentlich geringerem Aufwand korrigiert werden können als für kleine s-Werte. Um dies einzusehen, überlegen wir uns in Abhängigkeit von s, aus wie vielen Bits der kodierte Datensatz bestehen muss, damit eine Million Bits so abgespeichert werden, dass Fehlerbursts der Länge 100 korrigiert werden können. Besteht ein Block aus s Bits, so werden durch einen Fehlerburst der Länge 100 höchstens $\lceil 100/s \rceil$ Blöcke getroffen. Diese können rekonstruiert werden, falls $t \geq \lceil 100/s \rceil$. Verwenden wir nun noch die Bedingung $2t + k \leq 2^s - 1$, so können wir also $k = 2^s - 1 - 2\lceil 100/s \rceil$ setzen. Für die Kodierung zerlegen wir die 10^6 vielen Bits zunächst in $\lceil 10^6/(k \cdot s) \rceil$ viele Blöcke mit jeweils k mal s vielen Bits. Für die Kodierung jedes solchen Blockes benötigen wir $k + 2t$ mal s viele Bits. Insgesamt besteht die Kodierung der 10^6 vielen Bits daher aus mindestens

$$\left\lceil \frac{10^6}{k \cdot s} \right\rceil \cdot (2t + k) \cdot s \geq \left\lceil \frac{10^6}{(2^s - 1 - 2\lceil 100/s \rceil) \cdot s} \right\rceil \cdot (2^s - 1) \cdot s$$

vielen Bits. Für $s = 6$ (dem kleinsten Wert, für den eine derartige Fehlerkorrigierung überhaupt möglich ist) sind also mindestens 2172744 viele Bits nötig, für $s = 10$ wären es nur 1023000.

Anmerken wollen wir abschließend noch, dass es bei den Reed-Solomon-Kodes sowohl für die Fehlerkorrektur als auch für das Dekodieren der d_i's wesentlich effizientere Verfahren gibt als die von uns hier beschriebenen. Deren Darstellung sprengt allerdings den Rahmen dieses Buches.

Übungsaufgaben

5.1⁻   Zeigen Sie, dass es zu jeder natürlichen Zahl $k \in \mathbb{N}$ eine Algebra $\langle S, \circ \rangle$ mit neutralem Element $e \in S$ gibt, die ein Element $a \in S$ enthält, so dass es zu a genau k verschiedene inverse Elemente gibt.

5.2⁻   Beweisen oder widerlegen Sie: Es gibt eine Algebra $A = \langle S, \circ \rangle$ mit zweistelligem Operator $\circ$, neutralem Element e und $|S| \geq 2$, so dass jedes Element in S ein linksinverses Element hat, aber nur das neutrale Element e ein rechtsinverses Element besitzt.

5.3   Beweisen oder widerlegen Sie: In jeder booleschen Algebra $\langle S, \oplus, \odot, \neg \rangle$ existiert für alle $a, b \in S$ bezüglich der in Lemma 5.40 definierten partiellen Ordnung $\preceq$ eine größte untere Schranke.

5.4   Das *Komplement* eines Graphen $G = (V, E)$ ist der Graph $\overline{G} = (V, \overline{E})$
mit $\{u, v\} \in \overline{E}$ genau dann, wenn $\{u, v\} \notin E$. Ein Graph G heißt *selbst-komplementär*, wenn G isomorph zu $\overline{G}$ ist. Beweisen Sie, dass in jedem selbstkomplementären Graphen mit n Knoten gilt: $n \equiv 0 \pmod 4$ oder $n \equiv 1 \pmod 4$.

5.5⁻   Es sei $G = \langle S, \circ \rangle$ eine Gruppe mit neutralem Element e. Beweisen oder widerlegen Sie: Für alle $a, b \in S$ gilt $(a \circ b)^{-1} = b^{-1} \circ a^{-1}$.

5.6   Es sei $G = \langle S, \circ \rangle$ eine Gruppe mit neutralem Element e. Beweisen oder widerlegen Sie: Für alle $a, b \in S$ gilt $(a \circ b)^{-1} = a^{-1} \circ b^{-1}$.

5.7   Es sei $G = \langle S, \circ \rangle$ eine Gruppe mit neutralem Element e. Beweisen oder widerlegen Sie: Falls $a \circ a = e$ für alle $a \in S$, dann ist G abelsch.

5.8   Bestimmen Sie die Menge derjenigen natürlichen Zahlen n, für die es eine Gruppe mit genau n Elementen gibt.

5.9   Sei p eine Primzahl. Bestimmen Sie das multiplikative Inverse von $p-1$ in $\mathbb{Z}_p^*$.

5.10   Seien m_1 und m_2 zwei teilerfremde ganze Zahlen, $m_i \geq 2$. Beweisen Sie, dass die additiven Gruppen $\langle \mathbb{Z}_{m_1} \times \mathbb{Z}_{m_2}, + \rangle$ und $\langle \mathbb{Z}_{m_1 m_2}, + \rangle$ isomorph sind. *Bemerkung:* Die Addition in $\langle \mathbb{Z}_{m_1} \times \mathbb{Z}_{m_2}, + \rangle$ wird komponentenweise ausgeführt, d.h. $(a_1, a_2) + (b_1, b_2) := (a_1 + b_1, a_2 + b_2)$.

5.11   Beweisen Sie, dass die Menge M aller Matrizen $\begin{pmatrix} \alpha & \beta \\ \gamma & \delta \end{pmatrix}$ mit $\alpha, \beta, \gamma, \delta \in \mathbb{R}$ und $\alpha\delta \neq \beta\gamma$ bezüglich der üblichen Matrizenmultiplikation eine Gruppe bildet.

5.12   Bestimmen Sie bis auf Isomorphie alle Gruppen mit sechs Elementen.

5.13⁻   Beweisen oder widerlegen Sie: Ist G eine Gruppe mit $|G| = p$ für eine Primzahl p, dann ist G zyklisch.

5.14   Seien p und q zwei Primzahlen mit $p-1 = 2q$. Dann gilt für alle $g \in \mathbb{Z}_p^*$: g ist genau dann ein erzeugendes Element, wenn $g^2 \not\equiv 1 \pmod p$ und $g^q \not\equiv 1 \pmod p$.

5.15   Sei g ein beliebiges Element einer Gruppe G und $n \in \mathbb{N}$ beliebig. Bestimmen sie die Ordnung von g^n.

5.16⁻   Es seinen H und K zwei Untergruppen einer Gruppe G, wobei $|H| = 15$ und $|K| = 16$. Was kann man über $H \cap K$ sagen?

5.17   Es seien K, L zwei Untergruppen einer endlichen Gruppe $\langle G, \circ \rangle$. Wir setzen $KL := \{k \circ l \mid k \in K, l \in L\}$. Beweisen oder widerlegen Sie: $|K| \cdot |L| = |K \cap L| \cdot |KL|$.

5.18   Es seien K, L zwei Untergruppen einer endlichen Gruppe $\langle G, \circ \rangle$. Wir setzen $KL := \{k \circ l \mid k \in K, l \in L\}$. Beweisen oder widerlegen Sie: KL ist genau dann eine Untergruppe von G, falls $KL = LK$.

5.19 Es sei G eine Gruppe und H eine Untergruppe von G. Zeigen Sie, dass H genau dann ein Normalteiler ist, wenn $g \circ h \circ g^{-1} \in H$ für alle $g \in G$ und $h \in H$.

5.20˘ Ermitteln Sie erzeugende Elemente der Gruppen $\langle \mathbb{Z}_7, \cdot_7 \rangle$ und $\langle \mathbb{Z}_{11}, \cdot_{11} \rangle$.

5.21˘ Beweisen oder widerlegen Sie: In jedem Ring $\langle R, \oplus, \odot \rangle$ gilt $a \odot 0 = 0 = 0 \odot a$ für alle $a \in R$.

5.22 Es sei X eine beliebige Menge. Für die Potenzmenge $\mathcal{P}(X)$ von X definieren wir die folgende Algebra $A = \langle \mathcal{P}(X), \oplus, \odot \rangle$, wobei $A \oplus B = (A \setminus B) \cup (B \setminus A)$ und $A \odot B = A \cap B$. Zeigen Sie, dass A ein Ring ist mit $A \oplus A = 0$ und $A \odot A = A$ für alle $A \subseteq X$.

5.23 Es sei R ein beliebiger Ring. $M_2(R)$ bezeichne die Menge aller 2×2 Matrizen über R. Zeigen Sie, dass $M_2(R)$ für die übliche Addition und Multiplikation von Matrizen einen Ring bildet.

5.24˘ Ist das Polynom $x^4 + 1$ über $\mathbb{Z}_3[x]$ reduzibel?

5.25 Als *Charakteristik* eines Körpers K bezeichnet man die kleinste natürliche Zahl n, so dass $\underbrace{1 + 1 + \ldots + 1}_{n \text{ mal}} = 0$.

Falls kein solches n existiert, sagt man der Körper hat Charakteristik 0. Zeigen Sie, dass für jeden endlichen Körper mit Charakteristik p gilt: a) p ist Primzahl und b) $(a + b)^p = a^p + b^p$ für alle $a, b \in K$.

5.26 Beweisen Sie: Jede Untergruppe einer unendlichen zyklischen Gruppe ist wiederum zyklisch.

5.27 Zeigen Sie, dass jede endliche Gruppe zu einer Untergruppe der symmetrischen Gruppe $\mathfrak{S}_n$ isomorph ist.

5.28 Beweisen Sie, dass sich jede Permutation $\pi \in \mathfrak{S}_n$ als Konkatenation von Transpositionen $(i\,j)$ mit $i < j$ schreiben lässt.

5.29 Beweisen Sie, dass sich jede Permutation $\pi \in \mathfrak{S}_n$ als Konkatenation von Transpositionen $(i\,i+1)$ schreiben lässt.

5.30 Sei G eine endliche abelsche Gruppe und a, b zwei Elemente in G, deren Ordnungen m_a bzw. m_b teilerfremd sind. Zeigen Sie, dass es in G auch ein Element der Ordnung $m_a m_b$ gibt.

5.31 Für einen (Gruppen-)Homomorphismus $\varphi : G \to G'$ ist der *Kern* definiert als $\ker(\varphi) = \{ a \in G \mid \varphi(a) = e \}$. Zeigen Sie, dass $\ker(\varphi)$ ein Normalteiler von G ist.

5.32 Beweisen Sie, dass für jeden (Gruppen-)Homomorphismus $\varphi : G \to G'$ gilt: $|G| = |\ker(\varphi)| \cdot |\mathrm{im}(\varphi)|$, wobei $\mathrm{im}(\varphi) = \{ \varphi(a) \mid a \in G \}$.

5.33 Ein Ring $\langle R, \oplus, \odot \rangle$ heißt *boolesch*, falls $x \odot x = x$ für alle $x \in R$. Beweisen Sie: Jeder boolesche Ring ist kommutativ (d.h. es gilt $x \odot y = y \odot x$ für alle $x, y \in R$) und es gilt $x \oplus x = 0$ für alle $x \in R$.

Lösungen der Übungsaufgaben

0.1 Der Induktionsschritt ist nur für $n \geq 3$ korrekt, für $n = 2$ lässt sich keine Zerlegung von X finden. Es wurde also keine ausreichend große Induktionsverankerung bewiesen.

0.2 Bei der ersten Behauptung funktioniert zwar der Induktionsschritt, es lässt sich aber keine Induktionsverankerung finden; bereits für $n = 1$ ist die Behauptung falsch. Die zweite Behauptung ist dagegen korrekt: Als Induktionsanfang wählt man $n = 0$, und beim Induktionsschritt schreibt man zunächst $H_{2^{n+1}} = H_{2^n} + \frac{1}{2^n+1} + \ldots + \frac{1}{2^{n+1}} \leq H_{2^n} + 1$ und verwendet dann die Induktionsannahme.

0.3 Die Aussage ist richtig: Seien A und B zwei Mengen mit $\mathcal{P}(A) = \mathcal{P}(B)$. Für alle $a \in A$ gilt dann $\{a\} \in \mathcal{P}(A) = \mathcal{P}(B)$, also $a \in B$ und somit $A \subseteq B$. Analog folgt $B \subseteq A$.

0.4 Induktionsverankerung: Für $n = 1$ ist die Aussage trivial, für $n = 2$ gilt sie, da $x^2 + \frac{1}{x^2} = (x + \frac{1}{x})^2 - 2$. Induktionsschritt: Gilt die Aussage für alle $n' \leq n$ für ein $n \in \mathbb{N}$, so gilt sie wegen $x^{n+1} + \frac{1}{x^{n+1}} = (x^n + \frac{1}{x^n})(x + \frac{1}{x}) - (x^{n-1} + \frac{1}{x^{n-1}})$ auch für $n + 1$.

0.5 Da $b \leq a$, gilt $n^a + n^b \leq 2n^a$ und daher $n^a + n^b = O(n^a)$. Da $n > 0$, gilt $n^a + n^b \geq n^a$ und daher $n^a + n^b = \Omega(n^a)$.

0.6 a) ja, b) ja, c) nein.

0.7 $10^{10}, \log\log n, \sqrt{\log n}, (\log n)^{10}, (\log n)^{\log\log n}, \sqrt{n}, e^{\log\log n^2}, 2^n, 1.1^{n^2}$.

0.8 Die Aussage stimmt, da $n^k = 2^{k \cdot \log_2 n}$.

0.9 Für g und h seien C_1, C_2 und n_1, n_2 die Konstanten aus der Definition des O-Symbols. Dann gilt für $C = C_1 C_2$ und $n_0 = \max\{n_1, n_2\}$ für alle $n \geq n_0$: $f(n) \leq C_1 \cdot g(n) \leq C_1 C_2 \cdot h(n)$ und damit $f(n) = O(h(n))$.

0.10 Aufgrund der Voraussetzung gilt für alle $n \geq n_0$: $f(n) + g(n) = (f + g)(n) \leq C \cdot f(n)$. Daraus folgt, dass $g(n) \leq (C - 1) \cdot f(n) \leq C \cdot f(n)$ und damit $g(n) = O(f(n))$. Der Beweis der Gegenrichtung läuft analog.

0.11 Man definiere $f(n) = 1$, falls n gerade, ansonsten $f(n) = n$; $g(n) = 1$, falls n ungerade, ansonsten $g(n) = n$. Es ist nun $f(n) \neq O(g)$, was man anhand der ungeraden n's zeigen kann; analog zeigt man $g(n) \neq O(f)$.

0.12 Beweis durch Induktion. Verankerung: $n = 1$, klar. Schritt $n \to n + 1$:
$$\sum_{i=1}^{n+1} \frac{1}{i(i+1)} = \sum_{i=1}^{n} \frac{1}{i(i+1)} + \frac{1}{(n+1)(n+2)} \overset{I.A.}{=} \frac{n}{n+1} + \frac{1}{(n+1)(n+2)} = \frac{n+1}{n+2}.$$

0.13 Beweis durch Induktion. Verankerung: $n = 1$, klar. Schritt $n \to n + 1$:
$$\sum_{i=1}^{n+1} i^2 \overset{I.A.}{=} \frac{1}{6}n(n+1)(2n+1) + (n+1)^2 = \frac{1}{6}(n+1)(n+2)(2n+3).$$

0.14 Für $n = 1$ ist der Fall klar. Angenommen, es gibt eine Überdeckung für $n \in \mathbb{N}$. Ein $2^{n+1} \times 2^{n+1}$-Schachbrett teile man dann in vier $2^n \times 2^n$-Bretter auf und platziere ein L-Stück so in die Mitte des $2^{n+1} \times 2^{n+1}$-Brettes, dass es bis auf das rechte obere $2^n \times 2^n$-Brett von jedem der vier $2^n \times 2^n$-Bretter genau ein Feld enthält. Nach Induktionsannahme können die vier $2^n \times 2^n$-Bretter wie gewünscht belegt werden können.

0.15 Für jede Funktion $f(n) \in o(g(n)) \cap \omega(g(n))$ muss es nach Definition ein $n_0 \in \mathbb{N}$ geben, so dass $2c \cdot |f(n)| < |g(n)| < c \cdot |f(n)|$ für alle $n \geq n_0$ und alle $c \in \mathbb{R}$ gilt. Die rechte Ungleichung kann nur für Werte $f(n) \neq 0$ gelten. Teilt man aber die rechte und linke Seite durch $|f(n)| > 0$, so folgt $2c < c$, ein offensichtlicher Widerspruch. Es gilt daher: $o(g(n)) \cap \omega(g(n)) = \emptyset$ für alle Funktionen $g(n)$.

1.1 $\binom{9}{1}\binom{8}{4}\binom{4}{3} = 2520$.

1.2 Es gibt n Dominosteine, bei denen beide Quadrate identisch bepunktet sind, sowie $\binom{n}{2}$ Dominosteine mit verschiedenen Punktzahlen. Man erhält also insgesamt $\frac{1}{2}(n^2 + n)$ verschiedene Dominosteine.

1.3 Eine Zugfolge mit d Diagonalzügen muss zusätzlich noch jeweils $7 - d$ Züge nach rechts und nach oben enthalten. Aus den insgesamt $d + 2(7 - d)$ Zügen wählt man zunächst d Positionen für die Diagonalzüge, von den restlichen $14 - 2d$ Positionen wählt man dann $7 - d$ für die Züge nach rechts aus. Die übrigen Positionen entsprechen den Züge nach oben. Die Anzahl der Wege ist daher $\sum_{d=0}^{7} \binom{14-d}{d}\binom{14-2d}{7-d} = 48639$.

1.4 Für die elfbuchstabigen Wörter werden zunächst gleiche Symbole indiziert, so dass sie unterscheidbar sind. Aus diesen 11 Buchstaben kann man genau 11! Wörter mit 11 Buchstaben bilden. Hiervon sind jeweils 5!2!2! über den ursprünglichen Buchstaben gleich. Es gibt also 11!/(5!2!2!) verschiedene Wörter der Länge 11. Bei zehnbuchstabigen Wörtern wird jeweils einer der Buchstaben A, B, D, K, R gestrichen und die entsprechende Anzahl der Wörter analog bestimmt; man erhält 10!/(4!2!2!) + 2 · 10!/(5!2!) + 2 · 10!/(5!2!2!).

1.5 Auf der linken Seite der Gleichung steht die Anzahl Möglichkeiten, aus einer $2n$-elementigen Menge zwei Elemente auszuwählen. Teilt man die $2n$-elementige Menge in zwei n-elementige Mengen auf und wählt dann aus jeder Menge je ein Element aus, hat man dazu n^2 Möglichkeiten; für die Auswahl von zwei Elementen aus der gleichen Menge hat man dazu für jede der beiden Mengen jeweils $\binom{n}{2}$ Möglichkeiten.

1.6 Es gibt $\lfloor \frac{200}{6} \rfloor = 33$ durch 6 teilbare Zahlen kleiner gleich 200, und analog 25 durch 8 teilbare bzw. 10 durch 20 teilbare Zahlen. Mit einem ähnlichen Argument ermittelt man die Anzahl der durch 24, 40, 60 und 120 teilbaren Zahlen kleiner gleich 200. Mittels Inklusions-Exklusion berechnet sich die gewünschte Anzahl als $33+25+10-8-5-3+1 = 53$.

1.7 Wie im Beweis von Satz 1.15 betrachten wir ein beliebiges Element a, nehmen an, es ist in ℓ der n Mengen A_i enthalten. Dann ist zu zeigen, dass a auf der linken Seite höchstens und auf der rechten Seite mindestens einmal gezählt wird, also

$$\sum_{r=1}^{k} (-1)^{r-1} \binom{\ell}{r} \begin{cases} \leq 1 & k \text{ gerade,} \\ \geq 1 & k \text{ ungerade.} \end{cases}$$

Für $k \geq \ell$ ist dies richtig, denn dann ist die Summe gleich 1. Wegen $\binom{\ell}{r} \leq \binom{\ell}{r+1}$ für $r \leq \frac{\ell-1}{2}$, stimmt die Aussage auch für alle $k \leq \frac{\ell+1}{2}$ (je zwei aufeinanderfolgende Summanden sind negativ bzw. erster Summand positiv und alle folgenden Paare sind positiv). Für $k > \frac{\ell+1}{2}$ folgt die Behauptung wegen $\sum_{r=1}^{k} (-1)^{r-1} \binom{\ell}{r} = 1 - \sum_{r=k+1}^{\ell} (-1)^{r-1} \binom{\ell}{r} = 1 - (-1)^{\ell-1} \sum_{r=0}^{\ell-k-1} (-1)^r \binom{\ell}{r}$ analog.

1.8 Nach dem Schubfachprinzip enthält die erste Zeile vier gleichfarbige Felder. Ohne Einschränkung seien diese blau. Die dadurch gegebenen Spalten werden zu einem 3x4-Brett zusammengefasst. Enthält die 2. oder 3. Zeile zwei blaue Felder, so bilden diese mit den blauen Feldern der 1. Zeile ein Rechteck mit einheitlich gefärbten Ecken. Andernfalls enthalten beide Zeilen drei rote Felder und nach dem Schubfachprinzip gibt es zwei Spalten, in denen rote Felder übereinander stehen.

1.9 Insgesamt werden $\binom{n}{2}$ Partien ausgetragen; bei jeder werden mindestens 2 Punkte vergeben. Nach dem Schubfachprinzip gibt es daher eine Mannschaft, die mindestens $n-1$ Punkte erhält. Damit der Tabellenzweite möglichst wenig Punkte erzielt, muss der Tabellenerste alle Spiele gewinnen. Wie oben folgt, dass der Tabellenzweite mindestens $n-2$ Punkte haben muss.

1.10 A_k bezeichne die Menge der Zahlen $\leq 10^6$ von der Form x^k. Dann gilt $A_k = \{1^k, 2^k, \ldots, \lfloor 10^{6/k} \rfloor^k\}$, also $|A_k| = \lfloor 10^{6/k} \rfloor$. Aus dem Inklusions-Exklusions-Prinzip folgt $|A_2 \cup A_3 \cup A_5| = 1101$. Die gesuchte Anzahl ist daher 998899.

1.11 Auf der linken Seite der Gleichung wird die Anzahl Paare disjunkter Teilmengen von $[n]$ gezählt, so dass die Kardinalität ihrer Vereinigungsmenge gleich m ist. Wird zu jedem Paar (A, B) die Vereinigung $A \cup B$ betrachtet, so kommt jede m-elementige Teilmenge C von $[n]$

genau 2^m mal vor, denn C kann durch die Paare $(A, C \backslash A)$ dargestellt werden, wobei A alle Teilmengen von C durchläuft.

1.12 Sei a_n bzw. $\bar{a}_n$ die Anzahl der Wörter der Länge n mit ungerade bzw. gerade vielen a's. Ein Wort der Länge n mit ungerade vielen a's entsteht, indem man an ein solches Wort der Länge $n - 1$ ein b anhängt, oder an ein Wort der Länge $n - 1$ mit gerade vielen a's ein a. Es gilt also $a_n = a_{n-1} + \bar{a}_{n-1} = 2^{n-1}$, da $a_{n-1} + \bar{a}_{n-1}$ genau alle Wörter der Länge $n - 1$ über dem gegebenen Alphabet zählt.

1.13 Für die Wahl der ersten Teilmenge aus $[n]$ gibt es $\sum_{k=1}^{n-1} \binom{n}{k} = 2^n - 2$ Möglichkeiten. Dabei wird jedoch jede Partition doppelt gezählt, so dass man insgesamt $2^{n-1} - 1$ Möglichkeiten erhält.

1.14 Bei einer Partition von $[n]$ in $n - 2$ Klassen gibt es entweder $n - 4$ Klassen mit genau einem Element und zwei Klassen mit je 2 Elementen oder $n - 3$ Klassen mit genau einem Element und eine Klasse mit 3 Elementen. Vom ersten Typ gibt es $\frac{1}{2} \binom{n}{2} \binom{n-2}{2}$ viele Partitionen, vom zweiten Typ $\binom{n}{3}$ viele.

1.15 $(n-1)!$.

1.16 Die Aussage ist falsch. Für die leere partielle Ordnung $(S, \preceq)$ in der je zwei Elemente unvergleichbar sind, ist *jede* lineare Ordnung der Menge S eine lineare Erweiterung.

1.17 Setzen wir $a = x \vee y$, so folgt durch mehrmalige Anwendung des ersten Distributivgesetzes: $(x \vee y) \wedge (x \vee z) = a \wedge (x \vee z) = (a \wedge x) \vee (a \wedge z) = ((x \wedge x) \vee (y \wedge x)) \vee ((x \wedge z) \vee (y \wedge z))$. Wegen $x \wedge x = x$ und $y \wedge x \preceq x$ folgt $(x \wedge x) \vee (y \wedge x) = x$ und analog $x \vee ((x \wedge z) = x$.

1.18 Die Aussage ist richtig. Das Supremum bzw. Infimum zweier Elemente x und y entspricht dem kleinsten gemeinsamen Vielfachen kgV(x, y) bzw. dem größten gemeinsamen Teiler ggT(x, y). (Wem diese Begriffe nicht bereits aus der Schule bekannt sind, kann sie in der Einleitung von Abschnitt 3.1 auf Seite 96 nachlesen.) Sei $e_p(n)$ die größte Zahl mit $p^{e_p(n)} \mid n$. Dann gilt $e_p(x \vee (y \wedge z)) = \max\{e_p(x), \min\{e_p(y), e_p(z)\}\} = \min\{\max\{e_p(x), e_p(y)\}, \max\{e_p(x), e_p(z)\}\} = e_p((x \vee y) \wedge (x \vee z))$; das Distributivgesetz gilt also.

1.19 Nach der Vandermonde'schen Identität gilt $\sum_{k=0}^{n} \binom{n}{k}^2 = \binom{2n}{n}$ und daher auch $n \binom{2n}{n} = \sum_{k=0}^{n} k \binom{n}{k}^2 + \sum_{k=0}^{n} (n - k) \binom{n}{k}^2 = 2A_n$. Also gilt $A_n = \frac{1}{2} n \binom{2n}{n}$.

1.20 Die Abbildung $\{a_1, \ldots, a_k\} \mapsto \{a_1, a_2 + 1, \ldots, a_k + k - 1\}$ beschreibt eine Bijektion zwischen der Menge aller k-elementigen Teilmengen von $[n - k + 1]$ und den k-elementigen Teilmengen von $[n]$ ohne zwei aufeinander folgende Zahlen. Die gesuchte Anzahl ist daher $\binom{n-k+1}{k}$.

1.21 Beweis mit vollständiger Induktion. Im Induktionsschritt folgt aus der Rekursionsformel: $S_{n+1,k} - S_{n+1,k-1} = S_{n,k-1} - S_{n,k-2} + S_{n,k} + (k-1)(S_{n,k} - S_{n,k-1})$. Für $2 \leq k \leq t(n)$ ist die rechte Seite aufgrund der Induktionsannahme positiv. Für $t(n)+2 \leq k \leq n+1$ folgt aus $S_{n+1,k} = \sum_{i=0}^{n} \binom{n}{i} S_{i,k-1}$ (vgl. Aufgabe 1.22), dass $S_{n+1,k} - S_{n+1,k-1}$ negativ ist.

1.22 Die Anzahl $S_{n+1,k+1}$ aller Zerlegungen von $[n+1]$ in $k+1$ nichtleere Teilmengen kann man auch wie folgt bestimmen: Man wählt eine i-elementige Teilmenge von $[n]$, zerlegt diese in k nichtleere Teilmengen, und fügt als $(k+1)$-te Teilmenge die restlichen Elemente und das Element $n+1$ hinzu. Für die Auswahl der i Elemente gibt es $\binom{n}{i}$ Möglichkeiten, für die Partition gibt es $S_{i,k}$ Möglichkeiten.

1.23 Jede Partition von $[n+1]$ kann folgendermaßen dargestellt werden: Man wähle eine Teilmenge $M \subseteq [n]$, welche zusammen mit dem Element $n+1$ einen Teil der Partition darstellt. Die restlichen Elemente aus $[n] - M$ können dann noch beliebig partitioniert werden.

1.24 Es gibt $(2k)!$ Möglichkeiten, $2k$ Elemente anzuordnen. Fasst man dann jeweils das erste und zweite Element, das dritte und vierte Element, usw. zu einem Paar zusammen, so zählt man jede Reihenfolge innerhalb eines Paares doppelt und zudem jede Aufteilung in Paare $k!$ mal. Man erhält also $\hat{S}_{2k,k} = (2k)!/(2^k \cdot k!)$.

1.25 Betrachtet man alle Partitionen von $[n]$, die die Voraussetzung erfüllen, so gibt es für das letzte Element n zwei Fälle: Entweder bildet n mit einem weiteren Element i eine Klasse der Mächtigkeit 2 oder n ist in einer Komponente mit mehr als 2 Elementen enthalten. Vom ersten Type gibt es $(n-1)\hat{S}_{n-2,k-1}$ Partitionen, vom zweiten Typ $k\hat{S}_{n-1,k}$ viele. Insgesamt ergibt sich für $n > 2k$ also $\hat{S}_{n,k} = (n-1)\hat{S}_{n-2,k-1} + k\hat{S}_{n-1,k}$.

1.26 Wir wählen aus n Personen einen Ausschuss mit genau einem Vorsitzenden. Wenn der Ausschuss aus k Personen besteht, gibt es $\binom{n}{k}$ Möglichkeiten ihn zu besetzen, und jeweils k Möglichkeiten, einen Vorsitzenden zu bestimmen. Summierung über alle k liefert die linke Seite der Gleichung. Alternativ kann der Vorsitzende zuerst gewählt werden; alle übrigen Personen sind dann entweder im Ausschuss oder nicht, man erhält also insgesamt $n2^{n-1}$ Möglichkeiten.

1.27 Wir wählen aus n Männern und n Frauen einen n-köpfigen Ausschuss, wobei der Vorsitz von einer Frau ausgeübt werden soll. Wenn der Ausschuss aus k Frauen besteht, gibt es $\binom{n}{k}\binom{n}{n-k} = \binom{n}{k}^2$ Möglichkeiten ihn zu besetzen und k Möglichkeiten die Vorsitzende zu wählen. Summierung über alle $k \geq 1$ ergibt die linke Seite. Alternativ wählt man zunächst eine der n Frauen als Vorsitzende aus und bestimmt dann die restlichen Mitglieder des Ausschusses ($n \cdot \binom{2n-1}{n-1}$ Möglichkeiten).

1.28 Für die Wahl der Felder, auf denen die n Türme stehen, gibt es $n!$ Möglichkeiten. Für jede solche Auswahl von n Feldern gibt es $\binom{n}{k}$ Möglichkeiten die $n - k$ schwarzen und k weißen Türme zu verteilen.

1.29 Es muss die Anzahl der k-elementigen Teilmengen von $[n]$ gezählt werden, bei denen der Abstand zwischen zwei beliebigen Elementen der Menge mindestens 2 ist. Diese ist nach Aufgabe 1.20 gleich $\binom{n-k+1}{k}$.

1.30 $A_1, \ldots, A_k$ ist genau dann eine solche Partition, wenn es Elemente $1 \leq a_1 < a_2 < \ldots < a_{k-1} \leq n - 1$ gibt, so dass $A_1 = \{1, \ldots, a_1\}$, $A_2 = \{a_1 + 1, \ldots, a_2\}, \ldots, A_k = \{a_{k-1} + 1, \ldots, n\}$. Für die Wahl der a_i's gibt es $\binom{n-1}{k-1}$ Möglichkeiten.

1.31 Zu jedem Wort betrachten wir die Menge X_i der Positionen, an denen das i-te Symbol des Alphabets steht ($1 \leq i \leq k$). Offensichtlich bilden $X_1, \ldots, X_k$ eine Partition von $[n]$ in k nichtleere Teilmengen. Da jede Partition $k!$-mal vorkommt, erhält man als Anzahl der möglichen Wörter $k! S_{n,k}$.

1.32 Man überzeugt sich leicht davon, dass die Binomialkoeffizienten für alle $n \in \mathbb{N}$ unimodal sind:
$$\binom{n}{0} \leq \binom{n}{1} \leq \ldots \leq \binom{n}{\lfloor \frac{n}{2} \rfloor} = \binom{n}{\lceil \frac{n}{2} \rceil} \geq \ldots \geq \binom{n}{n-1} \geq \binom{n}{n}.$$
Verwendet man nun, dass $\sum_{i=0}^n \binom{n}{i} = 2^n$ und $\binom{n}{0} = \binom{n}{n} = 1$, so folgt $\binom{2n}{n} \geq (2^{2n} - 2)/(2n - 1) \geq 4^n/(2n)$ für alle $n \geq 1$.

1.33 Bei einer möglichst gleichmäßigen Verteilung erhalten $t := n - k\lfloor \frac{n}{k} \rfloor$ Korrektoren $\lfloor \frac{n}{k} \rfloor + 1$ Klausuren, die restlichen $k - t$ Korrektoren erhalten jeweils $\lfloor \frac{n}{k} \rfloor$ Klausuren. Damit ergibt sich als Anzahl $n!/((\lfloor \frac{n}{k} \rfloor + 1)!)^t \cdot (\lfloor \frac{n}{k} \rfloor!)^{k-t} \cdot t! \cdot (k - t)!)$.

1.34 Wie wählen p Elemente aus M_1 und q Elemente aus M_2, und ergänzen diese Auswahl durch $n - |M_1| - |M_2|$ beliebige Elemente aus $M \setminus (M_1 \cup M_2)$. Die Anzahl beträgt also $\binom{|M_1|}{p}\binom{|M_2|}{q}2^{n-|M_1|-|M_2|}$.

1.35 Jedes derartige Wort enthält a führende Einsen, danach b Nullen, einen Block 01, c Einsen, d Nullen, einen Block 01 und schließlich e Einsen und f Nullen. Es muss gelten: $a + b + c + d + e + f = n - 4$, wobei $a, \ldots, f \in \mathbb{N}_0$. Dieses Gleichungssystem hat $\binom{n+1}{5}$ Lösungen.

1.36 Im Produkt $(p^k)!$ sind insgesamt p^{k-1} Zahlen durch p teilbar, p^{k-2} durch p^2, und so weiter. Die Gesamtanzahl der Faktoren p in $(p^k)!$ ist also $\sum_{i=0}^{k-1} p^i = (p^k - 1)/(p - 1)$.

1.37 Die Werte der Differenzen liegen zwischen 1 und 99. Insgesamt werden $\binom{21}{2} = 210$ Differenzen betrachtet. Nach dem Schubfachprinzip kommt also eine Differenz mindestens $\lceil \frac{210}{99} \rceil = 3$ mal vor.

1.38 Es gibt $\binom{15+6-1}{5}$ Möglichkeiten, 15 als geordnete Summe von 6 nichtnegativen ganzen Zahlen zu schreiben. Darin sind $\sum_{i=4}^9 \binom{i}{4} = 252$

Möglichkeiten enthalten, bei denen die erste Zahl mindestens 10 ist. Dasselbe gilt auch für die übrigen 5 Zahlen. Die Gesamtanzahl ist $\binom{20}{5} - 6 \cdot 252 = 13992$.

1.39 Die linke Seite der Gleichung ist die Anzahl der surjektiven Abbildungen von $[n]$ auf $[k]$. Diese Anzahl lässt sich auch berechnen, indem von k^n die Anzahl t der nicht surjektiven Abbildungen abgezogen wird. Sei nun A_i die Menge aller Abbildungen von $[n]$ auf $[k]$, bei denen i im Bild nicht enthalten ist. Dann gilt $t = |A_1 \cup \ldots \cup A_k|$, und mit dem Inklusions-Exklusionsprinzip erhält man das gewünschte Ergebnis.

1.40 Die Kardinalität der Menge $M(A, B)$ aller Abbildungen von $A = [r]$ nach $B = [n]$ ist n^r. Sie kann auch berechnet werden, indem $M(A, B)$ disjunkt in die Menge aller surjektiven Abbildungen von A nach C zerlegt wird; C muss dann alle Teilmengen von B durchlaufen. Es gilt also: $|M(A, B)| = \sum_{k=1}^{n} \binom{n}{k} k! S_{r,k} = \sum_{k=0}^{n} S_{r,k} n^{\underline{k}}$.

1.41 Man überlegt sich leicht, dass die Behauptung für alle Paare $(2, t)$ und alle Paare $(s, 2)$ gilt. Um den Induktionsschritt einzusehen, betrachten wir eine Menge mit $N = \binom{s+t-1}{s-1} = \binom{(s-1)+t-1}{s-2} + \binom{s+(t-1)-1}{s-1}$ Personen. Für eine beliebige Person p sei A die Menge der Personen, die p kennt, und B die Menge, die p nicht kennt. Wegen $|A| + |B| = N - 1$ ist entweder $|A| \geq \binom{(s-1)+t-1}{s-2}$ oder $|B| \geq \binom{s+(t-1)-1}{s-1}$. Im ersten Fall existiert aufgrund der Induktionsannahme in A eine Menge aus $s - 1$ Personen, die sich alle gegenseitig kennen (und zusammen mit p eine Gruppe aus s Personen bilden), oder es gibt eine Menge aus t Personen, die sich gegenseitig alle nicht kennen. Der zweite Fall kann analog behandelt werden.

1.42 Identifizieren wir rote zweielementige Teilmengen mit „Personen kennen sich" und blaue zweielementige Teilmengen mit „Personen kennen sich nicht", so sieht man, dass wegen Aufgabe 1.41 lediglich zu zeigen ist: $4^k \geq \binom{s+t-2}{s-1} = \binom{2k-2}{k-1}$, was richtig ist.

2.1 Siehe Beispiel 1.12.

2.2 Die Richtung $\Rightarrow$ ist klar, denn ein Baum ist zusammenhängend und hat $|V| - 1$ Kanten. Die Richtung $\Leftarrow$ ist jedoch falsch, wie folgende Abbildung zeigt:

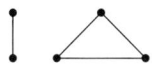

2.3 Die Aufgabe ist mit Induktion schnell gelöst. Induktionsanfang ist $|V| = 2$, und beim Induktionsschritt muss unterschieden werden, ob der neue Knoten an ein Blatt, an einen Knoten mit Grad 2 oder an einen Knoten mit höherem Grad angehängt wird. Die Gleichung bleibt jeweils erfüllt.

2.4 $2^{\binom{n}{2}}$.

2.5 Entweder ist T ein Stern (dann ist die Behauptung offensichtlich), oder T hat mindestens zwei innere Knoten. Man kann also aus T alle Blätter entfernen und erhält einen neuen Baum mit mindestens zwei Knoten. Jedes Blatt in diesem Baum war ein innerer Knoten in T und erfüllt damit die Bedingung.

2.6 Die Richtung $\Rightarrow$ ist klar, denn ein Baum hat $|V| - 1$ Kanten, und $\sum_{v \in V} \deg(v) = 2|E|$. Die Richtung $\Leftarrow$ beweist man mittels Induktion über n. Für den Schritt von $n - 1$ nach n nehme man ohne Einschränkung an, dass $d_1 \geq d_2 \geq \ldots d_n \geq 1$, folgere, dass dann $d_n = 1$ und $d_1 \geq 2$ gelten muss, wende die Induktionsannahme auf $(d_1 - 1, d_2, \ldots, d_{n-1})$ an und füge zu dem entsprechenden Baum einen Knoten v_n und die Kante $\{v_1, v_n\}$ hinzu.

2.7 Man zähle zunächst die Kanten, es müssen $|V| - 1$ sein. Dann wird eine BFS gestartet, die (bei $|V| - 1$ Kanten) Aufwand $O(|V|)$ hat.

2.8 Aus Symmetriegründen ist im K_n jede Kante in der gleichen Anzahl, sagen wir k, von Spannbäumen enthalten. Da jeder Spannbaum aus $n - 1$ Kanten besteht, muss gelten: $k\binom{n}{2} = (n-1)n^{n-2}$. Man erhält also für k den Wert $2n^{n-3}$. Die gesuchte Anzahl ist daher $n^{n-2} - 2n^{n-3}$.

2.9 Der Prüferkode jedes Spannbaums hat die Länge 8. Aufgrund der Gradbedingungen kommt jeder Knoten im Prüferkode 0-, 2-, 4-, 6- oder 8mal vor. Man erhält als Anzahl der Möglichkeiten:
$$10 + 10 \cdot 9 \cdot \binom{8}{2} + \binom{10}{2} \cdot \binom{8}{4} + 10 \cdot \binom{9}{2} \cdot \frac{8!}{4!2^2} + \binom{10}{4} \cdot \frac{8!}{2^4} = 686080.$$

2.10 Ein Kreis ist ein r-Tupel von Knoten. Jeder dieser r Knoten kann „Startpunkt" des Kreises sein und der Kreis kann in zwei Richtungen durchlaufen werden. Es gibt also $\frac{n^r}{2r}$ Kreise.

2.11 Die Aussage stimmt nicht; ein Gegenbeispiel ist der Petersen-Graph.

2.12 Die Aussage stimmt; der Hamiltonkreis besteht aus zwei perfekten Matchings, das Dritte ergibt sich nach dem Entfernen des Kreises.

2.13 Der Graph enthält eine Eulertour, die wir durchlaufen. Immer, wenn sich ein Kreis schließt, wird er ausgegeben und alle Kanten des Kreises aus dem Graphen entfernt. Dieser Algorithmus liefert eine Zerlegung der Kantenmenge in disjunkte Kreise.

2.14 G muss zusammenhängend sein und genau zwei Knoten mit ungeradem Grad enthalten. — Nur ein ungerader Knoten ist nicht möglich; bei zwei ungeraden Knoten u und v fügen wir dem Graphen eine Kante $\{u, v\}$ hinzu (oder entfernen sie, falls bereits vorhanden); danach haben alle Knoten geraden Grad. Der neue Graph besitzt daher eine Eulertour und der alte Graph dementsprechend eine offene Eulertour von u nach v.

2.15 Nein: Die Anordnung entspricht einem $K_{3,3}$, dieser ist nicht planar.

2.16 Nach Korollar 2.6 muss k gerade sein. Für $k \geq 5$ ist $|E| = \frac{9k}{2} > 3|V| - 6 = 21$ und der Graph kann daher nach Satz 2.43 nicht planar ist. Für $k = 2$ wäre G eine Vereinigung von disjunkten Kreisen und könnte daher höchstens 4 Gebiete enthalten. Es bleibt nur die Möglichkeit $k = 4$ und $|E| = 18$; der entsprechende Graph ist im Folgenden dargestellt:

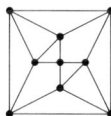

2.17 Widerspruchsbeweis. In einem kleinsten Gegenbeispiel haben alle Knoten Grad ≥ 3. Es gilt daher $2|E| = \sum_{v \in V} \deg(v) \geq 3 \cdot 3 + (|V| - 3) \cdot 6$, was Satz 2.43 widerspricht.

2.18 Der Beweis verläuft analog zum Beweis von Satz 2.43. Der Unterschied liegt darin, dass bei einem dreiecksfreien Graphen jedes Gebiet statt durch drei durch mindestens vier Kanten begrenzt wird. Analoge Umformungen liefern $|E| \leq 2|V| - 4$. Der $K_{3,3}$ hat 6 Knoten und 9 Kanten; wegen $9 \not\leq 2 \cdot 6 - 4 = 8$ ist der $K_{3,3}$ daher nicht planar.

2.19 Nach Aufgabe 2.18 gilt für einen dreiecksfreien planaren Graphen $|E| \leq 2|V| - 4$. Die Behauptung folgt dann per Widerspruch aus $2|E| = \sum_{v \in V} \deg(v)$.

2.20 Sei $C_1, \ldots, C_{\chi(G)}$ eine Partition der Knotenmenge entsprechend einer Färbung von G mit $\chi(G)$ Farben. Ohne Einschränkung habe jeder Knoten in C_j in jeder der Klassen $C_1, \ldots, C_{j-1}$ mindestens einen Nachbarn. Wenn der Greedy-Algorithmus zunächst alle Knoten aus C_1 betrachtet, dann alle aus C_2, usw., werden genau $\chi(G)$ Farben verwendet.

2.21 Ein Sterngraph mit n Blättern erfüllt die Bedingung.

2.22 Die Aussage stimmt nicht; ein Gegenbeispiel ist der Petersen-Graph.

2.23 Die symmetrische Differenz $M_1 \triangle M_2 = (M_1 \setminus M_2) \cup (M_2 \setminus M_1)$ zweier verschiedener perfekter Matchings eines Graphen enthält mindestens einen Kreis. In einem Baum kann dies nicht eintreten; ein Baum kann daher höchstens ein perfektes Matching haben.

2.24 Es werden alle $(2n)!$ verschiedene Folgen aus $2n$ Knoten betrachtet. Für jede werden aufeinander folgende Knoten mit einer Kante verbunden, so dass ein perfektes Matching mit n Kanten entsteht. Hierbei wird jedes Matching $2^n n!$ gezählt, da die Reihenfolge der Kanten und Knoten nicht relevant ist. Die Gesamtanzahl ist also $(2n)!/(2^n n!)$.

2.25 Sei $k = \max\{|X| - |\Gamma(X)| \mid X \subseteq A\}$ und $X_0 \subseteq A$ eine Menge mit $k = |X_0| - |\Gamma(X_0)|$. Dann sind in jedem Matching mindestens k Knoten von X_0 nicht überdeckt. Dies zeigt $\leq$. Um $\geq$ einzusehen fügen wir k Knoten zur Menge B hinzu und verbinden diese mit allen Knoten in A. Dann ist die Bdg. des Satzes von Hall erfüllt und im neuen Graphen gibt es daher ein Matching M der Kardinalität $|M| = |A|$. Höchstens k der Kanten aus M können einen der neuen Knoten enthalten.

2.26 Ein nicht zusammenhängender Graph auf n Knoten ist Teilgraph einer disjunkten Vereinigung eines K_a und K_b, wobei $a, b \in \mathbb{N}$ geeignete Zahlen mit $a + b = n$. Wegen $\binom{n}{a} + \binom{n}{b} \leq \binom{n-1}{2}$ gilt $m = \binom{n-1}{2} + 1$.

2.27 Ein Pfad der Länge d enthält $d + 1$ Knoten. Jeder der $d - 1$ inneren Knoten muss noch zu mindestens einem Knoten außerhalb des Pfades adjazent sein. Da T kreisfrei ist, sind all diese Knoten verschieden. Also gilt $(d + 1) + (d - 1) \leq n$ und somit $d \leq n/2$.

2.28 Man betrachte die zu sortierenden Elemente als Knoten und die betrachteten Vergleiche als Kanten. Aus den Ergebnissen der Vergleiche kann man in jeder Zusammenhangskomponente dieses Graphen das Maximum bestimmen. Die Behauptung folgt, da ein Graph mit n Knoten und höchstens $n - 2$ Kanten nicht zusammenhängend ist.

2.29 G enthält einen Kreis. Es gibt also eine Kante $\{u, w\}$ $E \backslash E_B$, die zusammen mit T_B einen Kreis C bildet. Nun seien v_D und v_B diejenigen Knoten in C, die von DFS bzw. BFS zuerst besucht werden. Ist $v_D = v_B$, ist $E_D \neq E_B$ und $(V, E_D \cup E_B)$ enthält einen Kreis (Bäume sind maximal kreisfrei), andernfalls enthält $(V, E_D \cup E_B)$ einen Kreis $v, \ldots, v_B, \ldots, v_D, \ldots, v$.

2.30 Es gibt $\binom{n}{k}$ k-elementige Teilmengen aus $[n]$. Eine davon disjunkte Teilmenge erhält man durch Ziehen einer k-elementigen Teilmenge aus den übrigen $n - k$ Zahlen. Jedes Paar von Teilmengen wird hierbei doppelt gezählt, so dass der $KG(n, k)$ insgesamt $\frac{1}{2}\binom{n}{k}\binom{n-k}{k}$ Kanten enthält.

2.31 Der Beweis wird mit Induktion geführt. Für $n = 1$ gilt die Behauptung offensichtlich. Wir nehmen nun einen dreiecksfreien Graphen G mit $2n + 2$ Knoten und m Kanten. Entfernt man aus G zwei beliebige durch eine Kante verbundene Knoten samt aller ausgehenden Kanten, so erhält man (da G dreiecksfrei) einen Graphen G' mit $m' \geq m - 1 - 2n$ Kanten. Aus der Induktionsannahme folgt $m' \leq n^2$ und somit $m \leq (n+1)^2$. Gilt $m = (n + 1)^2$, so ist $m' = n^2$ und somit G' ein $K_{n,n}$, woraus man leicht folgert, dass G ein $K_{n+1,n+1}$ ist.

2.32 Man überlege sich, dass in jedem C_4-freien Graphen $\sum_{v \in V} \binom{\deg(v)}{2} \leq \binom{|V|}{2}$ gelten muss. Die behauptete Ungleichung folgt daraus unter Verwendung der Ungleichung von Jensen $\sum_{i=1}^{n} x_i^2 \leq \left(\sum_{i=1}^{n} |x_i|\right)^2 / n$.

2.33 Man betrachte die Knoten in der Reihenfolge, wie sie von einer BFS durchlaufen werden. Den Startknoten kann man mit λ Farben einfärben. Für jeden weiteren Knoten hat man (da ein Baum kreisfrei ist) noch genau $\lambda - 1$ Möglichkeiten. Insgesamt kommt man also auf $\lambda(\lambda - 1)^{n-1}$ Möglichkeiten.

2.34 Keiner der k Nachbarn eines Knoten kann die gleiche Farbe haben wie der Knoten selbst. Jede Farbe kann daher bei höchstens $|V| - k$ vielen Knoten verwendet werden. Also ist $\chi(G) \geq |V|/(|V| - k)$.

2.35 Man bestimmt zunächst sukzessive eine Knotenreihenfolge $v_1 \ldots, v_n$, so dass v_i in $G[V \setminus \{v_1, \ldots, v_{i-1}\}]$ Grad ≤ 5 hat. Dann wendet man den Greedy-Algorithmus bezüglich der Reihenfolge $v_n, \ldots, v_1$ an.

2.36 Widerspruchsbeweis. Entfernt man die Brücke aus dem Graphen, zerfällt dieser in zwei Zusammenhangskomponenten, bei denen jeweils nur ein Knoten ungeraden Grad hat (der Knoten, an dem die Brücke hing). Das ist nach Korollar 2.6 nicht möglich.

3.1 Wie in Beispiel 3.8: Für alle $i \in \mathbb{N}_0$ gilt $10^i \equiv 1 \pmod 9$.

3.2 Die Zahlen 10^{2i}, $i \in \mathbb{N}_0$, haben alle den Elferrest 1, die Zahlen 10^{2i+1}, $i \in \mathbb{N}_0$ den Elferrest -1. Die alternierende Quersumme von n hat also denselben Elferrest wie n selbst.

3.3 Für $a = p^i$ und $b = p^j$ mit $i \leq j$ gilt $\text{ggT}(a, b) = p^i$ und $\text{kgV}(a, b) = p^j$, die Behauptung stimmt also. Für beliebige a's und b's zeigt dieses Argument, dass jede Primzahl in $a \cdot b$ und in $\text{ggT}(a, b) \cdot \text{kgV}(a, b)$ in der gleichen Potenz vorkommt.

3.4 Expandiert man $(a + b)^p$ gemäß der binomischen Formel, so erkennt man, dass alle Summanden außer a^p und b^p den Faktor p enthalten und damit bei Division durch p den Rest 0 lassen.

3.5 Für jede Lösung gilt $(x + 1)(x - 1) = x^2 - 1 \equiv 0 \pmod m$. Sei $m = p_1^{e_1} \cdot \ldots \cdot p_r^{e_r}$ für Primzahlen p_i. Wegen $p_i \geq 3$ gilt für jedes $i = 1, \ldots, r$: entweder $p_i^{e_i} \mid (x + 1)$ oder $p_i^{e_i} \mid (x - 1)$. Nach dem chinesischen Restsatz gibt es für jede Menge $I \subseteq \{1, \ldots, r\}$ genau ein x mit $x \equiv -1 \pmod{\prod_{i \in I} p_i^{e_i}}$ und $x \equiv 1 \pmod{\prod_{i \notin I} p_i^{e_i}}$. Die gesuchte Antwort lautet daher 2^r.

3.6 $2^{2^5} + 1 = 641 \cdot 6700417$.

3.7 Aus Lemma 3.19 folgt: $|Z^*| = (p - 1)(q - 1)$ und für $p \geq q \geq 5$ gilt $(p - 1)(q - 1) = pq - p - q + 1 \geq pq - 2p \geq \frac{1}{2}pq + p(\frac{1}{2}q - 2) \geq \frac{1}{2}pq$.

3.8 Wegen $81 = 3^4 \equiv 1 \pmod{10}$ folgt aus Lemma 3.5 sofort $3^{4n} \equiv 1 \pmod{10}$. Die letzte Ziffer ist also eine Eins.

3.9 Keine: Eine Quadratzahl hat Viererrest 0 oder 1, die Summe zweier Quadratzahlen hat also den Viererrest 0, 1 oder 2. Ein Viererrest 3 ist somit nicht möglich.

3.10 Man betrachte die Differenzen zwischen den Anzahlen der Chamäleons der verschiedenen Farben. Am Anfang betragen diese 2 bzw. 4. Jede Begegnung zweier verschiedenfarbiger Chamäleons verändert diese Differenzen (bei Betrachtung modulo 3) nicht. Die Frage in der Aufgabenstellung ist also zu verneinen.

3.11 Da p ungerade ist, sind $p - 1$ und $p + 1$ beide gerade, und eine der beiden Zahlen ist auch durch 4 teilbar; $(p - 1) \cdot (p + 1) = p^2 - 1$ ist also durch 8 teilbar. Analog folgt: Da p nicht durch 3 teilbar sein kann, muss $p - 1$ oder $p + 1$ durch 3 teilbar sein.

3.12 Für alle $m \leq n$ gilt: Genau $\lfloor n/m \rfloor$ der Zahlen $1, 2, \ldots, n$ sind durch m teilbar, und dementsprechend sind $\lfloor n/p^k \rfloor$ der Zahlen $1, 2, \ldots, n$ durch p^k teilbar. Man erhält also $e_p(n!) = \sum_{k \geq 1} \lfloor n/p^k \rfloor$, und die obere Schranke berechnet sich als $e_p(n!) = n/(p - 1)$.

3.13 Mit Induktion lässt sich leicht zeigen, dass für zwei aufeinander folgende Brüche $\frac{m}{n}$ und $\frac{m'}{n'}$ in S_r gilt: $m'n - mn' = 1$. Damit lässt sich $\frac{m+m'}{n+n'}$ wie gewünscht nach oben und unten abschätzen. Die Teilerfremdheit der Nenner zeigt man, indem man $\mathrm{ggT}(m + m', n + n') = 1$ nachweist. Dazu stellt man fest, dass $n(m + m') - m(n + n')$ durch den ggT teilbar ist, aber gleichzeitig den Wert 1 hat, woraus die Behauptung folgt.

3.14 Dass $d := \mathrm{ggT}(m, n)$ die Differenz $a - b$ teilt, ist notwendig für die Lösbarkeit des Gleichungssystems, denn für eine Lösung x muss gelten $x = pm + a$ und $x = qn + b$, woraus man $pm - qn = a - b$ erhält. Die Bedingung ist auch hinreichend, denn mit dem erweiterten euklidischen Algorithmus erhält man Zahlen p' und q', so dass $p'\frac{m}{d} - q'\frac{n}{d} = 1$; $x = p'm\frac{b-a}{d} + a$ ist dann eine Lösung des Gleichungssystems.

3.15 Induktion über die Anzahl k der rekursiven Aufrufe. Für $k = 0$ ist nichts zu zeigen. Sei daher $k > 0$ und m, n, m', n' nat. Zahlen mit $n/m = n'/m'$. Der erste rekursive Aufruf führt zu den Tupeln $(n \bmod m, m)$ bzw. $(n' \bmod m', m')$. Wegen $n \bmod m = n - \lfloor n/m \rfloor \cdot m = n - \lfloor n'/m' \rfloor \cdot m$ folgt $(n \bmod m)/m = (n/m) - \lfloor n'/m' \rfloor = (n' \bmod m')/m'$.

3.16 Wegen $n = pq$ kann man mit Kenntnis von n und p auch q berechnen und damit auch $\varphi(n) = (p - 1)(q - 1)$; ℓ ergibt sich daraus dann mit Hilfe des euklidischen Algorithmus.

3.17 Als zu kodierende Ziffernfolge ergibt sich 0409 0519 0500 0914 0615 0019 2000 0705 0805 0913. Die zugehörige RSA-Kodierung lautet 2510 1493 1655 2503 1296 1436 0317 1692 0542 0180.

3.18 Sei $m := \prod_{i=1}^{k} m_i$. Da $\mathrm{ggT}(m_i, m/m_i) = 1$, gibt es nach Satz 3.15 ein a_i mit $a_i \cdot m/m_i \equiv 1 \pmod{m_i}$. Dann gilt: $\sum_{i=1}^{k} a_i b_i \frac{m}{m_i} \equiv a_i b_i \frac{m}{m_i} \equiv b_i \pmod{m_i}$, es existiert also mindestens eine Lösung. Für zwei Lösungen $x_1, x_2 \in \mathbb{Z}_m$ des Systems, gilt $x_1 \equiv x_2 \pmod{m_i}$ für alle $i = 1, \ldots, k$ und damit auch $x_1 \equiv x_2 \pmod{m}$ und somit $x_1 = x_2$.

3.19 „$\Rightarrow$": Setze $m_i := i \cdot a$ für $i = 1, \ldots, n - 1$. Dann gilt $m_i \not\equiv m_j \pmod{n}$ für alle $1 \leq i < j \leq n$, da sowohl a als auch $i - j$ teilerfremd zu n sind. Da alle m_i's ungleich Null sind, gilt daher gilt $a^{n-1}(n - 1)! =$

$\prod_{i=1}^{n-1} m_i \equiv (n-1)!$ (mod n) und somit auch $(a^{n-1}-1) \cdot (n-1)! \equiv 0$ (mod n). Da $\ggT(n, (n-1)!) = 1$ für jede Primzahl n, folgt daraus $a^{n-1} - 1 \equiv 0$ (mod n). „$\Leftarrow$": Siehe Seite 208.

3.20 Für eine Primzahl p gilt für jedes $k \in \mathbb{N}$: $\varphi(p^k) = (p-1)p^{k-1}$, denn bis auf $p, 2p, 3p, \ldots, p^k$ sind alle natürlichen Zahlen $\leq p^k$ zu p^k teilerfremd. Für teilerfremde natürliche Zahlen m und n gilt $\varphi(m \cdot n) = \varphi(m) \cdot \varphi(n)$. Die Behauptung folgt nun leicht durch Induktion über k.

3.21 Die Aussage ist richtig. Sei $n = p_1^{e_1} \cdot \ldots \cdot p_k^{e_k}$. Für $k = 1$ folgt aus Lemma 3.19: $\sum_{d|n} \varphi(d) = \varphi(1) + \varphi(p_1) + \ldots + \varphi(p_1^{e_1}) = 1 + (p_1 - 1) + \ldots + (p_1 - 1)p_1^{e_1 - 1} = p_1^{e_1}$. Für $k > 1$ folgt die Behauptung per Induktion: Setzt man $n' := p_2^{e_2} \cdot \ldots \cdot p_k^{e_k}$, so folgt $\sum_{d|n} \varphi(d) = \sum_{d|n'}[\varphi(d) + \varphi(p_1 d) + \ldots + \varphi(p_1^{e_1} d)] = \sum_{d|n'} \varphi(d) \cdot [\varphi(1) + \varphi(p_1) + \ldots + \varphi(p_1^{e_1})] = p_1^{e_1} \cdot \sum_{d|n'} \varphi(d) \overset{I.A.}{=} p_1^{e_1} \cdot n' = n$.

3.22 Die Bedingung lautet $\ggT(a, b) = 1$. Sie ist notwendig, denn aus $1 \in M_{a,b}$ folgt, dass es ganze Zahlen α und β gibt mit $a\alpha + b\beta = 1$; da $\ggT(a, b)$ die linke Seite teilt, muss gelten $\ggT(a, b) = 1$. Nach Satz 3.12 ist die Bedingung auch hinreichend.

3.23 $n^5 - n = (n-1) \cdot n \cdot (n+1) \cdot (n^2 + 1)$; dieses Produkt enthält drei aufeinander folgende Faktoren, also damit mindestens einen Faktor $2 \cdot 3 = 6$. Hat nun n den Fünferrest 0, 1 oder 4, so enthält entweder $n-1$ oder n oder $n+1$ den Faktor 5; hat n den Fünferrest 2 oder 3, so ist $n^2 + 1$ ein Vielfaches von 5.

3.24 Nach dem kleinen Satz von Fermat gilt $5^{12} \equiv 1$ (mod 13). Also
$$5^{13^{25}} = 5^{(12+1)^{25}} \equiv 5^{12 \cdot z} \cdot 5^{1^{25}} \equiv 5 \pmod{13}.$$

3.25 Zu jedem Teiler t_1 einer Zahl n gibt es einen Gegenteiler t_2, so dass $t_1 \cdot t_2 = n$. Ausnahme sind hier Quadratzahlen, denn der Gegenteiler zu $\sqrt{n}$ ist ebenfalls $\sqrt{n}$. Daraus folgt, dass alle Quadratzahlen ungerade viele Teiler haben, alle anderen Zahlen gerade viele Teiler. Alle Monitore, deren Nummer eine Quadratzahl ist, sind demnach eingeschaltet; bei n Monitoren sind das insgesamt $\lfloor \sqrt{n} \rfloor$ Stück.

3.26 Wir betrachten Tupel $(x_1, \ldots, x_k)$ mit $1 < x_1 < \ldots < x_k = n$ und $x_i \mid x_{i+1}$ für $1 \leq i \leq k - 1$. Da n aus k verschiedenen Primfaktoren besteht, gibt es genau $k!$ solcher Tupel. Analog folgt: eine Zahl m mit $m \mid n$ ist in genau $r_m!(k - r_m)!$ vielen Tupeln enthalten, wobei r_m die Anzahl der Primfaktoren von m sei. Nach Annahme kann die Menge M von jedem Tupel höchstens eine Zahl enthalten. Es gilt daher $k! \geq \sum_{m \in M} r_m!(k - r_m)! = k! \sum_{m \in M} 1/\binom{k}{r_m}$. Da der Binomialkoeffizient $\binom{k}{r}$ für $r = \lfloor k/2 \rfloor$ maximal ist, folgt $|M| \leq \binom{k}{\lfloor k/2 \rfloor}$. Eine Menge M mit $|M| = \binom{k}{\lfloor k/2 \rfloor}$ ist die Menge aller Teiler von n mit genau $\lfloor k/2 \rfloor$ Primfaktoren.

3.27 Nach Satz 3.15 gibt es zu jedem $a \in \mathbb{Z}_p^*$ ein eindeutig bestimmtes $\hat{a} \in \mathbb{Z}_p^*$ mit $a\hat{a} \equiv 1 \pmod{p}$. Wegen $a^2 \not\equiv 1 \pmod{p}$ für $a = 2, \ldots, p-2$ (sonst wäre p ein Teiler von $a^2 - 1 = (a+1)(a-1)$), gilt für diese a's sicherlich $\hat{a} \neq a$. Also gilt $(p-2)! \equiv 1 \pmod{p}$. Die Behauptung folgt, da $p - 1 \equiv -1 \pmod{p}$.

3.28 Man betrachte die Zahlen $2^{k(p-1)} - k(p-1)$. Aus dem kleinen Satz von Fermat folgt, dass diese Zahlen den Rest $k + 1$ bei Division durch p lassen. Für $k = ip - 1$ ist damit $2^{k(p-1)} - k(p-1)$ durch p teilbar.

3.29 Für alle $a \in \mathbb{R}$ gilt: $a \cdot (x^2 + 3x - 1)$ teilt sowohl $4x^4 + 12x^3 - 3x^2 + 3x - 1$ als auch $3x^3 + 11x^2 + 3x - 2$. Ein Polynom vom Grad 3, das beide Polynome teilt, gibt es nicht.

3.30 Führt man die Polynomdivision $(a^{\ell n} - 1)/(a^n + 1)$ aus (ℓ gerade), so erhält man als Ergebnis $a^{(\ell-1)n} - a^{(\ell-2)n} + - \ldots$ Die Reste bei der Division sind nacheinander $-a^{(\ell-1)n} - 1, a^{(\ell-2)n} - 1, \ldots$. Irgendwann ist der Rest also einmal $-a^n - 1$ (weil ℓ gerade), die Division geht also auf.

3.31 Sei $g = \operatorname{ggT}(a^{2^m} + 1, a^{2^n} + 1)$. Nach Aufgabe 3.30 ist $a^{2^m} + 1$ ein Teiler von $a^{2^n} - 1$. g teilt also sowohl $a^{2^n} - 1$ als auch $a^{2^n} + 1$. Also kann g nur gleich 1 oder 2 sein.

3.32 Angenommen, es gäbe nur endlich viele Primzahlen, sagen wir k viele. Dann betrachte man die ersten $k + 1$ Zahlen der Folge. Nach dem Schubfachprinzip haben dann zwei der Zahlen denselben Primteiler, im Widerspruch zu dem Ergebnis aus Aufgabe 3.31.

3.33 Man überlegt sich leicht, dass das Produkt $x_1 \cdot \ldots \cdot x_r$ von ungeraden Zahlen x_i genau dann kongruent zu drei modulo vier ist, wenn ungerade viele der Zahlen x_i kongruent zu drei modulo vier sind. Damit folgt insbesondere: Gäbe es nur endlich viele Primzahlen $p_1, \ldots, p_r$, die kongruent zu drei modulo vier sind, so müsste jede Zahl $4n + 3$ muss durch eine der Zahlen p_i teilbar sein. Betrachtet man aber $x = p_1 \cdot \ldots \cdot p_r$, so ist entweder $x + 2$ oder $x + 4$ kongruent zu drei modulo vier, aber keine der beiden Zahlen ist durch ein p_i teilbar.

4.1 Bezeichnet man mit p_n die Anzahl perfekter Matchings in einem $2 \times n$-Gitter, so gilt: $p_0 = 0$ und $p_1 = 1$. Für $n \geq 2$ gilt $p_n = p_{n-1} + p_{n-2}$ (entweder eine waagerechte Kante oder zwei senkrechte Kanten), man erhält also die Fibonaccizahlen.

4.2 Um die n Scheiben vom Start zum Ziel zu bewegen, werden zunächst die obersten $n - 1$ Scheiben gemäß des Verfahrens für $n - 1$ Scheiben vom Start zur Zwischenablage bewegt. Danach wird die unterste Scheibe vom Start ans Ziel versetzt, und schließlich die ersten $n - 1$ Scheiben von der Zwischenablage ans Ziel verschoben. Für die Anzahl v_n der Versetzungen gilt also: $v_n = 2v_{n-1} + 1, v_1 = 1$. Die explizite Lösung dieser Rekursion ist nach Satz 4.15 $v_n = 2^n - 1$.

4.3 Man argumentiert wie in Beispiel 4.18, um zu zeigen, dass die gesuchte Anzahl a_n der Wörter die Rekursionsgleichung $a_n = 2a_{n-1} + 2a_{n-2}$ für $n \geq 2$ mit den Startwerten $a_0 = 1$, $a_1 = 3$ erfüllt.

4.4 Die Rekursion $a_n = 2a_{n-1} + 2a_{n-2}$ mit $a_0 = 1$, $a_1 = 3$ berechnet sich mit Hilfe von Satz 4.17: Die Lösungen der charakteristischen Gleichung sind $1 \pm \sqrt{3}$; damit erhält man $a_n = \frac{2+\sqrt{3}}{2\sqrt{3}} \cdot (1+\sqrt{3})^n - \frac{2-\sqrt{3}}{2\sqrt{3}} \cdot (1-\sqrt{3})^n$.

4.5 Sei a_n die gesuchte Anzahl. Zunächst betrachtet man alle Teilmengen, die n nicht enthalten; davon gibt es a_{n-1} viele. Die Anzahl der Teilmengen, die n enthalten, aber nicht $n-1$, ist gleich der Anzahl von gültigen Auswahlen aus $[n-2]$. Die Anzahl der Teilmengen, die n und $n-1$ enthalten, gleich der Anzahl von gültigen Auswahlen aus $[n-3]$, da $n-2$ nicht vorkommen darf. Man erhält also die Rekursionsgleichung $a_n = a_{n-1} + a_{n-2} + a_{n-3}$ für $n > 2$ und $a_0 = 1$, $a_1 = 2$, $a_2 = 4$.

4.6 Durch einfaches Einsetzen wird nachgewiesen, dass die Behauptung für $n = 0$ und $n = 1$ erfüllt ist. Da α und β die Gleichung $t^2 - a_1 t - a_2 = 0$ erfüllen, haben sie den Wert $\frac{1}{2} \cdot (a_1 \pm \sqrt{a_1^2 + 4a_2})$. Bei der Berechnung von x_n unterscheidet man die Fälle $\alpha = \beta$ und $\alpha \neq \beta$. Der Induktionsschritt auf n wird dann durch einfaches Einsetzen vollzogen.

4.7 Setzt man $A(x) = \sum_{n \geq 0} a_n x^n$, so erhält man durch Multiplikation der Rekursionsgleichung mit x^n und Summation über alle n für die Erzeugendenfunktion $A(x) = cx/((1-bx)(1-dx))$. Partialbruchzerlegung und Rücktransformation liefert das Ergebnis $a_n = c(d^n - b^n)/(d - b)$.

4.8 Identifiziert man schwarze Stühle mit einem b und rote mit einem a, so entspricht die gesuchte Anzahl genau der Anzahl Wörter über dem Alphabet $\{a, b\}$ ohne zwei aufeinander folgende a's. Die Antwort ergibt sich somit aus Beispiel 4.18.

4.9 a_n sei wie in Aufgabe 4.8 definiert. Wir wählen einen beliebigen Stuhl. Ist er rot, so müssen sowohl der linke als auch der rechte Nachbarstuhl schwarz sein. Für die Färbung der übrigen $n-3$ Stühle gibt es noch a_{n-3} Möglichkeiten. Ist der erste Stuhl andererseits schwarz gefärbt, so gibt es für die Färbung der übrigen $n-1$ Stühle genau a_{n-1} Möglichkeiten. Man erhält also als Ergebnis $b_n = a_{n-1} + a_{n-3}$.

4.10 $c_{n,k}$ entspricht genau der Anzahl k-elementiger Teilmengen von $[n]$, die keine zwei aufeinanderfolgende Zahlen enthalten. Nach Aufgabe 1.20 gilt daher $c_{n,k} = \binom{n-k+1}{k}$.

4.11 $c_{n,k}$ sei wie in Aufgaber 4.10 definiert. Mit einer ähnlichen Argumentation wie in der Lösung von Aufgabe 4.9 folgt: $d_{n,k} = c_{n-1,k} + c_{n-3,k-1} = \binom{n-k}{k} + \binom{n-k-1}{k-1}$.

4.12 Für die Platzierung der n Ehefrauen gibt es $2 \cdot n!$ Möglichkeiten. Im folgenden nehmen wir diese als gegeben an. Für jede Teilmenge X

der Ehemänner bezeichne $A(X)$ die Anzahl Möglichkeiten, die Ehemänner so zu platzieren, dass alle Männer aus X (und ggf. noch einige weitere) neben ihrer Ehefrau sitzen. Sei $d_{n,k}$ wie in Aufgabe 4.11 definiert. Jeder Stuhlfärbung von $2n$ Stühlen mit k roten Stühlen ordnet man wie folgt $(n - k)!$ Sitzordnungen der Ehemänner zu: Ist der Stuhl an Position $2i$ rot, sitzt Mann i links neben seiner Ehefrau; ist der Stuhl an Position $2i - 1$ rot, so sitzt Mann i rechts neben seiner Ehefrau. Die übrigen $n - k$ Ehemänner werden beliebig platziert. Es gilt daher: $\sum_{X : |X| = k} |A(X)| = (n - k)! \cdot d_{2n,k}$. Nach dem Inklusions-Exklusions-Prinzip berechnet sich die Anzahl der Platzierungen der n Ehemänner, wobei keiner neben seiner Frau sitzt, als $n! - \sum_{i=1}^{n} (-1)^{i-1} (n-i)! \cdot d_{2n,i}$.

4.13 Setzt man $K_n := F_{n-1} + F_{n+1}$, so kann man nachrechnen, dass $K_n = K_{n-1} + K_{n-2}$. Da $K_0 = 2, K_1 = 1$, folgt $K_n = L_n$. Für die explizite Darstellung kann man entweder Satz 4.17 anwenden oder man benutzt die explizite Darstellung der Fibonaccizahlen.

4.14 Man betrachte ein zulässiges Wort der Länge n. Ist die letzte Ziffer eine 1 oder 2, so enthält das Teilwort aus den ersten $n - 1$ Zeichen eine gerade Anzahl Nullen, es ist also eines der a_{n-1} vielen solchen Wörter. Ist die letzte Ziffer andererseits eine 0, so enthält das Teilwort aus den ersten $n - 1$ Zeichen eine ungerade Anzahl Nullen, es ist also eines der übrigen $3^{n-1} - a_{n-1}$ vielen Wörter. Es gilt daher: $a_n = 2 \cdot a_{n-1} + (3^{n-1} - a_{n-1}) = a_{n-1} + 3^{n-1}$ mit $a_1 = 2$; wie in Aufgabe 4.7 ergibt sich $a_n = \frac{1}{2} 3^n + \frac{1}{2}$.

4.15 Bezeichnen wir mit a_n die Anzahl Wörter der Länge n, die entweder eine gerade Anzahl a's und eine ungerade Anzahl b's oder eine ungerade Anzahl a's und eine gerade Anzahl b's enthalten, so gilt aus Symmetriegründen $y_n = \frac{1}{2} a_n$. Für a_n gilt die Rekursionsgleichung $a_n = a_{n-1} + 2 \cdot (3^{n-1} - a_{n-1})$, denn ein Wort der Länge $n - 1$, das die Bedingung erfüllt, muss durch ein c fortgesetzt werden, ein Wort, das sie nicht erfüllt, kann andererseits durch ein a oder ein b fortgesetzt werden. Man erhält also $y_n = 3^{n-1} - y_{n-1}$ mit den Startwerten $y_0 = 0$ und $y_1 = 1$. Wie in Aufgabe 4.7 ergibt sich $y_n = \frac{1}{4}(3^n - (-1)^n)$.

4.16 Die unterste Reihe enthalte n Münzen, die darüber liegende kann $0 \le j \le n - 1$ Münzen aufnehmen. Bei $j \ge 1$ zusammenhängenden Münzen gibt es $n - j$ Möglichkeiten, diese zu positionieren. Ist die vorletzte Reihe leer, gibt es genau eine Pyramide. Man erhält also: $f_n = 1 + \sum_{j=1}^{n-1} (n - j) f_j$. Mit Hilfe von erzeugenden Funktion und Partialbruchzerlegung erhält man $f_n = ((1 + \sqrt{5}) \alpha^{n-1} - (1 - \sqrt{5}) \beta^{n-1}) / (2 \cdot \sqrt{5})$ mit $\alpha = \frac{3 + \sqrt{5}}{2}$ und $\beta = \frac{3 - \sqrt{5}}{2}$.

4.17 Man betrachte die Reihe $(1 + z)^a = \sum_{n \ge 0} \binom{a}{n} z^n$. Nun wird $A(z) = (1 + z)^a \cdot (1 + z)^a$ berechnet. Es gilt $A(z) = (1 + z)^{2a} = \sum_{n \ge 0} \binom{2a}{n} z^n$; nach der Formel für die Faltung zweier Potenzreihen gilt auch $A(z) =$

$\sum_{n\geq 0}(\sum_{k=0}^{n}\binom{a}{k}\binom{a}{n-k})z^n$. Koeffizientenvergleich liefert die gewünschte Identität.

4.18 Laut Definition gilt: $G'(x) = \sum_{n\geq 0} a_n(\frac{x^n}{n!})' = \sum_{n\geq 1} a_n(\frac{x^{n-1}}{(n-1)!}) = \sum_{n\geq 0} a_{n+1}\frac{x^n}{n!}$.

4.19 Es ist $A(x) = \sum_{n\geq 0} a_n x^n/n!$ und $e^x = \sum_{n\geq 0} x^n/n!$. Betrachtet man das Produkt $A(x/2)\cdot e^x$ so folgt aus der Definition der a_n's, dass $A(x) = A(x/2)\cdot e^x$. Durch Iteration folgt: $A(x) = e^x e^{x/2} A(x/4) = \ldots = e^{x+x/2+x/4+\cdots} = e^{2x}$ und damit die explizite Darstellung $a_n = 2^n$.

4.20 Setzt man die Rekursionsgleichung für gerade n in die für ungerade n ein, so erhält man $a_{2n+1} = a_{2n} + 1$ (wenn man $a_{2n-1} + a_{2n-2}$ durch a_n ersetzt) und $a_{2n+1} = 2a_{2n-1}$ (indem man $a_{2n-2}+1$ durch a_{2n-1} ersetzt). Zusammen mit $a_1 = 1$ folgt damit $a_{2n+1} = 2^n$ und $a_{2n} = 2^n - 1$; alternativ $a_k = 2^{\lfloor\frac{1}{2}n\rfloor} - \frac{1}{2} - \frac{1}{2}(-1)^n$, $n\geq 2$.

4.21 Die gesuchte Anzahl werde mit a_n bezeichnet. Enthält A das Element n, betrachte man die Menge $A \setminus \{n\}$. Diese enthält die Zahl 1 nicht (sonst wäre A nicht minimumsbeschränkt). Wird nun von jedem Element 1 abgezogen, entsteht eine minimumsbeschränkte Menge für $[n-2]$. Enthält A das Element n nicht, so liegt eine minimumsbeschänkte Menge aus $[n-1]$ vor. Für die Gesamtanzahl gilt also $a_n = a_{n-1} + a_{n-2}$ mit $a_0 = 1$ und $a_1 = 2$. Es gilt also $a_n = F_{n+2}$.

4.22 Die Menge aller Triangulierungen des n-Ecks wird in $n-2$ Klassen A_i aufgeteilt, $i = 3,\ldots,n$. Die Klasse A_i enthält genau die Triangulierungen, in denen die drei Ecken 1, 2 und i ein Dreieck bilden. Jede Triangulierung in A_i setzt sich somit aus einer Triangulierung für das $(i-1)$-Eck mit den Ecken $2,\ldots,i$ und einer Triangulierung für das $(n-i+2)$-Eck mit den Ecken $1,i,\ldots,n$ zusammen. Man erhält die Rekursion $t_n = \sum_{i=3}^{n} t_{i-1}t_{n-i+2}$, $t_2 = 1$ und es gilt daher $t_{n+2} = C_n$ (Catalanzahlen).

4.23 Die Anzahl der Wörter werde mit a_n bezeichnet. Nun gilt $a_n = a_{n-1} + a_{n-3} + a_{n-4}$, da die letzte Ziffer entweder eine 1, eine 3 oder eine 4 ist. Durch Anwendung der Rekursionsgleichung auf a_{2n}, a_{2n-1} und $a_{2n-3} + a_{2n-5}$ erhält man $a_{2n} = 2a_{2(n-1)} + 2a_{2(n-2)} - a_{2(n-3)}$. Mittels Induktion kann man nun $a_{2n} = F_{n+1}^2$ zeigen, indem man die Eigenschaft $F_n = F_{n-1} + F_{n-2}$ ausnutzt.

4.24 Die Rekursionsgleichung lautet hier $a_n = 1{,}005a_{n-1} + 251{,}25\cdot 1{,}001^{n-1}$ mit dem Anfangswert $a_0 = 0$. Die explizite Lösung ist nach Aufgabe 4.7 $a_n = 250\cdot 251{,}25(1{,}005^n - 1{,}001^n)$; man muss also noch immer 48 Jahre sparen. Erhöht man dagegen die Sparquote monatlich um 1%, so lautet die Rekursionsgleichung $a_n = 1{,}005a_{n-1} + 251{,}25\cdot 1{,}01^{n-1}$ und man hat den Millionärsstatus schon nach 27 Jahren erreicht.

4.25 Nach Multiplikation mit x^n und Summation über $n \geq 2$ ergibt sich $G(x) - 2x = 4xG(x) - 4x^2G(x) + \frac{1}{1-2x} - 1 - 2x$ und somit $G(x) = \frac{2x}{(1-2x)^3}$. Der Koeffizient von x^n in der Reihe $\frac{1}{(1-2x)^3}$ ist $2^n \binom{n+2}{2}$, da er durch Summation aller Terme der Form $2^i 2^j 2^k$ mit $i + j + k = n$ entsteht; folglich gilt $g_n = 2^n \binom{n+1}{2}$.

4.26 Die Anzahl Suchbäume für $V = [n]$ sei a_n. Ist die Wurzel des Suchbaumes k, so ist der linke Teilbaum ein Suchbaum auf der Knotenmenge $[k-1]$, während der rechte Teilbaum ein Suchbaum auf einer Knotenmenge mit der Kardinalität $n-k$ ist. Es gilt daher: $a_n = \sum_{k=1}^n a_{k-1} a_{n-k}$ und damit insbesondere $a_n = C_n$ (Catalanzahlen).

4.27 Es gilt: $A_k(x) = \sum_n S_{n,k} x^n$. Multipliziert man die Rekursionsgleichung der Stirlingzahlen mit x^n und summiert sie dann auf, so erhält man $A_k(x) = xA_{k-1}(x) + kxA_k(x)$, wobei $A_0(x) = 1$. Also gilt $A_k(x) = \frac{x}{1-kx} A_{k-1}(x)$ und wiederholtes Einsetzen liefert $A_k(x) = \frac{x^k}{(1-x)\cdot(1-2x)\cdots(1-kx)}$.

4.28 Partialbruchzerlegung liefert $\frac{1}{(1-x)\cdot(1-2x)\cdots(1-kx)} = \sum_{i=1}^k \frac{a_i}{1-ix}$, wobei sich die a_i berechnen als $(-1)^{k-i} \frac{i^{k-1}}{(k-i)!(i-1)!}$. Aus dem Ergebnis von Aufgabe 4.27 erhält man $S_{n,k} = \sum_{i=1}^k (-1)^{k-i} \frac{i^{n-1}}{(i-1)!(k-i)!}$.

4.29 Per Induktion folgt, dass $T(n,k) = T(n, n-k)$ für alle $0 \leq k \leq n$. Daher genügt es zu zeigen, dass $T(n,j) < T(n,i)$ für alle $0 \leq j < i \leq \lfloor \frac{n}{2} \rfloor$. Beweis mit Induktion: Für $n = 1$ ist die Behauptung offensichtlich. Für $n > 1$ gilt $T(n,i) = 1 + T(n-1, i-1) + T(n-1, i)$ und die Behauptung folgt für $i \leq \lfloor \frac{n-1}{2} \rfloor$ aus der Induktionsannahme. Für $i = \lfloor \frac{n}{2} \rfloor$ und n gerade folgt die Behauptung, da dann $T(n-1, \lfloor \frac{n-1}{2} \rfloor) = T(n-1, \lfloor \frac{n}{2} \rfloor)$.

4.30 Wir setzten $S(n) = T(2n, n)$. Aus 4.29 folgt $T(2n, k) = T(2n-1, k) + T(2n-1, k-1) = T(2n-2, k) + 2T(2n-2, k-1) + T(2n-2, k-2) \leq 4T(2n-2, n-1) = 4S(n-1)$; es gilt also $S(n) \leq 4^n$.

4.31 $\lg T(x[i:r], y[j:s])$ bezeichne eine längste gemeinsame Teilfolge für $x_i, \ldots, x_r$ und $y_j, \ldots, y_s$. Für $i = r$ oder $j = s$ ist die Berechnung einfach. Ansonsten vergleicht man zunächst die beiden ersten Elemente x_i und y_j. Sind sie gleich, so gilt $\lg T(x[i:r], y[j:s]) = (x_i, \lg T(x[i+1:r], y[j+1:s]))$. Andernfalls besteht $\lg T(x[i:r], y[j:s])$ aus der längeren der beiden Folgen $\lg T(x[i+1:r], y[j:s])$ und $\lg T(x[i:r], y[j+1:s])$.

4.32 Jede Person mit einem 5-Euro-Schein wird durch eine öffnende, jede Person mit einem 10-Euro-Schein durch eine schließende Klammer ersetzt. Damit ist jede korrekte Anordnung ein zulässiger Klammerausdruck und umgekehrt. Die Anzahl der Klammerausdrücke ist $\binom{2n}{n}/(n+1)$. Jede Person kann innerhalb ihrer Gruppe permutiert werden, also gibt es $(n!)^2 \binom{2n}{n}/(n+1) = (2n)!/(n+1)$ Anordnungen.

4.33 Angenommen die dritte Bedingung in der Definition eines Matroids wäre für $(S, \mathcal{U})$ nicht erfüllt. Dann gibt es Mengen $A, B \in I$, so dass $|A| > |B|$ und $B \cup \{x\} \notin I$ für alle $x \in A \backslash B$. Unter allen derartigen Mengenpaaren wähle eines mit $|A|$ maximal. Sei $a = |A \setminus B|$ and $b = |B \setminus A|$. Je nachdem, ob B eine inklusionsmaximale unabhängige Menge ist oder nicht, führt entweder die Gewichtsfunktion, bei der alle Elemente in $A \setminus B$ Gewicht $b + 1$ erhalten, alle in $A \cap B$ Gewicht 0 und alle übrigen Gewicht $a + 1$, oder die Gewichtsfunktion, bei der alle Elemente in $B \setminus A$ Gewicht 0 erhalten, alle in A Gewicht a und alle übrigen Gewicht $a^2 + 1$, zu einem Widerspruch.

4.34 Sei M das maximale Gewicht eines Elementes in S. Setze $w'(e) = M - w(e)$ für alle $e \in S$. Ein Aufruf des neuen Algorithmus verhält sich bezüglich w' genau so wir der ursprüngliche bezüglich w. Da alle Basen die gleichen Kardinalität haben, folgt die Behauptung.

4.35 Man betrachte das Matroid aus Beispiel 4.10. Jeder zusammenhängende Graph enthält mindestens einen Spannbaum. Die Basen des Matroids $(E, \mathcal{U})$ sind daher genau die Spannbäume in $G = (V, E)$.

5.1 Setze $S = \{e, a_1, \ldots, a_k\}$ und definiere die Verknüpfung $\circ$ wie folgt: $e \circ x = x \circ e = e$ für alle $x \in S$ und $a_i \circ a_1 = a_1 \circ a_i$ für alle $i = 1, \ldots, k$.

5.2 Die Behauptung ist falsch: Sei $a \in S$, $a \neq e$. Nach Voraussetzung gibt es ein $b \in S$, $b \neq e$, so dass $b \cdot a = e$. Dann ist aber a ein rechtsinverses Element von b.

5.3 Die Aussage ist richtig. Für alle $a, b \in S$ ist $a \odot b$ die größte untere Schranke: Es gilt $a \odot (a \odot b) = (a \odot a) \odot b = a \odot b$, also $a \odot b \preceq a$. Analog zeigt man $a \odot b \preceq b$. Sei nun c eine beliebige untere Schranke. Dann gilt $c \preceq a$, also $c \odot a = c$, und $c \preceq b$, also $c \odot b = c$, und somit auch $c \odot (a \odot b) = (c \odot a) \odot b = c \odot b = c$, also $c \preceq a \odot b$.

5.4 Sei $G = (V, E)$ selbstkomplementär und $n = |V|$. Dann gibt es einen Isomorphismus von G auf $\overline{G} = (V, \overline{E})$, also gilt $|E| = |\overline{E}|$. Da die Vereinigung beider Graphen den vollständigen Graphen K_n ergibt, gilt $\binom{n}{2}|\overline{E}| + |E| = 2|E|$, also $|E| = \frac{1}{4}n(n-1)$. Wegen $|E| \in \mathbb{N}$, muss $n(n-1)$ durch 4 teilbar sein, und somit $n \equiv 0 \pmod 4$ oder $n \equiv 1 \pmod 4$.

5.5 Die Behauptung stimmt, denn es gilt $(a \circ b) \circ (b^{-1} \circ a^{-1}) = a \circ (b \circ b^{-1}) \circ a^{-1} = a \circ a^{-1} = e$.

5.6 Die Behauptung stimmt nicht, denn dann wäre $b^{-1} \circ a^{-1} = (a \circ b)^{-1} = a^{-1} \circ b^{-1}$; aber nicht jede Gruppe ist abelsch.

5.7 Die Behauptung stimmt, denn unter der Voraussetzung gilt $a \circ b = (a \circ b)^{-1} = b^{-1} \circ a^{-1} = b \circ a$.

5.8 Für jedes $n \in N$ ist $\langle \mathbb{Z}_n, +_n \rangle$ eine Gruppe mit genau n Elementen.

5.9 Wegen $p - 1 \equiv -1 \pmod p$ gilt $(p-1)^2 \equiv 1 \pmod p$. Das Inverse von $p - 1$ ist also $p - 1$.

5.10 Wir bilden $\mathbb{Z}_{m_1 m_2}$ durch $\varphi : m \mapsto (m \bmod m_1, m \bmod m_2)$ auf $\mathbb{Z}_{m_1} \times \mathbb{Z}_{m_2}$ ab. Da $(a+b) \bmod m = (a \bmod m) + (b \bmod m)$, ist die Abbildung homomorph. Für Elemente $a, b \in \mathbb{Z}_{m_1 m_2}$ mit $\varphi(a) = \varphi(b)$ gilt: $a - b \equiv 0 \pmod{m_1}$ und $a - b \equiv 0 \pmod{m_2}$. Da m_1 und m_2 teilerfremd sind, folgt $a - b \equiv 0 \pmod{m_1 m_2}$ und daher $a = b$. Die Abbildung φ ist also injektiv und, da die betrachteten Mengen endlich sind, auch bijektiv.

5.11 Das Produkt zweier 2x2-Matrizen bildet wieder eine 2x2-Matrix. Da dies auch für die Determinante gilt, ist die Menge M abgeschlossen. Die Matrix $E = \left(\begin{smallmatrix} 1 & 0 \\ 0 & 1 \end{smallmatrix} \right)$ ist das Einheitselement in M. Für die Matrix $\left(\begin{smallmatrix} \alpha & \beta \\ \gamma & \delta \end{smallmatrix} \right)$ ist $\left(\begin{smallmatrix} \delta & -\beta \\ -\gamma & \alpha \end{smallmatrix} \right) / (\alpha\delta - \beta\gamma)$ das inverse Element. Also ist M eine Gruppe.

5.12 Nach Korollar 5.71 kann es nur drei Fälle geben: 1.) Es gibt ein Element der Ordnung 6. Dann ist G zyklisch und isomorph zu $\mathbb{Z}_6$. 2.) Es gibt ein Element der Ordnung 3, aber keines der Ordnung 6. Fallunterscheidung zeigt, dass es hier nur zwei Möglichkeiten gibt: eine abelsche Gruppe isomorph zu $\mathbb{Z}_2 \times \mathbb{Z}_3$ und eine nicht abelsche isomorph zu $\mathfrak{S}_3$. 3.) Alle vom neutralen Element verschiedenen Elemente haben Ordnung 2. Fallunterscheidung zeigt, dass dies nicht möglich ist.

5.13 Sei $a \neq e$ ein beliebiges Element in G. Nach Korollar 5.71 muss die Ordnung von a ein Teiler von $|G| = p$ sein. Da eine Primzahl keine nichttrivialen Teiler hat, gilt also $\mathrm{ord}(a) = p$; a ist daher ein erzeugendes Element von G.

5.14 Nach Korollar 5.71 muss gelten: $\mathrm{ord}(g)$ teilt $|\mathbb{Z}_p^*| = p - 1 = 2q$. Da q eine Primzahl ist, folgt daraus: $\mathrm{ord}(g) \in \{2, q, 2q\}$. Wegen $g^2 \not\equiv 1 \pmod{p}$ und $g^q \not\equiv 1 \pmod{p}$ kann die Ordnung von g weder gleich 2 noch gleich q sein. Also gilt $\mathrm{ord}(g) = 2q$.

5.15 Sei $d := \mathrm{ord}(g)$. Wegen $(g^n)^{d/\mathrm{ggT}(n,d)} = (g^d)^{n/\mathrm{ggT}(n,d)} = e$ und Lemma 5.54 folgt $\mathrm{ord}(g^n) \mid d/\mathrm{ggT}(n,d)$. Aus Lemma 5.54 folgt aber auch: $d \mid n \cdot \mathrm{ord}(g^n)$ und daher $d/\mathrm{ggT}(n,d) \mid \mathrm{ord}(g^n)$. Also gilt $\mathrm{ord}(g^n) = d/\mathrm{ggT}(n,d)$.

5.16 Nach Lemma 5.60 und 5.61 ist $H \cap K$ sowohl eine Untergruppe von H als auch von K. Nach Korollar 5.71 muss daher $|H \cap K|$ ein Teiler von $|H| = 15$ und von $|K| = 16$ sein. Wegen $\mathrm{ggT}(15, 16) = 1$ folgt $|H \cap K| = 1$ und somit $H \cap K = \{e\}$.

5.17 Seien $g_1, g_2 \in K$ und $h_1, h_2 \in L$. Angenommen es gilt $g_1 \circ h_1 = g_2 \circ h_2$. Dann folgt $x := h_2 \circ h_1^{-1} = g_2^{-1} \circ g_1 \in L \cap K$. Betrachtet man daher die Abbildung $f : (k, l) \mapsto k \circ l$, so folgt $|f^{-1}(a)| = |K \cap L|$ für alle $a \in KL$ und somit $|KL| = |K| \cdot |L| / |K \cap L|$.

5.18 Für $g \in K, h \in L$ gilt: $g \circ h = (h^{-1} \circ g^{-1})^{-1} \in LK$, also gilt $KL \subseteq LK$. Aufgrund der Symmetrie folgt daraus $KL = LK$. Um die Gegenrichtung zu beweisen, beobachtet man zunächst, dass für alle $k_1, k_2 \in K$ und $l_1, l_2 \in L$ gilt: es gibt $k' \in K$ und $l' \in L$ mit $l_1 \circ k_2 = k' \circ l'$ und daher $(k_1 \circ l_1) \circ (k_2 \circ l_2) = (k_1 \circ k') \circ (l' \circ l_2) \in KL$. KL ist also bezüglich

∘ abgeschlossen. Wegen $l^{-1} \circ k^{-1} \in KL$ für alle $k \in K$ und $l \in L$ und $(k \circ l) \circ (l^{-1} \circ k^{-1}) = e$ enthält KL auch das neutrale Element e und zu jedem Element das zugehörige Inverse.

5.19 „⇐": Wegen $g \circ h = (g \circ h \circ g^{-1}) \circ g \in H \circ g$ gilt $g \circ H \subseteq H \circ g$. Analog folgt $H \circ g \subseteq g \circ H$. „⇒": Nach Annahme gilt $g \circ h = h' \circ g$ für ein geeignetes $h' \in H$. Es folgt $g \circ h \circ g^{-1} = h' \circ g \circ g^{-1} = h' \in H$.

5.20 Die primitiven Elemente sind 3 bzw. 2.

5.21 Die Behauptung stimmt, Beweis wie in Lemma 5.80.

5.22 Setzt man $0 = \emptyset$ und $1 = X$, so rechnet man die Gültigkeit der Axiome **R1** – **R3** leicht nach.

5.23 Dass $M_2(R)$ einen Ring bildet mit Nullelement $\left(\begin{smallmatrix} 0 & 0 \\ 0 & 0 \end{smallmatrix}\right)$ und Einselement $\left(\begin{smallmatrix} 1 & 0 \\ 0 & 1 \end{smallmatrix}\right)$ rechnet man leicht nach. Dass die Multiplikation nicht kommutativ ist sieht man an folgendem Beispiel: $\left(\begin{smallmatrix} 1 & 0 \\ 0 & 0 \end{smallmatrix}\right)\left(\begin{smallmatrix} 0 & 0 \\ 1 & 0 \end{smallmatrix}\right) = \left(\begin{smallmatrix} 0 & 0 \\ 0 & 0 \end{smallmatrix}\right) \neq \left(\begin{smallmatrix} 0 & 0 \\ 1 & 0 \end{smallmatrix}\right) = \left(\begin{smallmatrix} 0 & 0 \\ 1 & 0 \end{smallmatrix}\right)\left(\begin{smallmatrix} 1 & 0 \\ 0 & 0 \end{smallmatrix}\right)$.

5.24 Ja, denn in $\mathbb{Z}_3$ gilt: $(x^2 + x + 2)(x^2 + 2x + 2) = x^4 + 1$.

5.25 a) Angenommen $p = p_1 p_2$ mit $p_1, p_2 > 1$. Sei $a_i = 1 + \ldots + 1$, p_i mal. Dann folgt $a_1 \cdot a_2 = 0$ und (da K nullteilerfrei ist) daher $a_1 = 0$ oder $a_2 = 0$, was im Widerspruch zur Minimalität von p steht. b) Nach dem Binomialsatz gilt $(a + b)^p = \sum_{i=0}^{p} \binom{p}{i} a^i b^{p-i}$. Für jedes $1 \leq i \leq p - 1$ ist $\binom{p}{i}$ durch p teilbar und damit gleich 0 in K.

5.26 Sei H eine Untergruppe einer zyklischen Gruppe G und g ein erzeugendes Element von G. Setzte $\tau := \min\{k \in \mathbb{N} \mid g^k \in H\}$. Sei $h \in H$ beliebig. Da g ein erzeugendes Element ist, gibt es ein i mit $h = g^i$. Wir schreiben i als $i = t\tau + r$ mit $t, r \in \mathbb{N}_0$ und $r < \tau$. Dann gilt: $g^i = g^{t\tau + r} = (g^\tau)^t \circ g^r$. Da g^i und $(g^\tau)^t$ aus H sind, gilt auch $g^r \in H$. Nach Wahl von τ muss daher gelten: $r = 0$. g^τ ist somit ein erzeugendes Element von H.

5.27 Sei G eine endliche Gruppe mit Verknüpfung ∘. Jedem $a \in G$ ordnen wir den Gruppenhomomorphismus $\rho_a : x \mapsto a \circ x$ zu. Wegen $\rho_a(x) = \rho_a(y) \Rightarrow ax = ay \Rightarrow x = y$ ist ρ_a für jedes $a \in G$ injektiv und, da G endlich ist, auch bijektiv. Sei nun $T_G = \{\rho_a \mid a \in G\}$. Dann ist $\langle T_G, \circ \rangle$ eine Gruppe: Die Identität ist das neutrale Element, $\rho_a \circ \rho_b = \rho_{a \circ b}$ und $\rho_a^{-1} = \rho_{a^{-1}}$. $\Phi : G \to T(G)$, $a \mapsto \rho_a$ ist daher ein Isomorphismus von G auf die Untergruppe $T(G)$ der Permutationsgruppe $S_{|G|}$.

5.28 Induktion über n. Für $n \leq 2$ ist nichts zu zeigen. Sei daher $\pi \in \mathfrak{S}_n$. Dann gilt: $\pi = (1\ \pi(1)) \circ \pi'$, wobei $\pi'(1) = 1$, $\pi'(\pi^{-1}(1)) = \pi(1)$ und $\pi'(i) = \pi(i)$ für alle übrigen Werte. Da 1 ein Fixpunkt von π' ist, können wir π' als Element von $\mathfrak{S}_{n-1}$ auffassen und daher nach Induktionsannahme als Produkt von Transpositionen (i, j) mit $i < j$ darstellen.

5.29 Wegen Aufgabe 5.28 genügt es Transpositionen (j, k) zu betrachten. Wir zeigen durch Induktion über $k - j$, dass sich jede Transposition (j, k) mit $j < k$ als Konkatenation von Transpositionen $(i, i + 1)$ darstellen lässt. Für $k - j = 1$ ist nichts zu zeigen. Für $k \geq j + 2$ lässt sich $(j \, k)$ als $(j, j + 1) \circ (j + 1, k) \circ (j, j + 1)$ darstellen. Nach Induktionsannahme ist $(j + 1, k)$ ein Produkt aus Transpositionen $(i, i + 1)$ und somit auch (j, k).

5.30 Setze $c = a \circ b$, $m := \mathrm{ord}(c)$ und $m' := \mathrm{ggT}(m, m_a) \cdot m_b$. Dann gilt $c = a^{m'} \circ b^{m'} = a^{m'} \circ e$ und daher $m_a = \mathrm{ord}(a) \mid m'$. Da m_a und m_b teilerfremd sind, folgt daraus $\mathrm{ggT}(m, m_a) = m_a$. Analog folgt $\mathrm{ggT}(m, m_b) = m_b$ und somit also $m = m_a \cdot m_b$.

5.31 Nach Definition eines Homomorphismus gilt $\varphi(a \cdot b) = \varphi(a) \circ \varphi(b) = e \circ e = e$ für alle $a, b \in \ker(\varphi)$. $\ker(\varphi)$ ist also abgeschlossen. Wie in Lemma 5.26 folgt, dass $\ker(\varphi)$ das neutrale Element und zu jedem Element das Inverse enthält. $\ker(\varphi)$ ist also eine Untergruppe. Wir verwenden nun noch Aufgabe 5.19, um zu zeigen, dass $\ker(\varphi)$ ein Normalteiler ist: Für $a \in G$ und $b \in \ker(\varphi)$ gilt $\varphi(a \circ b \circ a^{-1}) = \varphi(a) \circ \varphi(b) \circ \varphi(a^{-1}) = \varphi(a) \circ (\varphi(a))^{-1} = e$.

5.32 Wegen Aufgabe 5.31 und Satz 5.70 genügt es zu zeigen, dass $|\mathrm{im}(\varphi)|$ der Anzahl Nebenklassen von $\ker(\varphi)$ entspricht. Für jedes $a \in G$ gilt: $\varphi(x) = \varphi(a)$ für alle $x \in a \circ \ker(\varphi)$. Gilt anderseits $\varphi(a) = \varphi(b)$ so folgt wegen $\varphi(a^{-1} \circ b) = \varphi(a^{-1}) \circ \varphi(b) = (\varphi(a))^{-1} \circ \varphi(b) = (\varphi(b))^{-1} \circ \varphi(b) = e$, dass $a^{-1} \circ b \in \ker(\varphi)$ und somit $b = a \circ a^{-1} \circ b \in a \circ \ker(\varphi)$.

5.33 Aus $x \oplus x = (x \oplus x) \odot (x \oplus x)$ folgt mit Hilfe der beiden Distributivgesetze: $x \oplus x = (x \odot x) \oplus (x \odot x) \oplus (x \odot x) \oplus (x \odot x)$ und wegen $x = x \odot x$ somit $0 = x \oplus x$. Analog folgt für alle $a, b \in R$: $0 = (a \odot b) \oplus (b \odot a)$ und, da wir bereits gezeigt haben, dass $-(b \odot a) = b \odot a$), also $a \odot b = b \odot a$.

Literaturhinweise

Die Literaturliste zu diesem Buch könnte, selbst wenn man sich auf Lehrbücher beschränken würde, fast beliebig lange ausfallen. Hier haben wir uns absichtlich auf die Angabe einiger weniger Bücher beschränkt. Alternative Einführungen zu den in dem vorliegenden Buch behandelten Themengebiete finden sich, zum Teil mit etwas anderen Schwerpunkten, in den Büchern von Aigner, Biggs, Matoušek/Nešetřil und Rosen. Als Ergänzung sei das sehr schön lesbare Buch von Aigner und Ziegler empfohlen. Die übrigen Bücher stellen Einführungen in Teilgebiete dar und eignen sich daher insbesondere für einen vertiefenden Einstieg in eines der in diesem Buch angesprochenen Themen. Die Bücher von Knuth, Lovász und MacWilliams/Sloane gehen dabei im Umfang deutlich weiter.

A.V. Aho, J.E. Hopcroft, J.D. Ullman: *The Design and Analysis of Computer Algorithms*; Addison-Wesley, 1976.

M. Aigner, G.M. Ziegler: *Proofs from THE BOOK*; Springer-Verlag, 2. Auflage, 2000.

M. Aigner: *Diskrete Mathematik*; Vieweg Verlag, 3. Auflage, 1999.

A. Beutelspacher, J. Schwenk, K.-D. Wolfenstetter: *Moderne Verfahren der Kryptographie. Von RSA zu Zero- Knowledge*; Vieweg Verlag, 1999.

N. Biggs: *Discrete Mathematics*; Oxford University Press, überarbeitete Auflage, 1993.

B. Bollobás: *Modern Graph Theory*; Springer-Verlag, 1998.

J. Buchmann: *Einführung in die Kryptographie*; Springer-Verlag, 1999

P. Bundschuh: *Einführung in die Zahlentheorie*; Springer-Verlag, 4. Auflage, 1998.

T.H. Cormen, C.E. Leiserson, R.L. Rivest: *Introduction to Algorithms*; The MIT Press, 1990.

R. Diestel: *Graphentheorie*; Springer-Verlag, 2. Auflage, 2000.

O. Forster: *Algorithmische Zahlentheorie*; Vieweg Verlag, 1996.

R.L. Graham, D.E. Knuth O. Patashnik: *Concrete Mathematics: A Foundation for Computer Science*; Addison-Wesley, 2. Auflage, 1994.

V. Heun: *Grundlegende Algorithmen*; Vieweg Verlag, 2000.

D.E. Knuth: *The Art of Computer Programming Vol. 1: Fundamental Algorithms*; Addison-Wesley, 3. Auflage, 1997.

L. Lovász: *Combinatorial Problems and Exercises*; North Holland, 1993.

F. MacWilliams, N. Sloan: *The Theory of Error-Correcting Codes*; North Holland, 1983.

J. Matoušek, J. Nešetřil: *Invitation to Discrete Mathematics*; Oxford University Press, 1998.

K. Melhorn: *Data Structures and Algorithms Vol. 1-3*; Springer-Verlag, 1984.

H.J. Prömel, A. Steger: *The Steiner Tree Problem — A Tour Through Graphs, Algorithms and Complexity*; Vieweg Verlag, 2002.

J. Riordan: *An Introduction to Combinatorial Analysis* John Wiley & Sons, 1958.

K.H. Rosen: *Discrete Mathematics and Its Applications*; McGraw-Hill, 4. Auflage, 1999.

R. Sedgewick, P. Flajolet: *An Introduction to the Analysis of Algorithms*; Addison-Wesley, 1996.

R.P. Stanley: *Enumerative Combinatorics I*; Cambridge University Press, 2000.

J.H. van Lint, R.M. Wilson: *A Course in Combinatorics*; Cambridge University Press, 1992.

B.L. van der Waerden: *Algebra I*; Springer-Verlag, 9. Auflage, 1993.

I. Wegener: *The Complexity of Boolean Functions*; Wiley-Teubner, 1987.

D.J.A. Welsh: *Codes and Cryptography*; Oxford University Press, 1988.

H.S. Wilf: *generatingfunctionology*; Academic Press, 1994.

Index

Druck (Computer to Film): Saladruck Berlin
Verarbeitung: Stürtz AG, Würzburg